U0171575

国家出版基金项目
NATIONAL PUBLICATION FOUNDATION

聚集诱导发光丛书

唐本忠　总主编

聚集诱导发光之生物学应用
（下）

丁　丹　著

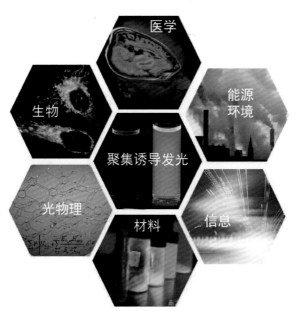

科学出版社

北　京

内 容 简 介

    本书为"聚集诱导发光丛书"之一。聚集诱导发光（AIE）材料因为克服了传统有机染料的"聚集诱导猝灭"缺陷，在体内生物医学应用方面吸引了广泛的关注。本书对 AIE 材料的体内生物医学应用进行了系统总结，以期对本领域感兴趣的专业研究人员以及普通读者有所裨益。全书共分为六章，从 AIE 材料在体内血管成像、疾病检测、疾病诊疗、细胞示踪四个方面的应用对 AIE 材料的体内生物医学应用进行系统总结，并展望了 AIE 材料在体内生物医学应用领域的未来发展方向与面临的挑战。

    本书适用于发光材料、纳米材料与生物医用材料等领域的专业研究人员以及对本领域感兴趣的广大读者参考阅读。

图书在版编目（CIP）数据

聚集诱导发光之生物学应用. 下 / 丁丹著. —北京：科学出版社，2023.3
（聚集诱导发光丛书 / 唐本忠总主编）
国家出版基金项目
ISBN 978-7-03-075005-1

Ⅰ. ①聚… Ⅱ. ①丁… Ⅲ. ①光学－研究 ②光化学－研究 Ⅳ. ①O43 ②O644.1

中国国家版本馆 CIP 数据核字（2023）第 038906 号

丛书策划：翁靖一
责任编辑：翁靖一 孙静惠 / 责任校对：杜子昂
责任印制：师艳茹 / 封面设计：东方人华

科 学 出 版 社 出版
北京东黄城根北街 16 号
邮政编码：100717
http://www.sciencep.com
北京九天鸿程印刷有限责任公司 印刷
科学出版社发行 各地新华书店经销
*
2023 年 3 月第 一 版　开本：B5（720×1000）
2023 年 3 月第一次印刷　印张：13 1/4
字数：260 000
定价：149.00 元
（如有印装质量问题，我社负责调换）

聚集诱导发光丛书

编 委 会

学术顾问：曹　镛　谭蔚泓　杨学明　姚建年　朱道本

总主编：唐本忠

常务副总主编：秦安军

丛书副总主编：彭孝军　田　禾　于吉红　王　东　张浩可

丛书编委（按姓氏汉语拼音排序）：

安立佳　池振国　丁　丹　段　雪　方维海　冯守华　顾星桂

何自开　胡蓉蓉　黄　维　江　雷　李冰石　李亚栋　李永舫

李玉良　李　振　刘云圻　吕　超　任咏华　唐友宏　谢　毅

谢在库　阎　云　袁望章　张洪杰　赵　娜　赵　征　赵祖金

总　序

光是万物之源，对光的利用带来了人类社会文明，对光的系统科学研究创造了高度发达的现代科技。而对发光材料的研究更是现代科技的基石，它塑造了绚丽多彩的夜色，照亮了科技发展前进的道路。

对发光现象的科学研究有将近两百年的历史，在这一过程中建立了诸多基于分子的光物理理论，同时也开发了一系列高效的发光材料，并将其应用于实际生活当中。最常见的应用有：光电子器件的显示材料，如手机、电脑和电视等显示设备，极大地改变了人们的生活方式；同时发光材料在检测方面也有重要的应用，如基于荧光信号的新型冠状病毒的检测试剂盒、爆炸物的检测、大气中污染物的检测和水体中重金属离子的检测等；在生物医用方向，发光材料也发挥着重要的作用，如细胞和组织的成像，生理过程的荧光示踪等。习近平总书记在2020年科学家座谈会上提出"四个面向"要求，而高性能发光材料的研究在我国面向世界科技前沿和人民生命健康方面具有重大的意义，为我国"十四五"规划和2035年远景目标提供源源不断的科技创新源动力。

聚集诱导发光是由我国科学家提出的原创基础科学概念，它不仅解决了发光材料领域存在近一百年的聚集导致荧光猝灭的科学难题，同时也由此建立了一个崭新的科学研究领域——聚集体科学。经过二十年的发展，聚集诱导发光从一个基本的科学概念成为了一个重要的学科分支。从基础理论到材料体系再到功能化应用，形成了一个完整的发光材料研究平台。在基础研究方面，聚集诱导发光荣获2017年度国家自然科学奖一等奖，成为中国基础研究原创成果的一张名片，并在世界舞台上大放异彩。目前，全世界有八十多个国家的两千多个团队在从事聚集诱导发光方向的研究，聚集诱导发光也在2013年和2015年被评为化学和材料科学领域的研究前沿。在应用领域，聚集诱导发光材料在指纹显影、细胞成像和病毒检测等方向已实现产业化。在此背景下，撰写一套聚集诱导发光研究方向的丛书，不仅可以对其发展进行一次系统地梳理和总结，促使形成一门更加完善的学科，推动聚集诱导发光的进一步发展，同时可以保持我国在这一领域的国际领先优势，为此，我受科学出版社的邀请，组织了活跃在聚集诱导发光研究一线的十几位优秀科研工作者撰写了这套"聚集诱导发光丛书"。丛书内容包括：聚集诱导发光物语、聚集诱导发光机理、聚集诱导发光实验操作技术、力刺激响应聚集诱导发光材料、有机室温磷光材料、聚集诱导发光聚合物、聚集诱导发光之簇发光、手性聚集诱导发光材料、聚集诱导发光之生物学应用、聚集诱导发光之光电器件、聚集诱导荧光分子的自组装、聚集诱导发光之可视化应用、聚集诱导发光之分析化学和聚集诱导发光之环境科学。从机理到体系再到应用，对聚集诱导发光研究进行了全方位的总结和展望。

历经近三年的时间，这套"聚集诱导发光丛书"即将问世。在此我衷心感谢丛书副总主编彭孝军院士、田禾院士、于吉红院士、秦安军教授、王东教授、张浩可研究员和各位丛书编委的积极参与，丛书的顺利出版离不开大家共同的努力和付出。尤其要感谢科学出版社的各级领导和编辑，特别是翁靖一编辑，在丛书策划、备稿和出版阶段给予极大的帮助，积极协调各项事宜，保证了丛书的顺利出版。

材料是当今科技发展和进步的源动力，聚集诱导发光材料作为我国原创性的研究成果，势必为我国科技的发展提供强有力的动力和保障。最后，期待更多有志青年在本丛书的影响下，加入聚集诱导发光研究的队伍当中，推动我国材料科学的进步和发展，实现科技自立自强。

唐本忠

中国科学院院士
发展中国家科学院院士
亚太材料科学院院士
国家自然科学奖一等奖获得者
香港中文大学（深圳）理工学院院长
Aggregate 主编

前　言

有机荧光染料由于高灵敏度、高安全性等优势，被广泛应用于体内疾病的诊断与治疗。然而，受限于固有的"聚集诱导猝灭"性质，传统荧光染料在体内生物医学应用中仍存在着信噪比不足的问题。聚集诱导发光（AIE）材料的出现为这一问题提供了解决方案。2001年，唐本忠院士课题组无意中发现，在乙腈溶液中几乎不产生荧光的六苯基噻咯，在加入不良溶剂后的聚集析出过程中，发射出强烈的荧光信号。这一实验现象与传统所知的"聚集诱导猝灭"现象恰好相反，他们将该实验现象命名为AIE现象，并将呈现该现象的材料命名为AIE材料。在之后的研究中，他们明确了引起该现象的机理——"分子内运动受限"，并在该机理的指导下发展了一系列具有AIE性质的有机小分子与高分子材料。并且他们在研究过程中发现，AIE材料相比于传统有机染料还具有大的斯托克斯位移、优异的抗光漂白性能等其他优势。得益于这些优势，AIE材料在接下来的20多年中迅猛发展，吸引了越来越多国家的科研人员投身其研究，并发表了大量的相关学术论文。

在AIE材料的诸多应用中，其在体内生物医学中的应用因为与人类医疗健康密切相关吸引了更多的关注。然而，目前关于AIE材料的体内生物医学应用的文章多为具体的研究工作报道与英文综述，缺少中文书籍为对本领域感兴趣的普通读者与初入门的科研人员提供参考。基于这一考虑，本书著者结合自己多年来在AIE材料体内生物医学应用方面的研究实践，筛选了AIE材料在体内血管成像、疾病检测、疾病诊疗、细胞示踪等领域最新的具有代表性的研究成果进行了系统总结，并展望了AIE材料在体内生物医学应用领域的未来发展方向与面临的挑战。

衷心感谢国家重点研发计划中国-澳大利亚政府间国际科技创新合作项目（2017YFE0132200）、国家自然科学基金国际（地区）合作与交流项目（51961160730）和国家杰出青年科学基金项目（52225310）等对相关研究的长期资助和支持。

诚挚感谢丛书总主编唐本忠院士、常务副总主编秦安军教授、科学出版社翁靖一编辑以及各章节作者等在本书出版过程中给予的支持与帮助。由于著者经验不足，书中难免有不妥之处，衷心希望阅读本书的师生和各界朋友积极提出宝贵意见，以使本书在修订中不断完善。

丁　丹

2023 年 2 月

于南开大学

目 录

绪 论

1.1 疾病诊断与治疗的重要意义和现有方法

1.1.1 疾病诊断与治疗的重要意义

自 20 世纪 90 年代以来，随着国民生活水平的提升，我国疾病谱发生了翻天覆地的变化，心血管疾病和恶性肿瘤等疾病已逐渐成为严重危害我国居民健康的主要疾病。国家卫健委曾以十个城市的上班族为样本进行健康调查，结果表明处于亚健康状态的人占 48%，其中脑力劳动者高于体力劳动者，中年人高于青年人。《中国肿瘤登记年报》显示，2021 年在中国每 10 min 就有 55 人死于癌症。其中，心脑血管相关疾病每年死亡人数约 260 万人，新发癌症病例数约为 220 万，并且在临床上发现的癌症病例大多数处于癌症晚期。这些数字表明，心脑血管疾病和恶性肿瘤已经成为我国的主要致死性疾病。而对于恶性疾病来说，早发现、早诊断、早治疗是最佳应对方式。因此，如何快速和精准地进行疾病检测及更有效地治疗疾病是当代医疗健康的一个重要议题。

为了解决上述问题，医学影像学[1]应运而生并迅速发展，逐渐从临床医学中的辅助学科转变成为支柱学科。与此同时，医学影像学领域开枝散叶，分子影像学与基因影像学等分支领域的相继出现与蓬勃发展为临床医生提供了大量全新高效的诊断方式，提升了临床医生对疾病病情的掌握与预后的判断。目前，临床医生进行疾病诊断的方法主要有症状诊断、超声波诊断、X 射线诊断、内窥镜诊断、放射性核素诊断[2]等方法，其主要确诊方式大多数依赖于影像学手段。其中，分子影像学以其特有的优势可以从分子和细胞的水平来揭示疾病的发生、发展与转归，引起疾病诊疗领域的研究者的广泛关注。目前，临床上最常使用的分子影像学检查方式主要有磁共振成像（magnetic resonance imaging，MRI）[3]、正电子发射计算机断层成像（positron emission tomography/computed tomography，PET/CT）[4]、超声[5]和光学成像[6]等。

1.1.2 疾病诊断与治疗的现有方法

目前，临床上已有多种成像技术手段用来辅助医生诊断。常见的有以下四类技术。

1. 核素成像技术

近年来，基于金属同位素的核素成像技术（radio nuclide imaging）已发展成为一个备受关注的领域，如单光子发射计算机断层成像（single photon emission computed tomography，SPECT）[7]和 PET/CT[8]。PET/CT 是一种分子成像方式，依赖于检测正电子与电子发生湮灭时发出的两条反平行的共线伽马射线（511 keV）[9]。

核素成像的应用主要包括以下几个方面：

1）基因表达分子成像

该技术主要包括两种，即反义 PET 显像和报告基因 PET 显像。

（1）反义 PET 显像：反义成像属于内源性基因表达成像的一种手段，其成像较为困难。它是指将被正电子核素标记的反义寡脱氧核苷酸作为成像试剂，在与生物体内的细胞中相应的靶向 mRNA 结合后可进行 PET 成像，此种方法可对 DNA 的转录情况进行直观判断[10]。

（2）报告基因 PET 显像：此类成像方式主要包括以Ⅰ型单纯疱疹病毒胸腺嘧啶脱氧核苷激酶（HSV1-tk）基因为代表的酶报告基因 PET 成像方式[11]和以多巴胺受体为代表的多巴胺受体（D_2R）报告基因成像方式[12]。

2）蛋白质分子显像

当前临床使用最为广泛的 PET 代谢造影剂是 2-^{18}F-2-脱氧-D-葡萄糖（FDG）[13]。FDG 随细胞对葡萄糖摄取量的增加而在细胞中积累。FDG 通过葡萄糖转运子 1 跨膜进入细胞并在己糖激酶的作用下转变为 6-PFDG，后者在细胞内不进行代谢，最终在细胞内累积。因此，放射性核素标记 FDG 的积聚水平，可以代表该部位的糖代谢速率。为了进一步提高核素成像的肿瘤特异性，^{18}F-3′-脱氧-3′-氟代胸腺嘧啶（FLT）被进一步开发用于临床 PET/CT。该造影剂的原理是基于内源性胸腺嘧啶激酶的磷酸化，用于测定细胞增殖和内源性胸腺嘧啶激酶活性，具有较好的肿瘤组织滞留性，常用于膀胱和前列腺癌等肿瘤的鉴别诊断。此外，还有一类常用的 PET/CT 造影剂是基于胆碱代谢途径发挥作用[14]，其代表性试剂为 ^{11}C-胆碱、^{18}F-甲基胆碱及 ^{18}F-乙基胆碱。

3）受体分子成像

此类成像方式中以对多巴胺能神经系统的研究最为成熟，其常用的成像剂为 6-^{18}F-L-多巴（FDOPA）[15]、^{18}F-β-CIT-FP[16]、3-N-(ω-^{18}F-氟乙基)螺环哌啶酮（^{18}F-FESP）[17]，分别可以对多巴胺能神经递质、多巴胺能转运蛋白和多巴胺能受体进行显像。此类成像方式主要用于神经精神系统疾病诊断和研究[18]。

核素成像拥有极高的灵敏度，是目前最完善的分子显像技术，然而，因图像分辨率和解剖结构不清晰等问题在许多情况下无法获得满意的成像。

2. 核磁共振成像技术

核磁共振成像（nuclear magnetic resonance imaging，NMRI）是利用核磁共振（nuclear magnetic resonance，NMR）原理，依据所释放的能量在物质内部不同结构环境中衰减的不同，通过外加梯度磁场检测所发射出的电磁波，即可得知构成这一物体原子核的位置和种类，据此可以绘制成物体内部的结构图像[19]。具有对生物体无创伤、无射线辐射危害和高空间分辨力等优势。在临床上，可用于获得三维人体解剖结构、病理学诊断、代谢过程、血流灌注成像、器官运动观测、组织活性检测和心理学检查等多种信息[20]，目前临床中主要应用的有以下两类。

（1）超顺磁性探针。此类探针主要以超顺磁性氧化铁颗粒（SPIO）[21]、超微超顺磁性氧化铁颗粒（USPIO）[22]和单晶体氧化铁颗粒（MION）[23]为代表。SPIO由 Fe_3O_4 和 Fe_2O_3 组成中心，外层包裹碳氧葡聚糖，形成直径为 40～400 nm 大小的纳米颗粒，可以进入肝、脾脏的网状内皮系统。USPIO 是一类具有更小粒径的氧化铁颗粒，其最大直径不超过 30 nm，可以被淋巴结及骨髓摄入。USPIO 的半衰期为 1～3 h，具有更好的增强成像效果。MION 的直径在 5 nm 左右，MINO 类探针具有生物相容性好、易于跨膜运输等优点，是应用最为广泛的超顺磁性探针。

（2）报告基因系统。MRI 的报告基因系统主要包括下列三种：酪氨酸酶-黑色素系统、β-半乳糖苷酶系统和转铁蛋白受体（TfR）[24]。在酪氨酸酶-黑色素系统中，酪氨酸酶在生物体内催化生成黑色素，黑色素与铁特异性结合后组织 T1 的弛豫时间随之缩短，利用这个变化可以间接检测到生物体内酪氨酸酶基因的转移与表达。在β-半乳糖苷酶系统中，基于生物体内的β-半乳糖可以与钆试剂特异性结合的性质，随着结合过程的发生 MRI 的信号强度会逐渐降低；之后二者的结合产物会再被β-半乳糖苷酶水解，钆试剂被重新释放出来，MRI 信号强度也随着钆试剂浓度的增加而增强。利用 MRI 可以动态监测β-半乳糖苷酶水解前后信号强度的变化，定量监测到活细胞内β-半乳糖苷酶的活性，从而对生物体进行细胞水平上的疾病诊断。转铁蛋白-单晶体氧化铁颗粒（Tf-MION）和抗 TfR 抗体-单晶体氧化铁颗粒（anti-TfR Ab-MION）是目前临床上使用最为广泛的 TfR 系统，在细胞活动监测和活体动物检测两方面的成像都有不同的应用前景。

MRI 示踪剂的半衰期较长[25]，常被用于监测活细胞的动态过程并且 MRI 示踪剂时间和空间的分辨率均较高，临床常用 MRI 检查诊断脑结构变化[26]。但在临床实践中发现 MRI 检测的靶向敏感性较低，需要添加并改善信号扩增系统从而提高其靶向性。

3. 超声成像技术

超声成像是通过超声声束扫描活体，接收并处理超声的反射信号，从而获得活体内各部分器官的图像，具有无创伤、无辐射、价格低廉、检查方便等优点[27]。目前在临床上主要用于肝脏、心脏和肾脏等实质脏器的检查，用于评价脏器血流灌注，是否有局灶病变及脏器功能的情况[28]。

目前，超声分子成像技术主要借助于微泡显像[29]，检测患者早期体内在细胞水平和分子水平的异常。微泡超声显像方法包括：

（1）利用微泡的外壳与靶向细胞结合进行成像：如外壳上有白蛋白的微泡可以通过白蛋白与白细胞壁之间的黏附作用，从而黏附到白细胞壁上用于检测体内炎症部位[30]。

（2）通过位于外壳上表面受体与激活白细胞之间的相互作用来检测体内疾病：如将可识别内皮细胞表面的单克隆抗体与微泡表面的脂质体结合，应用于缺血再灌注损伤的模型进行显像[31]。

（3）将微泡外壳与抗体或肽聚糖结合，抗体或肽聚糖在肿瘤处可被特异性识别，从而用于检测肿瘤部位的异常新生血管，有助于肿瘤的早期诊断、评价抗血管生成药物的治疗效果。

但是超声成像也存在着一些缺陷，其清晰度和分辨率较差，并且成像容易受到胃肠气体的干扰，故更多地用于疾病的初步诊断[32]。

4. 光学分子成像技术

光学分子成像是指通过光学检测手段，对活体体内的细胞、组织进行成像，从而获得清晰准确的生物学信息。近年来，活体动物体内光学成像常使用生物自发光成像和荧光光学成像两种检测手段。

（1）生物自发光成像是指通过基因编辑技术将萤光素酶基因表达在细胞内或者标记 DNA。体内环境中存在足量的 ATP 和氧气时，将外源性特异性底物注射入动物体内，通过生物反应产生发光现象，从而检测或者观察活体生物体内的疾病情况[33]。

（2）荧光光学成像是指通过荧光报告基因对生物体进行标记，然后通过特定的激发光激发荧光分子，分子处于激发态后，其从激发态回到基态的过程中发出荧光。绿色荧光蛋白（GFP）是目前临床上和科学研究中最常用的荧光蛋白，常被用于检测和观察活体体内的肿瘤生长和分布状况[34]。

光学分子成像具有无创伤、无射线辐射危害、价格低、敏感性高、可实时成像等优点，但是其空间分辨率不高、穿透力较差，并且组织自发荧光对荧光信号存在干扰，还有待科研工作者的进一步研发、完善。

智能探针是目前光学分子成像领域研究的热点,其研究的重点主要集中在以下几个方面:

（1）针对目前常见各种疾病类型,开发具有特异性识别能力的诊断探针,为临床上疾病的"早发现"提供高效的检测手段。

（2）开发多模态探针,实现多种成像模式优势的整合。

（3）开发靶向特定病灶且疗效客观的治疗性探针,实现疾病的高效治疗。

（4）开发可对药物释放、药物疗效进行监测的检测型探针,在最短时间内得到准确疗效的反馈信息。

1.2 目前用于体内疾病诊疗的光学材料

随着纳米技术、材料科学和光子技术等领域的同步发展,光学诊疗在现代医学中取得了快速发展。目前,根据光学探针的自身性质可以将其主要分为三大类:无机光学探针、荧光蛋白探针和有机光学探针。

1.2.1 无机光学探针

无机光学探针主要分为稀土类荧光探针（如镧系发光元素等）和量子点（quantum dots，QDs）探针,其中以量子点探针的研究最为广泛。量子点又称为荧光型半导体纳米微晶体,是一种由 II-VI 族或 III-V 族元素组成的具有良好稳定性与水溶性、粒子尺寸在 $2\sim20$ nm 范围内的纳米晶粒。目前研究较多的是 CdS、CdSe、CdTe 与 ZnS 等材料[35]。量子点通常由两个半导体组成:一个核心和一个外壳。核心半导体有一个狭窄的带隙核心被一个具有更高带隙的外壳半导体所包围。这种核/壳关系有助于将发射和激发限制在核内,保护核免受光漂白,并提高核的量子产率。量子点外壳在提高生物相容性的同时也为其与靶向分子的结合提供了有效的表面积[36]。

目前,量子点因其易于功能化和表面修饰的特性,在药物靶向递送、生物医学成像等领域被广泛研究。2011 年,第一个基于量子点技术的临床试验获得美国食品药品监督管理局（Food and Drug Administration，FDA）批准。随着生物影像技术的进步,通过量子点的方式递送不同疗效的药物成为一种新兴的药物递送方式。其可用于体外定量检测人血清或血浆中降钙素原的含量,为临床上常见的全身性真菌感染、生物体细菌感染、寄生虫感染,以及脓毒症、细菌性脑膜炎等疾病[37]提供了高灵敏、准确的辅助诊断手段。

1.2.2　荧光蛋白探针

荧光蛋白[38]通常是指一类被特定波长的光激发后会发出明亮荧光的蛋白。荧光蛋白探针是通过基因工程技术将可编码转录翻译特定荧光蛋白的基因插入到细胞中，以此达到检测或观察活细胞的目的。

最早被发现的荧光蛋白为 20 世纪 60 年代日本科学家从水母的体内发现的绿色荧光蛋白。之后随着荧光蛋白领域的不断发展，荧光蛋白的种类也不断丰富，如蓝色荧光蛋白、黄色荧光蛋白等。然而，荧光蛋白探针发光强度较低且操作烦琐等不足也限制了其在生物医学诊疗领域的进一步发展及应用。

1.2.3　有机光学探针

有机光学探针是指主要由碳、氢元素构成的有机物探针。此类探针由光子触发或激活，在实时诊断和原位光疗方面具有很大的优势，如较高的灵敏度和良好的时空精度。大多数有机光学探针都具有结构易于调整、波长范围广泛、光转化效率高、生物体内响应速度快、可修饰性高等特点[6]。常见的荧光团有花菁类染料、亚甲基蓝、罗丹明系列及聚集诱导发光（aggregation-induced emission，AIE）类荧光分子等[39]。

为了克服活体生物组织中的光子衰减，有机光学探针的设计致力于开发出光谱位于近红外（near-infrared，NIR）区域具有长发射波长的光学探针。NIR 区的波长范围为 650～1700 nm（可分为近红外Ⅰ区：650～900 nm；近红外Ⅱ区：900～1700 nm），位于组织自发荧光波段之外，显著降低了组织自吸收和自发荧光造成的干扰，提高了检测的选择性和灵敏度。此外，NIR 光学探针具有较好的组织穿透深度，可以达到 5～10 mm，更符合临床上对组织成像的深度要求[39]。目前，有机光学探针已广泛应用于临床和临床前研究，如药物示踪、血管成像、肿瘤早期检测、肿瘤淋巴结转移成像和手术导航等。

非靶向性荧光造影剂为临床上应用最为广泛的荧光造影剂。目前，常见的非靶向性荧光造影剂有吲哚菁绿（indocyanine green，ICG）、亚甲基蓝（methylene blue，MB）、荧光素钠（fluorescein sodium）和吖啶黄素等。其中，吲哚菁绿、亚甲基蓝，荧光素钠已被美国 FDA 批准临床应用。

（1）吲哚菁绿：属于三碳菁染料，固体呈现出墨绿色粉末状，吸收和发射均位于近红外区域。目前，ICG 在临床上主要作为诊断用药，常用于肝脏功能（肝硬化和肝炎等）和心脏功能（心输出量和血液循环时间等）的检测。人体中 ICG 与血浆蛋白结合率高达 98%，其主要结合高密度脂蛋白和低密度脂蛋白，形成的

ICG-血浆蛋白复合体体积较大，因此在毛细血管循环中 ICG 极少漏出[40]。ICG 在体内血液循环过程中半衰期短，肝实质细胞从血浆中摄取 ICG 后，经胆囊胆汁以整分子的形式排泄。ICG 在整个过程中不再经过肠肝循环，短时间生物体内允许重复使用。

但是与此同时，ICG 的实际应用仍存在着许多局限性：ICG 的荧光量子产率与浓度呈非线性关系，寻找最佳使用浓度不易；ICG 的荧光量子产率仅为荧光素荧光量子产率的 4%，成像效果有待进一步提高；ICG 应用中最大的缺陷在于其在体内不稳定，清除率很高（血浆半衰期 2～4 min），在体外与抗体、多肽等不易结合构成共轭分子，故而 ICG 分子探针的制备也十分困难[41]。因此，国内外正在寻找一种能与靶向载体相结合构建光学分子探针、无生物毒性、敏感度和荧光量子产率高的近红外荧光染料来替代 ICG 染料。

（2）亚甲基蓝：属于噻嗪类染料。MB 最早在 1876 年以氯化锌盐的形式被合成。其后主要用于眼角膜损伤的医学诊断；眼底血管荧光造影及循环时间测定、虹膜荧光素血管造影、泪道荧光素检查、眼球结膜微循环测量等；胆囊和胆管等常见手术中用于显影；作为结核性脑膜炎等疾病的辅助诊断手段；可治疗高铁血红蛋白血症，与局部麻醉药结合使用用于局部止痛，也可用于治疗感染性休克、创伤性休克、带状疱疹、癌症等疾病[42]。但是，MB 同样在应用中也存在局限性：例如，MB 在高铁血红蛋白症治疗方面疗效很好，但当 MB 的使用剂量过高时，在人体中会产生副作用。1983 年，Chung 及其课题组报道了 MB 对生物体具有致突变性，向正常成年人静脉注射 MB，在剂量高于 500 mg/kg 后，人体会出现恶心、眩晕、胸口疼痛等副作用[43]。

（3）荧光素钠：在固体状态下呈现橙红色的荧光染料，其在水体系中的最大紫外吸收位于 493.5 nm。在临床上荧光素钠常用于眼底荧光血管造影，其对正常角膜等上皮不能染色，但能将损伤的角膜上皮染成绿色，从而可检测出角膜损伤、溃疡穿孔等病变[44]。然而荧光素钠对人体也具有较强副作用，常见于临床上的不良反应有急性荨麻疹、呼吸困难休克、心肌梗死、肺水肿和脑梗死等。

现阶段临床上使用的疾病诊疗染料存在一些不可忽视的局限，包括斯托克斯位移小（<30 nm），抗光漂白性差，易聚集导致猝灭，生物毒副作用强，与多肽、抗体等靶向性结合困难等，大大限制了染料的实际应用[45]。尤其是聚集导致猝灭的问题，对固态或者聚集态染料的实际应用非常不利。

因此，未来设计的分子探针应该遵循以下原则：①解决聚集诱导猝灭的问题；②具有易修饰靶向基团，且与靶标分子有高度特异性，并能准确反映生物体内靶标分子含量；③具有较强的通透性，在生物体内可顺利到达靶分子所在部位；④无生物毒副作用，在活体内稳定性好，在血液循环过程中有适当的清除率。

1.3 聚集诱导发光材料

在多功能的光学探针的材料中，有机光学探针具有易于修饰的结构、可调节的光物理特性、良好的生物安全性和生物降解性、高可重复性的制备步骤等优点，包括小分子荧光团、半导体聚合物（semiconducting polymers，SPs）或共轭聚合物（conjugated polymers，CPs）、聚集诱导发射发光体（aggregation-induced emission luminogens，AIEgens）等。它们很容易被修饰转化为水溶性分子探针或水分散性纳米颗粒或者超分子组合体，用于不同的生物应用。如何设计合成各项性能优异且能更好地付诸应用的光电信息功能材料，已成为新时代科学研究的热点问题之一。

传统应用中，有机光学材料大多数为大 π 共轭体系，其在稀浓度溶液（即非聚集状态下）中荧光量子产率较高，出现荧光。但通常在高浓度溶液或者固态（即聚集状态下）中，有机荧光材料由于分子间特殊的紧密 π-π 堆积，会形成相应的激基缔合物，从而导致其耗能通过非辐射途径能量转换，出现荧光变弱甚至完全消失的现象，这一现象即为聚集诱导猝灭（aggregation-caused quenching，ACQ）现象[46]。

2001 年，香港科技大学的唐本忠课题组报道了一个有趣的现象：六苯基噻咯（hexaphenylsilole，HPS）在良溶剂（乙腈溶液）中几乎观察不到荧光的产生，随着不良溶剂的添加并且比例不断增大后 HPS 的溶解度不断下降，随着 HPS 逐渐聚集且析出，其开始产生明显的荧光现象，荧光强度也显著增强。这一实验现象与传统所知的 ACQ 现象恰好相反（图 1-1）[47]，他们将该实验现象命名为 AIE 现象。有机荧光材料 AIE 机理的发现为各领域的应用发展带来全新的突破性进展。

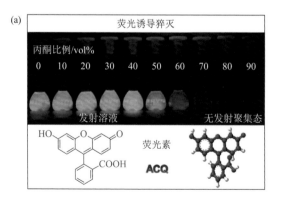

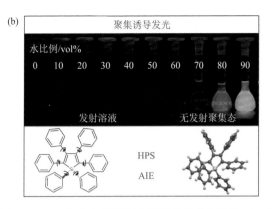

图 1-1 （a）荧光素（15 μmol/L）在水/丙酮混合溶液中的荧光照片；（b）HPS（20 μmol/L）在 THF/水混合溶液中的荧光照片[48]

vol%表示体积分数

　　AIE 材料即一类在聚集（高浓度溶液或固态）或其他条件下因本身分子内运动受限从而发出明亮荧光的新型有机荧光分子。通过化学修饰或者物理过程等方法，在荧光发光基团上连接生物分子或化学分子，从而合成新分子，可作为生物标记或荧光探针，给生物活体成像和药物递送等领域的研究提供了全新的思路。这类合成的新分子保持原 AIE 分子特有的分辨率高、噪声低的优点，同时兼具了有机荧光分子光稳定性好、荧光亮度高、光吸收宽、光发射窄的优点，并且修饰的部分可靶向于生物体内重要的酶或受体特异性结合，从而在实现荧光成像的同时也可应用于临床诊断。

　　根据 Jablonski 能级图（图 1-2）[49]，光学材料的发色团被光子激发后，电子状态从基态（S_0）变为单子激发态（S_n），随后经历一个快速的内转换（internal conversion，IC）过程，变成第一激发单重态（S_1）。处于 S_1 状态的有机光学探针可以经历三种不同途径的耗散吸收能。①辐射跃迁途径：从 S_1 到 S_0 的直接辐射耗散，释放一个能量较低、波长较长的光子，这被称为荧光。②非辐射跃迁途径：激发的能量通过振动弛豫产生热量回归到 S_0。这种松弛是由分子内运动以及与周围分子的碰撞介导的，伴随热量产生，这也被称为热失活过程。光热疗法（photothermal therapy，PTT）和光声（photoacoustics，PA）成像主要是基于这种热失活过程，将光能转化为热能，以实现局部温度的升高和声波的产生。③除了上述两种途径，发色团还可以随着电子自旋倍数的改变，从 S_1 态过渡到最低的三联态（T_1）；这种过渡被称为系间窜越（intersystem crossing，ISC）。处于 T_1 状态的分子可以通过辐射衰变的途径回到 S_0 状态，这个过程产生的光被称为磷光（phosphorescence）。由于 T_1 态比 S_1 态具有更长的寿命和更低的能量水平，磷光通常表现出发光延迟和发射红移。处于 T_1 态时的激发能量也可以转移到附近的氧气或底物上，产生有毒的活性氧（reactive oxygen species，ROS），如单线氧（$^1O_2$）和羟基自由基（·OH），这是光动力效应的关键特征。由于一个分子被激发光激发后，其吸收的能量是一定的，上述三种能量耗散途径之间总互为相互竞争关系。Jablonski 能级图阐述了不同的能量转换过程和它们之间的关系，为如何控制这些能量转换途径以实现不同的性能优化提供了重要的指导。基于 Jablonski 能级图，科学家们开发了多种方法、策略和技术来构建各种具有卓越性能的有机光学探针，从而推动了生物医学领域在疾病诊断、图像引导手术、无创光疗、免疫疗法、药物筛选等方面的发展[50]。

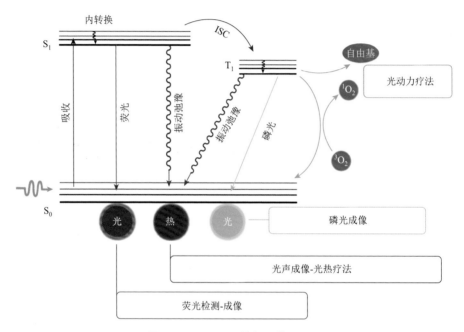

图 1-2　Jablonski 能级图的原理图

1.3.1　荧光诊断

光动力诊断（photodynamic diagnosis，PDD）是一种诊断方式，即光学探针在被特定光源激发后发射出荧光，在实现早期检测的同时对肿瘤及正常组织无损害。荧光探针在肿瘤部位高浓度积聚，特定波长的光激发肿瘤部位的荧光探针产生荧光信号，对生物体内的肿瘤部位进行检测和定位。有机荧光分子的光物理学性质（吸收和发射）取决于其被激发后的电子跃迁途径，而电子跃迁受其分子结构的显著影响。调节分子化学结构是调节有机荧光团荧光性质的直接方法之一。通过简单调节化学结构，可以很好地控制分子的性质、能级、耗散率、寿命等，得到产生理想荧光的光学探针。

根据 Jablonski 能级图，减少 S_1 与 S_0 之间的能隙，增加 S_1 到 S_0 的辐射耗散概率，可以开发出具有明亮 NIR 发射的荧光分子[51]。引入适当的电子供体（donor，

D）和受体（accepter，A）增加 π 共轭长度，可以产生新的杂交分子轨道，同时提高分子的最高占据分子轨道（highest occupied molecular orbital，HOMO）能级并降低最低未占分子轨道（lowest unoccupied molecular orbital，LUMO）能级，产生具有长波长吸收的小带隙。AIEgens 具有聚集产生更亮的荧光的独特特性，这使其成为构建超亮荧光纳米颗粒的理想组成部分。四苯基乙烯（TPE）是一种具有代表性的 AIEgen，其吸收峰和发射峰分别位于 311 nm 和 456 nm 处，苯并噻二唑（BT）单元是最典型的低 LUMO 能级受体之一。如图 1-3 所示，将两个 TPE 结合到 BT 中产生了 D-A-D 型 AIEgen（命名为 AIE-1），其最大发射波长为 538 nm，固态荧光量子产率（solid-state fluorescence quantum yield，Φ_{FL}）为 61%。通过加入噻吩环作为 TPE 和 BT 之间的 π 桥，进一步增加共轭长度，可以明显地分别导致 AIE-2（发射波长 λ_{em} = 592 nm）和 AIE-3（发射波长 λ_{em} = 623 nm）的发射红移。强电子受体有利于降低 LUMO 能级和 HOMO-LUMO 带隙，使吸收和发射波长红移。接下来，将 BT 替换为螺环苯并咪唑-2, 10-环己烷（BI），因具有更强的吸电子能力和更好的空间位阻效应，AIE-4 的发射红移至 677 nm。引入具有更大 π-共轭的电子受体，如苯并双噻二唑（BBTD），可以进一步将 AIE-5 的发射峰红移到 NIR 区域（λ_{em} = 787 nm）。此外，当使用烷氧基取代的 TPE 作为电子供体时，AIE-5 的发射峰可以进一步移动到 800 nm 以上。

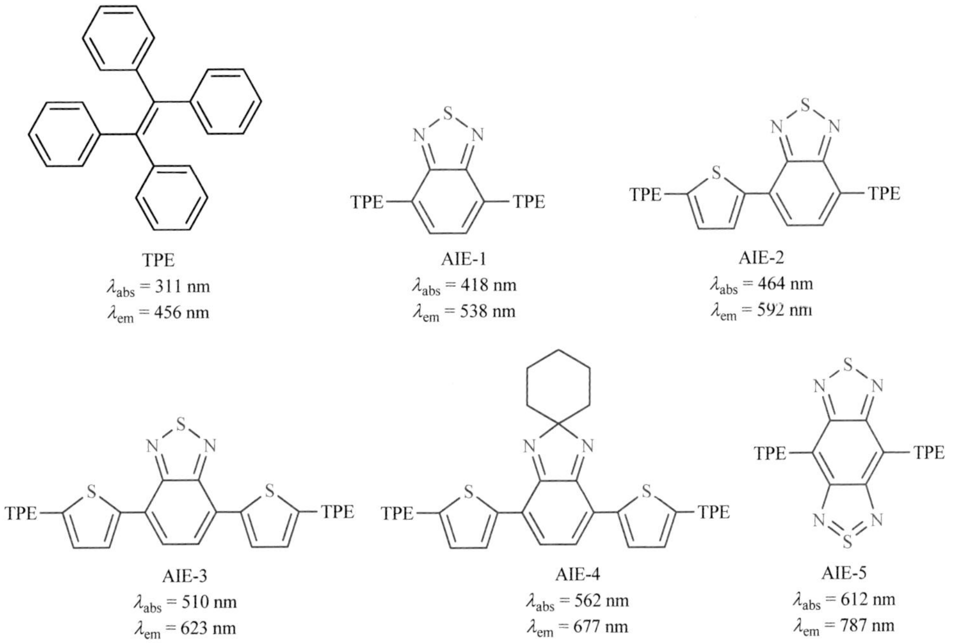

TPE
λ_{abs} = 311 nm
λ_{em} = 456 nm

AIE-1
λ_{abs} = 418 nm
λ_{em} = 538 nm

AIE-2
λ_{abs} = 464 nm
λ_{em} = 592 nm

AIE-3
λ_{abs} = 510 nm
λ_{em} = 623 nm

AIE-4
λ_{abs} = 562 nm
λ_{em} = 677 nm

AIE-5
λ_{abs} = 612 nm
λ_{em} = 787 nm

图 1-3　发射红移的 D-A-D 型 AIEgens[52]

增加 π-共轭和 D-A 的强度会产生强烈的分子内电荷转移（intramolecular charge transfer，ICT）效应，探针与溶剂（如水）的分子间相互作用会导致荧光猝灭。目前，已经开发了多种合理的设计方法来缓解由分子内电荷转移引起的猝灭效应，增加近红外二区（NIR-Ⅱ）类荧光分子的荧光量子产率。2017 年，Dai 等报道了一种基于屏蔽单元-供体-受体-供体-屏蔽单元（S-D-A-D-S）设计的 NIR-Ⅱ分子荧光体，以 3,4-亚乙二氧基噻吩（EDOT）为供体，以芴为屏蔽单元，构建了一系列的荧光分子（图 1-4）。其中，性能最好的荧光体 IR-FE 和 IR-FEP 的发

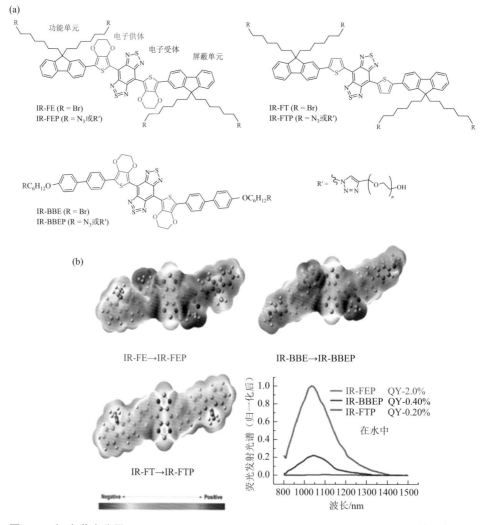

图 1-4　（a）荧光分子 IR-FE、IR-FEP、IR-BBE、IR-BBEP、IR-FT、IR-FTP 的化学结构；（b）IR-FE、IR-BBE、IR-FT 的静电势面图（ESP）及其发射和荧光量子产率（水溶液）

射量子产率分别可以达到 31%（甲苯溶液）和 2.0%（水溶液）。之后，他们进一步使用 DFT 和 TDDFT 对三种分子荧光团的几何、电子和光学特性进行了理论上的研究。IR-FE 中，EDOT 作为供体引入共轭骨架并调整静电势分布，保护了激发态的 BBTD 受体，与噻吩对应物（IR-FT）相比，增强了水溶液中的荧光发射。芴被用作屏蔽单元，对共轭骨架的分子间相互作用起到了屏蔽作用，减少了分子的聚集和提高了荧光量子产率。基于水中高量子产率的 IR-FEP，他们将其成功应用在了荷 4T1 肿瘤的 BALB/c 小鼠的 NIR-II 成像实验中[53]。

　　生物体内环境为水体系，因此应用于生物体内的荧光探针需要具有良好的水溶性。目前，常用的赋予有机荧光探针水溶性的方法主要有两种。一种是将离子或亲水性片段连接到疏水性有机荧光团；另一种是基于纳米工程，将有机荧光团封装在具有良好的生物相容性的基质中形成几十到数百纳米大小的纳米颗粒。对于后者来说，AIEgens 的发展为开发明亮的荧光纳米颗粒提供了独特的机会。2020 年，Ding 等报道了一例运用纳米工程，基于主客体复合策略，以羧酸修饰的杯芳烃五十二烷基醚（CC5A-12C）为包封基质，四个带正电的 AIEgens 为核心荧光团构建的水溶性的高亮度超分子 S-AIE dots（室温下水体系中的 Φ_{FL} 可达到 72%）。进一步探究发现，高量子产率主要是由于超分子内，AIEgens 的分子内运动接近完全限制，ISC 和热失活的途径都被同时抑制，导致吸收的激发能量主要集中在荧光发射上。在后续的手术导航实验中，S-AIE dots 有极佳的表现，大大改善了肿瘤切除手术的效果（图 1-5）[49]。

　　此外，纳米工程与 AIEgens 的结合，在核心或表面修饰功能基团提供了位点，为进一步调整光学性质及生物效应提供了可能。到目前为止，已经开发出各种各样的封装基质来制备荧光纳米颗粒和超分子组装体，包括蛋白质、脂质、聚合物等。

1.3.2　光声&光热诊断治疗

　　光声成像（photoacoustic imaging，PAI）作为一种新的光学成像方式，近年来引起了人们极大的研究兴趣。它能够提供比荧光成像更深的成像穿透深度和更高的空间分辨率[54]。成像是指使用特定光源光照生物组织，将光子转化为局部热量，以诱导瞬时热弹性膨胀和宽带声波/声子来成像。由于在生物组织中声子的散射比光子低得多，PAI 成像可以实现更深的穿透深度（达到几厘米）、更高的信背比和更佳的空间分辨率。此外，PAI 探针的优良发热能力还可用于 PTT。在光照下，有机光学分子通过非辐射能量弛豫从激发态回到基态的过程实现了光热转化。PTT 通过提高局部组织温度诱导细胞死亡，达到治疗的效果。因此，增强荧光分子光热效应的一种策略是尽可能多地将吸收的激发能量集中在热失活过程中，这可以通过直接促进非辐射衰变途径或间接抑制荧光和 ISC 的耗散途径来实现[55]。

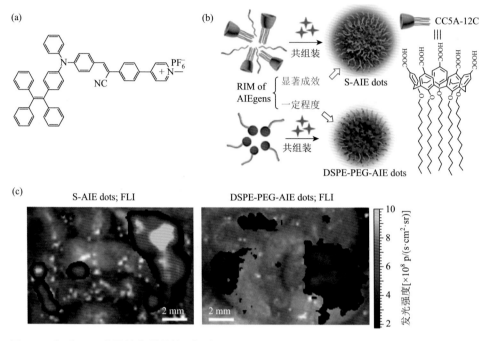

图 1-5　（a）AIE 分子的化学结构；（b）S-AIEdots、DSPE-PEG-AIE dots 和 CC5A-12C 的化
　　　　学结构及其组装示意图；（c）静脉注射 24 h 后，小鼠腹腔肿瘤的荧光成像

　　此外，在提高光热转化效率的同时还可以改善 NIR-Ⅱ窗口的吸收带，从而达到更深穿透深度、更低光散射和更少生物组织吸收的影响。引入强缺电子受体单元是调节并红移 PA/PTT 探针吸收带的最常用方法之一。2017 年，Tang 等用三苯胺（TPA）和常见的近红外构建单元[1, 2, 5]噻二唑并[3, 4-g]喹喔啉（TQ）作为电子供体和受体，中间的一个平面噻吩环使电子带隙降低，设计和合成一种在近红外窗口有强烈吸收的有机小分子（即 TPA-T-TQ），通过将其包封在纳米材料中，开发了高度稳定和具有较好的生物相容性的光热有机纳米颗粒（ONPs）。TPA-TQ NPs 没有明显的体内毒性，与 ICG 相比在稳定性、光热转化和光声成像等方面表现出杰出的性能。ONPs 作为体内 PAI 的有效探针，在成像实验中表现出高信背比。同时，活体治疗实验中发现，通过 PAI 引导的光热治疗能明显地抑制荷瘤小鼠的肿瘤生长（图 1-6）。因此，这项研究为开发先进的近红外吸收小分子及其 PAI 和 PTT 的生物应用提供了启示[56]。大多数有机 PA/PTT 探针通常具有较大的 π 共轭结构，导致它们具有高度的疏水性。因此，通过纳米工程技术提高其水溶性是使其良好地应用于生物医学领域的一种可行性的方式。到目前为止，人们已经探索了多种生物相容性聚合物作为包封基质来构建 PA/PTT 纳米颗粒。许多纳米工程研究也致力于显著提高光学分子的 PA 成像和 PTT 治疗效果，如脂质体/胶束构

建、引入荧光猝灭剂、超分子组装、掺杂/涂覆导热剂等。2016 年，Pu 等通过在 SPNs 中加入一个吸电子的碳点（富勒烯 PC70BM）来创造粒子内电子转移（图 1-7），粒子内的光电相互作用使 SPN 的光声信号强度和最大光热温度分别提高了 2.6 倍和 1.3 倍。使用该 SPN 作为治疗性纳米试剂，在荷瘤小鼠的肿瘤成像和治疗中取得了良好的结果[57]。

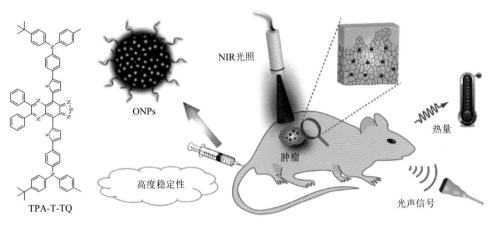

图 1-6 ONPs 的分子结构及其用于光声成像和光热治疗的示意图

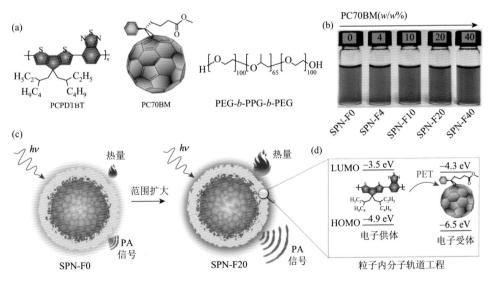

图 1-7 （a）PCPDTBT、PC70BM 和 PEG-b-PPG-b-PEG 的化学结构；（b）不同掺杂量的 PC70BM（w/w%，质量分数）的 SPN 溶液的图像（[SPN] = 16 μg/mL）；（c）PET 诱导放大的治疗性 SPNs 的示意图；（d）PCPDTBT、PC70BM 的 HOMO 和 LUMO

1.3.3 ROS 诊断治疗

根据 Jablonski 图，S_1 激发态的有机光学分子可以经历一个非辐射 ISC 过程，达到三重态（T_1 态），三重态激子进一步用于实现持续发光成像（磷光）或产生 ROS 用于 PDT。

与荧光相比，磷光具有寿命更长、斯托克斯位移更大的特性。特别地，具有长寿命的有机室温磷光（room temperature phosphorescence，RTP）探针在生物成像应用中具有巨大潜力，RTP 荧光团具有在体内持续发光生物成像的特性，它们消除了组织自体荧光的干扰，提供了极好的 SBR 和成像灵敏度。将 RTP 材料用于生物医学领域，不但需要使其具有足够的水分散性，还应特别注意它们与氧和水分子的相互作用[58]。因此，通常采用自上而下的方法，使用聚合物基质来构建用于磷光成像的聚合物包覆的晶体纳米颗粒。目前，自下而上的纳米化和无定形 RTP 化合物的设计等增强其生物相容性的策略已被开发，用以探索适用于生物成像的 RTP 荧光团。

PDT 是一种相对成熟的光治疗方式，依靠特定波长光源照射激活肿瘤组织中的光敏剂（photosensitizer，PS）产生具有生物毒性的单态氧等 ROS 物质，进而氧化损伤肿瘤、病毒感染细胞及其他过度增殖细胞、激活抗肿瘤抗病毒免疫、损伤血管，杀伤细菌、真菌、病毒，消除炎症[59]。得益于 ROS 的短寿命（<400 ms）和小的作用半径（<200 nm），PDT 只对 PSs 高度聚集和局部光子照射的组织产生作用，具有良好的特异性，可以将对非目标的正常健康组织的副作用降到最低[60]。一般来说，ISC 过程与辐射跃迁产生的荧光发射途径相竞争，改进 ISC 过程以获得更好的 PDT 可能会导致荧光降低。然而，在许多情况下，还有其他光物理过程与 ISC 和荧光过程竞争，如热弛豫、ICT、PET 等。因此，PSs 有可能同时拥有高效的 ROS 生成和明亮的荧光，这使得 PSs 成为荧光图像引导 PDT 的理想治疗剂。为了设计具有高效 PDT 性能的 PSs，研究者们提出了诸多基于促进 ISC 过程和抑制这些竞争性光物理过程的策略。此外，前沿工作还致力于改善 PSs 的生物相容性，增加消光系数及红移吸收波长。

通过设计调整 AIE 光敏剂的化学结构来减少单线态三线态能极差（ΔE_{ST}）是促进 ISC 过程的一种有效的方法。S_1 态中自旋相反的价电子之间的电子排斥决定了 S_1 与 T_1 的能量差。因此，构建带有供体和受体部分的 PSs 来分离 HOMO-LUMO 分布，可以实现更小的单线态三线态能极差，增加 ROS 的生成[61]。2017 年，Liu 等设计并合成一系列分子，报道了一种通过增加 HOMO-LUMO 分离，调节 ΔE_{ST}，实现高效 ROS 产生和强烈红光发射的光敏剂设计策略（图 1-8）。与 TPE 相比，TP1（$\Delta E_{ST} = 0.63\text{eV}$）和 TP2（$\Delta E_{ST} = 0.6\text{eV}$）的 ΔE_{ST} 值降低，这首先证实了引入

D-A 分子是降低 ΔE_{ST} 的有效方法。通过用甲基取代 TP2 中的氢，TPE 和 TP4 上的二氰基之间的扭角增加，导致 HOMO-LUMO 分布更加分离，从而使 ΔE_{ST} 降低到 0.49eV。此外，用噻吩环取代甲基导致 TP7 的 ΔE_{ST} 进一步下降到 0.29eV，这是因为 LUMO 更多地分布在受体上，HOMO-LUMO 分离得更好。从 TP1 到 TP8，一系列的设计使 AIE PSs 的 ΔE_{ST} 逐渐降低，而 $^1O_2$ 产生量逐渐增加。从这项研究中可以看出，增加扭转角和延长分子内空间距离都有利于 HOMO-LUMO 分离，导致低 ΔE_{ST} 和高效的 $^1O_2$ 生成[62]。

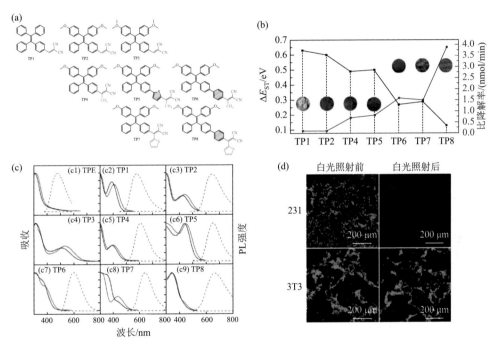

图 1-8 （a）基于 TPE 设计合成光敏剂的分子结构；（b）设计化合物的 ΔE_{ST} 值（黑色曲线）、比降解率（400~700 nm）（蓝色曲线）和 365 nm 紫外光照射下的固体粉末图像；（c）TPE 和 TP1~TP8 在 DMSO（黑色）和 DMSO/水（v/v = 1/99，红色）中的归一化紫外-可见吸收（实线）和光致发光（PL）光谱（虚线）（浓度皆为 10 μmol/L）；（d）0.25 W/cm² 白光照射前后，与 cRGD-TP8 NPs 孵育的 MDA-MB-231 和 NIH/3T3 细胞的共聚焦荧光图像

分子设计可以减少 ΔE_{ST} 和增强自旋轨道耦合（spin-orbit coupling，SOC）以促进 ISC 过程，然而在实际应用中高 ISC 效率不能保证 ROS 的高产量[63]。这是由于存在着与光敏化过程竞争的能量耗散过程[64]，如 S_1 到 S_0 和 T_1 到 S_0 的非辐射衰减过程，分子间 CT 如 π-π 堆积或极性溶剂破坏等。如图 1-9 所示，Ding 和 Tang 等基于超分子纳米工程，设计开发了一种通过限制 AIE 分子在纳米粒子内的分子

内运动，放大荧光和增加 ROS 产生的 AIE NPs，该策略有利于大大改善体内的癌症光治疗学。他们通过在三苯乙烯中引入两个给电子的二苯胺基团和一个 1-甲基吡啶单元，简单地合成了一种新的近红外发光 AIEgens，即 TPP-TPA。用 DSPE-PEG 或 Cor-PEG 对 TPP-TPA 进行封装，得到了两种具有不同粒子内环境刚性的纳米粒子。相对于 DSPE-PEG 封装的纳米粒子，Cor-PEG 封装的纳米粒子表现出 4 倍的荧光量子产率和 5.4 倍的 ROS 产生能力。理论计算表明，Cor-PEG 封装的纳米粒子内的刚性微环境有力地限制了封装的 TPP-TPA 的分子内旋转，并高度抑制了其非辐射衰减，导致激发态能量流向荧光途径和 ISC 过程。这种具有近红外发射和高 ROS 产生的光敏剂极大地促进了近红外图像引导的癌症手术和 PDT 的光疗效果。该研究不仅带来了一类新的具有卓越生物医学性能的 AIE dots，而且还合理

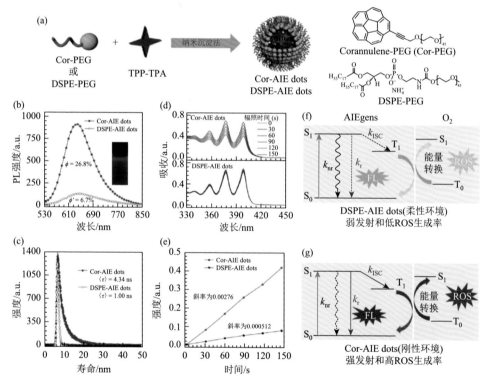

图 1-9　（a）纳米沉淀法制备 Cor-AIE dots 和 DSPE-AIE dots 的示意图；（b）Cor-AIE dots 和 DSPE-AIE dots 的光致发光光谱（λ_{ex} = 500 nm）；（c）Cor-AIE dots 和 DSPE-AIE dots 的荧光寿命谱（λ_{ex} = 500 nm）；（d）白光照射（60 mW/cm^2）下，Cor-AIE dots 和 DSPE-AIE dots 的吸收光谱；（e）ABDA（单线态氧指示剂）的分解速率（A_0 和 A 分别是辐照前后 378 nm 处的吸光度）；（f）、（g）Jablonski 图显示了柔性（DSPE-AIE dots）和刚性（Cor-AIE dots）矩阵中的非辐射、辐射和系间窜越过程

地证明了加强粒子内微环境的刚性且进一步抑制封装 AIEgens 的非辐射衰变，是制备具有高荧光和 ROS 生成能力的 AIE dots 的新策略[65]。

光敏剂还可以用特定的靶向基团进一步功能化来提高其治疗的特异性。2021 年，Ding 等报道了一种名为 TPE-Py-pYK（TPP）pY 的溶酶体膜透化（lysosomal membrane permeabilization，LMP）诱导剂（图 1-10）。该分子在响应碱性磷酸酶（ALP）后发出荧光的同时可以生成单线态氧。TPE-Py-pYK（TPP）pY 在 ALP 高表达的癌细胞溶酶体中积累，并诱导 LMP 和溶酶体膜的破裂，从而诱发肿瘤细胞的免疫原性细胞死亡（immunogenic cell death，ICD）。这种 LMP 诱导的 ICD 能有效地将冷肿瘤转化为热肿瘤，更好地实现肿瘤消除。这项工作在溶酶体相关的细胞死亡和癌症免疫治疗之间建立了一座新的桥梁[66]。

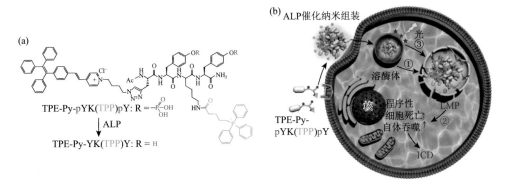

图 1-10 （a）TPE-Py-pYK(TPP)pY 和 ALP 催化产物 TPE-Py-YK(TPP)Y 的化学结构；（b）TPE-Py-pYK（TPP）Py 在碱性磷酸酶催化下形成纳米组装体的示意图，TPE-Py-pYK(TPP)Py 在溶酶体中靶向富集，并诱导 LMP 和溶酶体膜破裂，从而大规模引发 ICD 并有效地将冷肿瘤转化为热肿瘤

免疫原性细胞死亡是近年来新兴的一个肿瘤免疫治疗领域，肿瘤细胞通过 ICD 死亡引起免疫系统高度识别，增强抗原呈递效果，从而在肿瘤微环境中产生抗肿瘤特异性免疫应答[67]。这种死亡方式在一定程度上推动了免疫治疗中肿瘤细胞免疫原性低下、免疫系统难以识别等难题的解决。从当前各个领域的研究来看，众多被应用的试剂中仅有极少数被明确地定义为 ICD 诱导剂。例如，常见的顺铂和奥沙利铂，在生物体内二者都能够引起肿瘤细胞保护 DNA 损伤诱导性细胞死亡，但由于奥沙利铂引起内质网应激的特性，两者之中只有奥沙利铂可明确地作为 ICD 诱导剂使用[67]。迄今为止，如何寻找和开发有效的 ICD 诱导剂依然是一个重大难题。

2019 年，Ding 等介绍了一类基于光敏剂的 ICD 诱导剂 TPE-DPA-TCyP，首次揭示了线粒体氧化应激和 ICD 之间的关系，并提出了一个新的概念，即集中的线粒体氧化应激可以大规模地诱发 ICD（图 1-11）[68]。TPE-DPA-TCyP 具有很强的 AIE 效应和诱导癌细胞线粒体氧化应激的特殊能力，在诱导抗肿瘤免疫力和免疫记忆效应方面具有更好的有效性和稳健性。值得注意的是，在体实验表明 TPE-DPA-TCyP 的治疗效果优于广泛报道的 ICD 诱导剂（Ce6、PPa 和奥沙利铂）。与之前报道的基于光敏剂的 ICD 诱导剂相比，TPE-DPA-TCyP 有着特定的线粒体靶向性，其在三维扭曲的分子结构和 HOMO-LUMO 分布方面具有独特的分子设计准则。

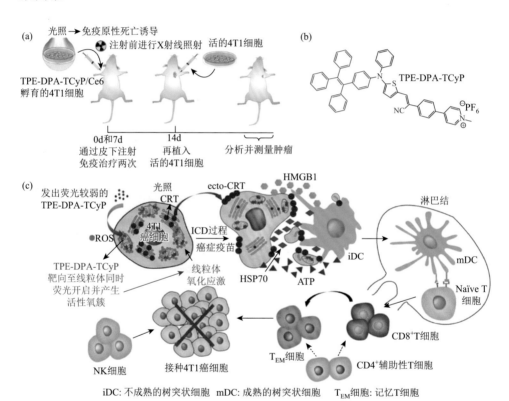

图 1-11　（a）预防性肿瘤疫苗接种模型评估不同 ICD 诱导剂的体内 ICD 免疫原性的示意图；（b）TPE-DPA-TCyP 的分子结构；（c）TPE-DPA-TCyP 作为抗肿瘤免疫的有效 ICD 诱导剂的模拟机制

传统的有机染料分子虽然已经获得了广泛使用，但同时也存在许多问题需要被进一步克服，如荧光量子产率、聚集诱导猝灭效应（ACQ）等，这些缺点极大地限制了其进一步在医学影像和疾病诊断中的应用。近年来，在成像领域兴起的 AIE 材料，能够在聚集状态下发光，在聚集态下拥有很高的荧光量子产率。AIE 有机光学材料克服了 ACQ 等传统有机荧光材料的问题，提高了成像的稳定性和灵敏度，引起了光学成像领域极大的关注。因此，发展 AIE 性质的有机光学诊疗材料具有重要意义。

（焦 迪 高贺麒 丁 丹[*]）

参 考 文 献

[1] 李坤城，于春水. 分子影像学研究进展. 中国医疗设备，2008，23（1）：1-4.

[2] Ng K K，Zheng G. Molecular interactions in organic nanoparticles for phototheranostic applications. Chemical Reviews，2015，115（19）：11012-11042.

[3] Tamada T，Sone T，Jo Y，et al. Diffusion-weighted MRI and its role in prostate cancer. NMR in Biomedicine，2014，27（1）：25-38.

[4] Soong Y H V，Sobkowicz M J，Xie D M. Recent advances in biological recycling of polyethylene terephthalate（PET）plastic wastes. Bioengineering，2022，9（3）：1974-1992.

[5] Li D，Yang Y，Li D F，et al. Organic sonosensitizers for sonodynamic therapy：from small molecules and nanoparticles toward clinical development. Small，2021，17（42）：2101976.

[6] Chen C，Ou H L，Liu R H，et al. Regulating the photophysical property of organic/polymer optical agents for promoted cancer phototheranostics. Advanced Materials，2020，32（3）：1806331.

[7] Elojeimy S，Cruite I，Bowen S，et al. Overview of the novel and improved pulmonary ventilation-perfusion imaging applications in the era of SPECT/CT. American Journal of Roentgenology，2016，207（6）：1307-1315.

[8] Lalush D S. Magnetic resonance-derived improvements in PET imaging. Magnetic Resonance Imaging Clinics of North America，2017，25（2）：257-272.

[9] Herzog H，Lerche C. Advances in clinical PET/MRI instrumentation. PET Clinics，2016，11（2）：95-103.

[10] Cheng X，Bao L，Xu Z，et al. ^{18} F-FDG-PET and ^{18} F-FDG-PET/CT in the detection of recurrent or metastatic medullary thyroid carcinoma：a systematic review and meta-analysis. Journal of Medical Imaging and Radiation Oncology，2012，56（2）：136-142.

[11] Horti A G，Wong D F. Clinical perspective and recent development of PET radioligands for imaging cerebral nicotinic acetylcholine receptors. PET Clinics，2009，4（1）：89-100.

[12] Dobrossy M D，Braun F，Klein S，et al. [^{18}F]desmethoxyfallypride as a novel PET radiotracer for quantitative *in vivo* dopamine D2/D3 receptor imaging in rat models of neurodegenerative diseases. Nuclear Medicine and Biology，2012，39（7）：1077-1080.

[13] McIntosh L J，Bankier A A，Vijayaraghavan G R，et al. COVID-19 vaccination-related uptake on FDG PET/CT：an emerging dilemma and suggestions for management. American Journal of Roentgenology，2021，217（4）：975-983.

[14] Gambhir S S，Herschman H R，Cherry S R，et al. Imaging transgene expression with radionuclide imaging technologies. Neoplasia，2000，2（1-2）：118-138.

[15] Santhanam P，Taieb D. Role of ^{18}F-FDOPA PET/CT imaging in endocrinology. Clinical Endocrinology，2014，81（6）：789-798.

---

[*] 表示本章的通讯作者。

[16] Park E. A new era of clinical dopamine transporter imaging using 123I-FP-CIT. Journal of Nuclear Medicine Technology，2012，40（4）：222-228.

[17] Gambhir S S，Barrio J R，Herschman H R，et al. Assays for noninvasive imaging of reporter gene expression. Nuclear Medicine and Biology，1999，26（5）：481-490.

[18] Chahine L M，Stern M B. Diagnostic markers for Parkinson's disease. Current Opinion in Neurology，2011，24（4）：309-317.

[19] Wipfler B，Pohl H，Yavorskaya M I，et al. A review of methods for analysing insect structures—the role of morphology in the age of phylogenomics. Current Opinion in Insect Science，2016，18：60-68.

[20] Narsaiah K，Jha S N. Nondestructive methods for quality evaluation of livestock products. Journal of Food Science and Technology，2012，49（3）：342-348.

[21] Tong L，Zhao M，Zhu S，et al. Synthesis and application of superparamagnetic iron oxide nanoparticles in targeted therapy and imaging of cancer. Frontiers in Medicine，2011，5（4）：379-387.

[22] Corot C，Petry K G，Trivedi R，et al. Macrophage imaging in central nervous system and in carotid atherosclerotic plaque using ultrasmall superparamagnetic iron oxide in magnetic resonance imaging. Investigative Radiology，2004，39（10）：619-625.

[23] Wang J，Huang Y，David A E，et al. Magnetic nanoparticles for MRI of brain tumors. Current Pharmaceutical Biotechnology，2012，13（12）：2403-2416.

[24] Akinkuotu A C，Coleman A，Shue E，et al. Predictors of poor prognosis in prenatally diagnosed sacrococcygeal teratoma: a multiinstitutional review. Journal of Pediatric Surgery，2015，50（5）：771-774.

[25] Shin T H，Choi Y，Kim S，et al. Recent advances in magnetic nanoparticle-based multi-modal imaging. Chemical Social Reviews，2015，44（14）：4501-4516.

[26] Villanueva-Meyer J E，Mabray M C，Cha S. Current clinical brain tumor imaging. Neurosurgery，2017，81（3）：397-415.

[27] Bychkov A，Simonova V，Zarubin V，et al. The progress in photoacoustic and laser ultrasonic tomographic imaging for biomedicine and industry: a review. Applied Science-Basel，2018，8（10）：1931.

[28] Choi H H，Rodgers S K，Khurana A，et al. Role of ultrasound for chronic liver disease and hepatocellular carcinoma surveillance. Magnetic Resonance Imaging，2021，29（3）：279-290.

[29] Unnikrishnan S，Klibanov A L. Microbubbles as ultrasound contrast agents for molecular imaging: preparation and application. American Journal of Roentgenology，2012，199（2）：292-299.

[30] Tran W T，Iradji S，Sofroni E，et al. Microbubble and ultrasound radioenhancement of bladder cancer. British Journal of Cancer，2012，107（3）：469-476.

[31] Chen W，Cai H，Zhang X，et al. Physiologic factors affecting the circulatory persistence of copolymer microbubbles and comparison of contrast-enhanced effects between copolymer microbubbles and sonovue. Ultrasound in Medicine and Biology，2020，46（3）：721-734.

[32] Das D，Pramanik M. A study of blood clots using photoacoustic imaging during sonothrombolysis. Proceedings of SPIE，2019，10878.

[33] Endo M，Ozawa T. Advanced bioluminescence system for *in vivo* imaging with brighter and red-shifted light emission. International Journal of Molecular Sciences，2020，21（18）：6538.

[34] Hoffman R M. Green fluorescent protein imaging of tumour growth，metastasis，and angiogenesis in mouse models. Lancet Oncology，2002，3（9）：546-556.

[35] Huang X，Tang M. Research advance on cell imaging and cytotoxicity of different types of quantum dots. Journal of Applied Toxicology，2021，41（3）：342-361.

[36] Yukawa H，Baba Y. in vivo imaging technology of transplanted stem cells using quantum dots for regenerative medicine. Analytical Sciences，2018，34（5）：525-532.

[37] Li J，Wu D，Miao Z，et al. Preparation of quantum dot bioconjugates and their applications in bio-imaging. Current Pharmaceutical Biotechnology，2010，11（6）：662-671.

[38] Specht E A，Braselmann E，Palmer A E. A critical and comparative review of fluorescent tools for live-cell imaging. Annual Review of Physiology，2017，79：93-117.

[39] Cai Y，Wei Z，Song C H，et al. Optical nano-agents in the second near-infrared window for biomedical applications. Chemical Society Reviews，2019，48（1）：22-37.

[40] Vlek S L，van Dam D A，Rubinstein S M，et al.Biliary tract visualization using near-infrared imaging with indocyanine green during laparoscopic cholecystectomy：results of a systematic review. Surgical Endoscopy，2017，31（7）：2731-2742.

[41] Feng G X，Liu B. Multifunctional AIEgens for future theranostics. Small，2016，12（47）：6528-6535.

[42] Cwalinski T，Polom W，Marano L，et al. Methylene blue-current knowledge，fluorescent properties，and its future use. Journal of Clinical Medicine，2020，9（11）：3538.

[43] Zhang C，Jiang D，Huang B，et al. Methylene blue-based near-infrared fluorescence imaging for breast cancer visualization in resected human tissues. Technology in Cancer Research & Treatment，2019，18：1533033819894331.

[44] Stummer W，Suero Molina E. Fluorescence imaging/agents in tumor resection. Neurosurgery Clinics of North America，2017，28（4）：569-583.

[45] Gao M，Yu F B，Lv C J，et al. Fluorescent chemical probes for accurate tumor diagnosis and targeting therapy. Chemical Society Reviews，2017，46（8）：2237-2271.

[46] Luo J，Xie Z，Lam J W，et al. Aggregation-induced emission of 1-methyl-1，2，3，4，5-pentaphenylsilole. Chemical Communications，2001（18）：1740-1741.

[47] Mei J，Leung N L，Kwok R T，et al. Aggregation-induced emission：together we shine，united we soar!. Chemical Reviews，2015，115（21）：11718-11940.

[48] Mei J，Hong Y，Lam J W，et al. Aggregation-induced emission：the whole is more brilliant than the parts. Advanced Materials，2014，26（31）：5429-5479.

[49] Chen C，Ni X，Tian H W，et al. Calixarene-based supramolecular AIE dots with highly inhibited nonradiative decay and intersystem crossing for ultrasensitive fluorescence image-guided cancer surgery. Angewandte Chemie International Edition，2020，59（25）：10008-10012.

[50] Antaris A L，Chen H，Diao S，et al. A high quantum yield molecule-protein complex fluorophore for near-infrared II imaging. Nature Communications，2017，8：15269.

[51] Gao S，Wei G，Zhang S，et al. Albumin tailoring fluorescence and photothermal conversion effect of near-infrared-II fluorophore with aggregation-induced emission characteristics. Nature Communications，2019，10（1）：2206.

[52] Feng G，Zhang G Q，Ding D. Design of superior phototheranostic agents guided by Jablonski diagrams. Chemical Social Reviews，2020，49（22）：8179-8234.

[53] Yang Q，Ma Z，Wang H，et al. Rational design of molecular fluorophores for biological imaging in the NIR-II window. Advanced Materials，2017，29（12）：1605497.

[54] Liu Y J，Bhattarai P，Dai Z F，et al. Photothermal therapy and photoacoustic imaging via nanotheranostics in fighting cancer. Chemical Society Reviews，2019，48（7）：2053-2108.

[55] Ou H L，Li J，Chen C，et al. Organic/polymer photothermal nanoagents for photoacoustic imaging and photothermal therapy *in vivo*. Science China Materials，2019，62（11）：1740-1758.

[56] Zhang J F，Yang C X，Zhang R，et al. Biocompatible D-A semiconducting polymer nanoparticle with light-harvesting unit for highly effective photoacoustic imaging guided photothermal therapy. Advanced Functional Materials，2017，27（13）：1605094.

[57] Lyu Y，Fang Y，Miao Q Q，et al. Intraparticle molecular orbital engineering of semiconducting polymer nanoparticles as amplified theranostics for *in vivo* photoacoustic imaging and photothermal therapy. ACS Nano，2016，10（4）：4472-4481.

[58] Itoh T. Fluorescence and phosphorescence from higher excited states of organic molecules. Chemical Reviews，2014，114（11）：6080.

[59] Zhi J H，Zhou Q，Shi H F，et al. Organic room temperature phosphorescence materials for biomedical applications. Chemistry：An Asian Journal，2020，15（7）：947-957.

[60] Xu S，Chen R F，Zheng C，et al. Excited state modulation for organic afterglow：materials and applications. Advanced Materials，2016，28（45）：9920-9940.

[61] Zhang K Y，Yu Q，Wei H J，et al. Long-lived emissive probes for time-resolved photoluminescence bioimaging and biosensing. Chemical Reviews，2018，118（4）：1770-1839.

[62] Xu S D，Wu W B，Cai X L，et al. Highly efficient photosensitizers with aggregation-induced emission characteristics obtained through precise molecular design. Chemical Communications，2017，53（62）：8727-8730.

[63] Jinnai K，Kabe R，Adachi C. Wide-range tuning and enhancement of organic long-persistent luminescence using emitter dopants. Advanced Materials，2018，30（38）：1800365.

[64] Zhao W J，Cheung T S，Jiang N，et al. Boosting the efficiency of organic persistent room-temperature phosphorescence by intramolecular triplet-triplet energy transfer. Nature Communications，2019，10（1）：1505.

[65] Gu X G，Zhang X Y，Ma H L，et al. Corannulene-incorporated AIE nanodots with highly suppressed nonradiative decay for boosted cancer phototheranostics *in vivo*. Advanced Materials，2018，30（26）：e1801065.

[66] Ji S L，Li J，Duan X C，et al. Targeted enrichment of enzyme-instructed assemblies in cancer cell lysosomes turns immunologically cold tumors hot. Angewandte Chemie International Edition，2021，60（52）：26994-27004.

[67] Kepp O，Menger L，Vacchelli E，et al. Crosstalk between ER stress and immunogenic cell death. Cytokine and Growth Factor Reviews，2013，24（4）：311-318.

[68] Chen C，Ni X，Jia S，et al. Massively evoking immunogenic cell death by focused mitochondrial oxidative stress using an AIE luminogen with a twisted molecular structure. Advanced Materials，2019，31（52）：e1904914.

第2章

>>

聚集诱导发光材料在体内血管成像中的应用

2.1 体内血管成像的重要意义和现有方法

2.1.1 体内血管成像的重要意义

"人与动脉同寿"这句话体现了血管的重要性，血管是我们人体的命脉。作为循环系统的主要组成部分，血管时刻以高度敏感的动态方式运行，从而确保对氧分、营养物质、代谢垃圾和二氧化碳的运输进行调节[1]。血管中血液的流动从未停止过，维持血管的畅通是保证人体健康的关键。然而，我们日常生活中一些不良的生活习惯，如熬夜、酗酒、摄入过多糖分等均会引起血管的超负荷运转。高血压、高血脂、肥胖和糖尿病等是最为常见的血管性疾病发生的前兆[2]。如果血管出现异常，会出现一系列的病理生理改变，进一步引起疾病的发生和发展。血管功能障碍，包括血管结构、血流动力学和与血管功能相关的分子表达异常，与各种疾病的发生发展密切相关。例如，受损的脑血管网络会因血液供应的丧失或显著减少而导致细胞死亡和脑功能受损。脑血管异常与卒中、血管畸形、动脉瘤、短暂性脑缺血发作等脑血管疾病有关[3]。肿瘤血管生成及其异常血管结构不仅通过提供氧气/营养参与肿瘤的发展，而且对肿瘤微环境产生深远的影响，有助于增加耐药性和侵袭性[4]。因此，监测血管异常，特别是血管结构和血流动力学异常，对指导相关疾病的诊断和治疗具有重要意义。

顾名思义，血管成像就是对血管进行造影，对血管的检查是诊断这些血管类疾病最重要的一个环节，直接观察体内血管将为我们提供丰富的信息，如血管的形态、位置、数目、大小、泄漏和堵塞情况等，以上信息可以提供疾病发生发展信息，有利于初步预测疾病状况，以更好地了解重要的生物学过程和对血管疾病的诊断及预后治疗，从而提升患者的生存率。随着医学手段的不断发展，一些血管成像的手段不断地应用在临床中[5]。

2.1.2　体内血管成像的现有方法

目前，临床上应用最广泛的血管造影技术可分为非光学成像技术和光学成像技术。非光学成像技术包括超声（US）成像、计算机断层扫描血管成像（CTA）、磁共振血管成像（MRA）和数字减影血管成像（DSA），其中，CTA、US 和 MRA 对解决微血管变化的空间分辨率/对比度有限。DSA 虽然提供了较高的空间分辨率，但具有电离辐射、侵袭力强、产生不良反应、时间分辨率低等缺点[6, 7]。荧光成像就是荧光分子被外界的光源刺激（包括不同波长的光及 X 射线等）后，激发光的能量就会供给荧光分子，荧光分子吸收能量后若以辐射跃迁的形式恢复至低能级的基态，就会产生荧光，发出的光经由成像设备接收处理，最后以图像的形式呈现出来，这就是荧光成像[8]。

近红外荧光成像包括近红外一区（NIR-Ⅰ）和近红外二区（NIR-Ⅱ）的成像，因激发光到了近红外区域，成像具有低散射、低光子吸收、低组织自发荧光、高灵敏度、实时性、非侵入性和所需设备简单的优势，从而有助于显著提高穿透深度和信噪比。作为 MRA、CTA 成像模式的补充，荧光成像具有高时空分辨率和低成本的独特优势，近些年来发展迅速[9, 10]。

双/三光子荧光成像是强大而新颖的方法，与传统的体内血管成像方法相比具有许多优点。例如，CTA 使用 X 射线来显示全身的动脉和静脉血管，存在大剂量的电离辐射的风险，用于 CTA 的 X 射线造影剂可能导致过敏反应，并导致皮肤损伤。MRA 可用于获取活体的三维信息，它的主要缺点是对造影剂的敏感性低，这极大地限制了对细胞或分子变化的检测。相比之下，双/三光子荧光成像技术是无辐射的，并显示出出色的时间分辨率[11]。

为了实现高质量的成像，已经开发出了大量的荧光造影剂，以满足临床对血管成像的需要。血管成像主要包括外周血管成像、脑血管成像、肿瘤血管成像、心血管成像及淋巴系统、外周神经系统、骨骼系统、胃肠道等结构和相关疾病的成像[12]。相比于其他材料，有机材料具有固有的优点，包括良好的生物相容性，易于加工和生物可降解性，使它们更有利于用于体内生物成像[13]。例如，吲哚菁绿（ICG）和亚甲基蓝（MB）等有机染料已获得美国 FDA 批准并用于临床数十年，这凸显了有机分子在临床应用中的巨大潜力[14]。但是，传统的有机染料存在几个问题，包括小的斯托克斯位移（通常小于 30 nm），易光漂白和 ACQ 效应。因此作为一种新型的荧光材料，AIE 材料具有一些显著的特征，包括高亮度、大的斯托克斯位移、显著的光稳定性和良好的生物相容性，使其在生物医学监测和诊断中具有卓越的应用前景[15]。

2.2　基于双/三光子 AIE 材料的血管成像探针

2.2.1　双/三光子成像的发展、原理和优点

在一般的荧光现象中，由于激发光的光子密度低，一个荧光分子只能同时吸收一个光子，再通过辐射跃迁发射一个荧光光子，这就是单光子荧光。与单光子相比，双/三光子激发过程就是基态荧光分子或原子同时吸收两个或三个光子激发至激发态，通过弛豫过程，辐射出频率略小于两倍或三倍入射光频率的荧光光子（图 2-1）[16]。例如，NADH 酶在单光子激发下，需在 350 nm 的光激发下产生 450 nm 的荧光。而在双光子激发情形下，可采用光损伤较小的红外或近红外光，如用 700 nm 的激光激发得到了 450 nm 的荧光[17]。

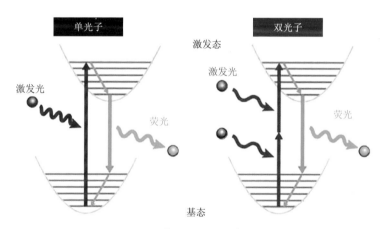

图 2-1　单、双光子成像原理

1931 年，双光子吸收（2PA）过程的概念首次由 Göppert-Mayer 提出，1961 年，在第一个激光装置发明一年后，Kaiser 和 Garrett 报道了在 CaF_2：Eu^{2+} 晶体样品中首次观察到双光子诱导的频率上转换荧光，从那时起，一个新的双光子和多光子过程的主要研究领域开始向科学家和工程师开放。依靠高方向性、高单色性、高亮度和各种类型激光设备相干辐射的可调谐性等优势，现在不仅可以发现 2PA 相关过程，还可以发现三光子吸收（3PA）、四光子吸收（4PA），甚至是高阶多光子激发相关过程[18]。

双/三光子荧光生物成像具有单光子无法比拟的优势：①与传统的单光子荧光成像相比，双光子荧光成像（TPFI）能够从近红外（NIR）区域（700～1000 nm）的低能辐照中产生高能可见荧光；②它使用近红外光作为激发源，对活体样本造成轻微的光损伤；③低激发光散射和近红外激发，近红外区域生物底物的吸光度极小，双/三光子成像提供了一种独特的用于体内成像的清晰光学窗口，具有深层组织穿透、低自发荧光干扰，可用于组织的深度穿透成像；④它只有在生物成像中处于焦点位置时才会发光，从而产生超高分辨率。因此，与单光子荧光成像相比，进行双/三光子荧光成像对于可视化生物系统中的重要物质和生物过程，揭示生命系统的奥秘具有重要的意义[19]。

优异的双/三光子造影剂要求具有高双/三光子吸收截面（δ）和大的双/三光子作用截面 [$\eta\delta$，即双/三光子吸收截面和荧光量子产率（η）的乘积]。较大的 $\eta\delta$ 值也可以降低对激发功率的要求，从而将对活细胞的光损伤降至最低，并减少光漂白对荧光团的影响[20, 21]。为了在实际应用中获得高时空分辨率的逼真图像，提高生物成像实验中的敏感度，迫切需要开发双光子荧光成像造影剂。

2.2.2 双光子 AIE 材料的荧光血管成像

具有大的双光子吸收截面和明亮的近红外荧光的有机荧光团最适合用于双光子荧光显微成像[22]。大多数传统的小分子有机探针，如荧光素、罗丹明、得克萨斯红、Alexa 荧光素等，都可以进行多光子成像，但它们在形成纳米粒子时会受到 ACQ 效应的影响，出现严重的光漂白，并且具有相对较小的双光子吸收截面[23]。为了解决这个问题，发展具有 AIE 性质的探针是一个很有前途的策略。目前，许多具有明亮的双光子荧光的 AIE 探针陆续被报道，在体内血管架构可视化中表现出优异的性能[16, 24]。

1. 脑部和外周血管成像

Ding 等[21]以两个四苯基乙烯（TPE）作为电子供体（D）和 2, 1, 3-苯并噻二唑作为电子受体（A）合成了第一个 AIE 双光子探针 BTPEBT。D-π-A 的结构由于有效的扭曲分子内电荷转移（TICT）效应通常表现出较大的双光子吸收截面。以 DSPE-PEG$_{2000}$ 为包裹基质将其制备成纳米粒后，测得在水中的荧光量子产率为（62±1）%，在 810 nm 下的双光子吸收截面为 10.2×10^4 GM（1 GM = 10^{-5} cm^4·s/photon），对应的双光子作用截面高达 6.33×10^4 GM [图 2-2（a）]。接着首次使用活体双光子荧光显微镜，在三种活体双光子荧光成像模型（脑、骨髓和耳朵）中研究了 BTPEBT 在活体小鼠的实时双光子血液血管成像。在小鼠大脑上进行的双光子荧光成像的穿透深度达到了 400 μm。此外，对颅骨中骨髓区域内血管系统的成像深度也达到了 100 μm。最后通过对小鼠耳部皮肤血管的成像观察到了位于真皮内更深（132 μm）的平行静脉和动脉对［图 2-2（b）］。该工作利用超亮 AIE 纳米粒进行体内高对比度双光子血管成像的例子将激发更多研究者的研究兴趣，开发用于活

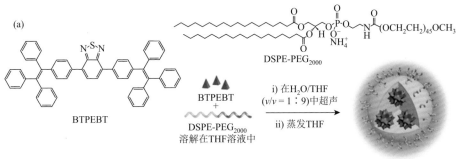

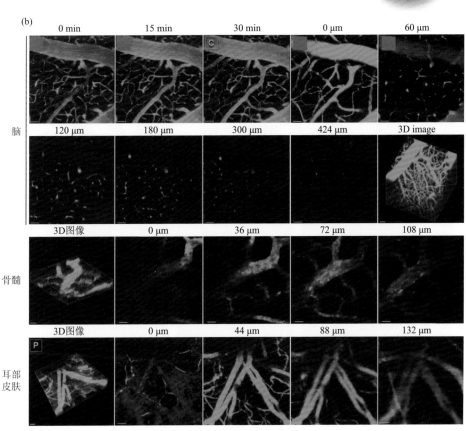

图 2-2　（a）BTPEBT 的结构以及以 DSPE-PEG$_{2000}$ 为包裹基质将其制备成纳米粒的示意图；（b）BTPEBT 纳米粒用于小鼠脑部、骨髓及耳部血管成像

THF 表示四氢呋喃

体双光子荧光成像的新型双光子 AIE 探针。Qin 等[25]设计了基于 TPE、三苯胺（TPA）和苯并双噻二唑的 AIE 探针（TTS），荧光量子产率为 34.1%，双光子吸收截面达 310 GM，接着首次使用 TTS 纳米粒精确测量了小鼠耳朵中毛细血管直径（4 μm）。

Li 等[26]提出了一种通过区域异构化调节分子堆积模式以调节固态荧光的策略。TBP-e-TPA 在平面核心末端位置具有分子转子，采用长程共面填充模式，在固态几乎不发射。通过将分子转子移动到间隔位置，得到的 TBP-b-TPA 具有离散的交叉堆积模式，量子产率为（15.6±0.2）%，同时在 1040 nm 激发下具有高达（207±7）GM 的相当大的双光子吸收截面，这些结果证明了固态荧光效率与分子堆积方式之间的关系 [图 2-3（a）]。由于良好的光物理特性，TBP-b-TPA 纳米粒被用于双光子脑深部成像，成像深度高达 700 μm [图 2-3（b）]。这种分子设计理念提供了一种设计高亮度固态荧光团的新方法。

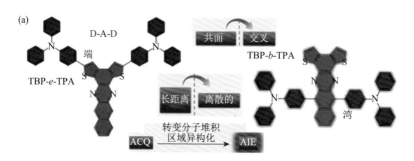

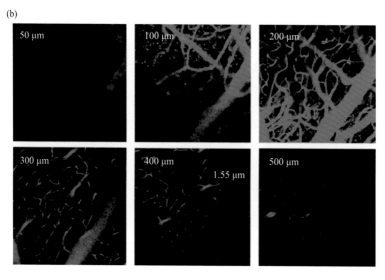

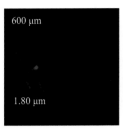
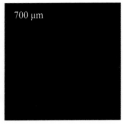
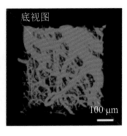

图 2-3　（a）TBP-*e*-TPA 和 TBP-*b*-TPA 的分子结构及设计理念展示；（b）TBP-*b*-TPA 纳米粒对不同深度的脑血管系统进行的二维和三维双光子成像

　　Qu 等[27]系统地评估了丙烯腈 AIE 体系/荧光内核在形成水分散纳米颗粒时的结构依赖性，并阐明了结构修饰对于其体内双光子成像结果的影响。他们基于三苯胺的丙烯腈，发现引入苯基-噻唑单元可得到被 NIR-Ⅱ 光激活的双光子 AIE 荧光探针，并有利于形成水分散纳米颗粒（AIETP），而仅有苯基不能形成具有良好水分散性的纳米粒。得到的 AIETP 纳米粒具有更高的荧光亮度（6%）、更好的光稳定性和良好的双光子吸收截面（3×10^3 GM），在活体脑血管成像中实现了无创二维和三维双光子（1040 nm）脑血管成像，且具有出色的穿透深度（800 μm）和超高的空间分辨率（1.92 μm）［图 2-4（a）和（b）］。

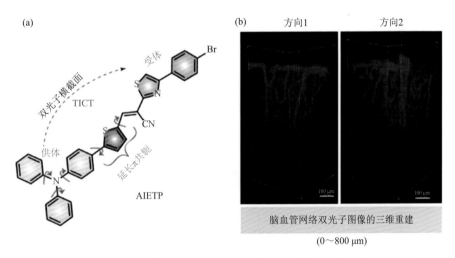

图 2-4　（a）AIETP 的分子结构；（b）AIETP 对活体小鼠的脑血管进行双光子成像的三维重建图像

　　通常荧光团的荧光量子产率和双光子吸收截面这两个值是相互矛盾的。具有平面结构的荧光团有利于多光子吸收；然而，它们容易聚集，导致 ACQ 效应，相反，具有扭曲结构的荧光团有利于辐射衰变，但表现出低的多光子吸收。为了在一个分子中实现高效的双光子吸收和强大的亮度，Qi 等[28]设计并合成了一个具有平面核心和几个扭曲的苯基/萘基旋转体的螃蟹状分子［TQ-BPN，图 2-5（a）］，同时具有大的双光子吸收截面（$1.22×10^3$ GM）和高荧光量子产率（13.9%）。基于此，在 1300 nm 飞秒激光的激发下，注射 TQ-BPN 纳米粒后小鼠脑血管在 1065 μm 的穿透深度也能清晰地看到。具体来说，在白质（>840 μm）之外，甚至进入海马区（>960 μm）都实现了 3.5 μm 的超强空间分辨率，在小鼠脑部 1065 μm 的深度可以分辨出大小约为 5 μm 的小血管［图 2-5（b）］。另外，TQ-BPN 还可以与双光子的寿命成像[29]结合，实现对脑部血管的深层观察。

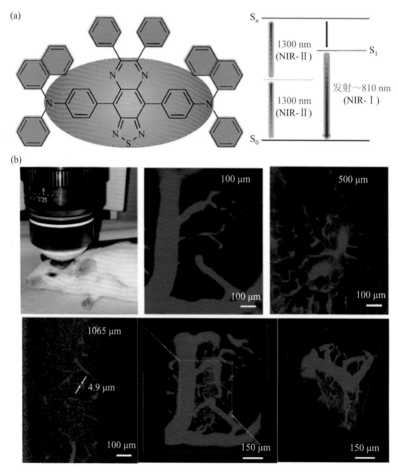

图 2-5　（a）TQ-BPN 的结构及双光子激发过程的示意图；（b）不同深度的小鼠大脑体内双光子荧光图像及脑血管系统的三维重建

2. 肿瘤血管成像

血管在实体瘤的生长和转移中起着至关重要的作用,可以在肿瘤微环境中运输营养物质和氧气。肿瘤血管通常以结构和功能异常、血管渗漏、扩张、血管弯曲、肿瘤血流不均匀性增加等为特征。脑血管异常与卒中、血管畸形、动脉瘤、短暂性脑缺血发作等脑血管疾病有关[29]。因此,利用具有细胞分辨率和良好灵敏度的活体双光子荧光显微镜,不仅可以有效地识别和监测脑血管系统和肿瘤的血管结构、形态和正常化过程,还可以为诊断和治疗提供有价值的信息。此外,该方法减少了生物组织的光吸收和散射,实现了更好的透光率和更深的成像深度。

Wang 等[30]通过使用 TQ 作为电子受体和两个 TPE 单元作为电子供体,报道了一种 AIE 纳米探针(BTPETQ),该探针在 1200 nm 处具有 19% 的高荧光量子产率,双光子吸收截面为 7.63×10^4 GM。通过纳米沉淀法将其封装在 DSPE-PEG 基质内,用于体内生物成像 [图 2-6 (a)]。在双光子 NIR-II 激发下,BTPETQ 纳米粒标记的小鼠脑血管可以在 924 μm 的深度下清晰地呈现出来。在小鼠耳朵上异种移植的肿瘤模型中,与正常血管相比,BTPETQ 纳米粒染色的肿瘤血管显示出增强且独特的双光子荧光,这有助于区分肿瘤血管(不规则和曲折的形态)和正常血管(规则光滑的形态和均匀的双光子荧光强度分布),并有助于监测手术后残留的小肿瘤组织 [图 2-6 (b) ～ (f)]。此外,在 1200 nm 激发下,可以高信噪比(约 120)对深层(670 μm)肿瘤血管网络进行无创和实时的体内成像。此外,通过 NIR-II 激发双光子成像监测了静脉注射后 BTPETQ 纳米粒在肿瘤中的外渗和积累,清楚地呈现出纳米粒在 900 μm 深度以上的肿瘤组织中的分布。

Li 等[32]利用 1,2-二油酸基-sn-甘油-3-磷酸乙醇胺(DOPE)和 1,2-二醇基-3-三甲基铵丙烷(DOTAP)设计了脂质包裹的 TPE-PTB 纳米粒探针 [AIE NPs,图 2-7 (a)],该探针在近红外光(800 nm)照射下具有高量子产率(23%)和最

(a)

BTPETQ

DSPE-PEG

BTPETQ点

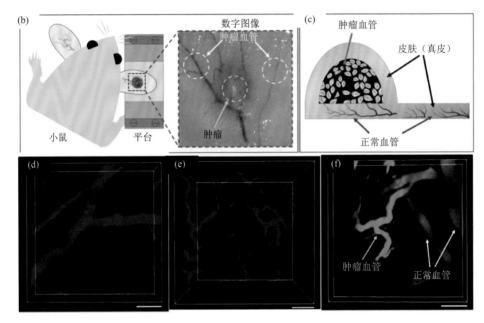

图 2-6 （a）BTPETQ、DSPE-PEG 的结构及制备成纳米粒的示意图；（b）小鼠耳肿瘤模型的活体双光子荧光成像装置示意图；（c）带有肿瘤的小鼠耳朵的垂直截面图；（d）BTPETQ 纳米粒标记的正常耳部血管的双光子荧光图像；（e）BTPETQ 纳米粒标记的肿瘤血管的双光子荧光图像；（f）商用血管标记剂 LuminiCell Tracker 540 标记的肿瘤血管的三维重建双光子荧光图像，比例尺：100 μm

大双光子吸收截面（560 GM）。接着在小鼠耳朵上建立了黑色素瘤模型，以探索 AIE NPs 在体内肿瘤血管成像中的应用 [图 2-7（b）]。在 800 nm 双光子激光激发下，脂质 AIE NPs 的双光子能力显示出完整的血管网络，深度达 80 μm，而小的毛细血管在 50 μm 深处也是可见的。三维渲染的图像描绘了肿瘤组织的主要血管和小毛细血管，提供了整个血管网络的时空信息 [图 2-7（c）]。对体内肿瘤组织进行深度成像的能力达到了 505 μm，重建的 3D 图像可以清楚地显示整个肿瘤的形状和内部结构，如血管网络 [图 2-7（d）]。这一结果表明，NIR- I 激发的 AIE NPs 可以为肿瘤组织内部或外部的血管网络及深度较深的肿瘤组织提供高分辨率成像。

3. 小鼠胫骨肌肉血管成像

Liu 等[33]开发了一种通过聚合物和二氧化硅共保护策略制备荧光有机点的新方法。将 AIE 探针 TPETPAFN 封装到 F127 基质中以得到 TPETPAFN-F127 纳米粒，然后进一步涂上二氧化硅层以产生 TPETPAFN-F127-SiO$_2$ NPs [图 2-8（a）]。有趣的是，TPETPAFN-F127-SiO$_2$ 纳米粒的荧光量子产率相对于 TPETPAFN-F127

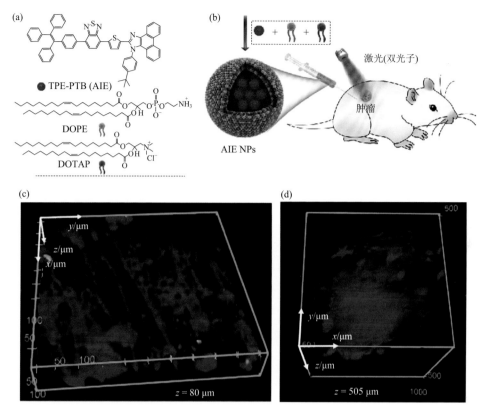

图 2-7　（a）TPE-PTB、DOPE、DOTAP 的结构；（b）得到的 AIE NPs 静脉注射到小鼠体内后对体内肿瘤进行双光子荧光成像的示意图；（c，d）来自不同表面沿肿瘤组织不同轴的双光子 3D 重建图像

纳米粒提高了近 100%，双光子吸收截面在 840 nm 处为 900 GM。将 TPETPAFN-F127-SiO₂ 纳米粒静脉注射到麻醉小鼠后，使用双光子显微镜对胫骨肌肉的脉管系统进行成像，胫骨肌的主要血管和较小的毛细血管都清晰可见，最后获得了 0～80 μm 深度的血管图像［图 2-8（b）］。Chen 等[34]基于六苯基噻咯，将（二甲基硼烷基）噻吩-2-基结合到噻咯环的 2，5-位，噻咯与噻吩发生 D-A 相互作用，产生红色荧光。同时，支化的二甲基硼烷基可以有效地阻止分子间相互作用，因此保留了 AIE 特性和高效的固态荧光。在 820 nm 处激发时，(MesB)₂DTTPS 纳米粒显示出 3.43×10^{5} GM 的大双光子吸收截面，产生 1.09×10^{5} GM 的双光子作用截面［图 2-8（c）］。静脉注射(MesB)₂DTTPS 到小鼠体内，成功地对其肌肉血液脉管系统的血管进行了不同深度的双光子荧光成像（0～100 μm）和三维重建［图 2-8（d）］。TPETPAFN 纳米粒也可作为优秀的疾病诊断试剂。Feng 等[35]报道了金属有机混合 AIE 纳米粒检测实验性脑疟疾感染。钆被螯合到 TPETPAFN

点表面，通过电感耦合等离子体质谱（ICP-MS）提供血管渗漏的定量分析，证明了 AIE-Gd 点可在静息条件下直接可视化脑血管网络，并且它们在实验性脑疟疾过程中会形成局部的点状聚集物并积聚在脑组织中，这表明出血和血脑屏障损伤。凭借其卓越的检测灵敏度和多模态特点，其可作为伊文思蓝的替代，用于可视化和量化脑屏障功能的变化。

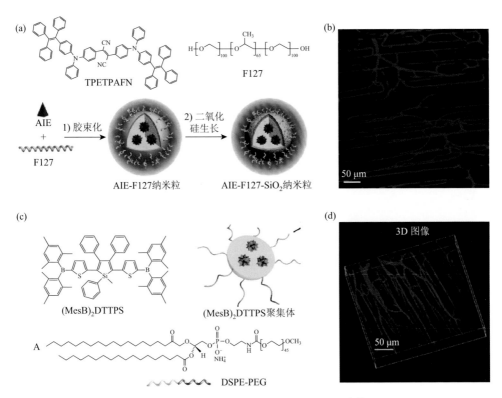

图 2-8　（a）TPETPAFN、F127 的结构以及 TPETPAFN-F127 纳米粒、TPETPAFN-F127-SiO₂ 纳米粒的制备示意图；（b）TPETPAFN-F127-SiO₂ 纳米粒染色的小鼠胫骨肌肉血管的活体双光子荧光成像的三维重建图像；（c）(MesB)₂DTTPS、DSPE-PEG 的结构以及(MesB)₂DTTPS 纳米聚集体的制备示意图；（d）(MesB)₂DTTPS 成像的肌肉血液脉管系统的血管的 *Z* 投影图像

4. 肺部血管成像

Liu 等[36]选择四苯基乙烯单元作为电子供体，苯并噁二唑单元作为电子受体合成了供体-受体-供体（D-A-D）构型的 AIE 探针 BTPEBD。利用 DSPE-PEG₂₀₀₀、DSPE-PEG₂₀₀₀-Mal 及穿膜肽（TAT）将其制备成水溶性的靶向纳米粒［图 2-9（a）］，在水中表现出 90%的高荧光量子产率，以甲醇中的罗丹明 6G 为标准，其双光子

吸收截面高达约 44900 GM，计算出的最大双光子作用截面约为 40400 GM，这比文献中报道的许多其他有机染料负载的纳米粒都要高。然后将 BTPEBD 纳米粒静脉注射进活体小鼠体内，并使用双光子显微镜对肺血管进行成像。在 800 nm 激发下得到了不同深度的肺脉管系统的双光子荧光图像。可以观察到通过 BTPEBD 纳米粒，主要血管和较小的毛细血管均实现了可视化。即使在高于 20 μm 的深度也可以高分辨率可视化脉管系统 [图 2-9（b）]。

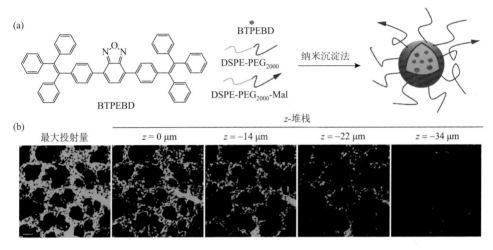

图 2-9　（a）BTPEBD 的结构以及利用 DSPE-PEG$_{2000}$ 和 DSPE-PEG$_{2000}$-Mal 将其制备成纳米粒的示意图；（b）BTPEBD 纳米粒染色的肺血管在不同垂直深度的活体双光子荧光图像

2.2.3　三光子 AIE 材料的荧光血管成像

此前的非线性光学成像研究工作主要集中在双光子荧光成像，双光子成像深度往往在几十至几百微米，要想在更深的生物组织中进行荧光成像，便需要发展出其他成像技术[37]。三光子显微镜（3PM）的概念于 1996 年被提出，利用该技术有望将荧光成像深度进一步拓展[38]。它利用了三光子激发效应，荧光分子吸收三个长波长光子，并通过辐射跃迁释放一个荧光光子。在双光子激发荧光过程中，双光子荧光强度与激发光功率的二次方成正比。与之相比，三光子激发荧光强度与激发光功率的三次方成正比。因此，三光子荧光成像相比于双光子荧光成像具有更好的定域发光特性及更高的空间分辨潜力；此外，由于三光子荧光所用的激发波长相较于双光子更长，因此具有更大的穿透深度[39]。这些优势使三光子荧光成像在深层组织和高分辨生物成像领域具有重要的应用前景，在高散射型生物介质成像尤其是脑成像领域，被证实是一种很有前景的光学成像工具[40]。三光子荧光成像需要依赖于荧光探针，然而具有优异三光子吸收和发光性能的荧光探针相对缺乏，并且其构效关系有待进一步研究。因此，开发具有强的三光子吸收的高亮度荧光探针对于发展三光子荧光成像技术具有重要意义。

1. 脑部血管成像

以更深的穿透深度和更高的微观分辨率可视化和了解脑血管的形态和血流动力学，对解读脑部疾病具有根本性的意义，这也是近些年大量科学研究者努力的方向。Zong 等[41]以苝二酰亚胺（PDI）为核心，通过引入不同尺寸的隔离基团连接，合成了一系列的分子 [SPhPDI、DPhPDI、SCzPDI、DCzPDI，图 2-10（a）]。较大的分离基团可有效抑制 π-π 堆积，因此随着分离基团尺寸的增加，实现了从聚集引起的猝灭到聚集诱导发光的转化，具有最大分离基团的 DCzPDI 在聚集态下显示明亮的深红色发射，量子产率为 12.3% [图 2-10（b）]。结合三光子激发荧光显微镜（3PFM）技术，DCzPDI 纳米粒实现了小鼠脑血管的三光子荧光成像，穿透深度可达 450 μm [图 2-10（c）]。

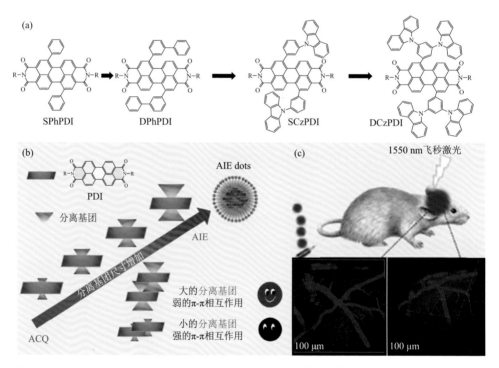

图 2-10　（a）SPhPDI、DPhPDI、SCzPDI、DCzPDI 的化学结构；（b）ACQ 到 AIE 转变的设计思路；（c）静脉注射 DCzPDI 纳米粒到小鼠体内后在 1550 nm 飞秒激光激发下 100 μm 深处的脑血管成像

Zhang 等[42]以四苯基乙烯（TPE）作为供体基团，[1, 2, 5]噻二唑并[3, 4-*c*]吡啶（PT）作为受体基团合成了一种具有聚集诱导发光特性的红色荧光分子 TPEPT［图 2-11（a）］，其在 1550 nm 飞秒激光激发下的三光子吸收截面为 6.33×10^{-78} $cm^6 \cdot s^2/photon^2$。然后用 DSPE-PEG$_{5000}$ 包裹 TPEPT 形成 AIE 纳米粒子［图 2-11（b）］，在 1550 nm 飞秒激光激发下，将 TPEPT 纳米粒子应用于小鼠脑的三光子荧光活体脑血管成像，获得了深度为 500 μm 的精细脑血管三维重建［图 2-11（c）］。

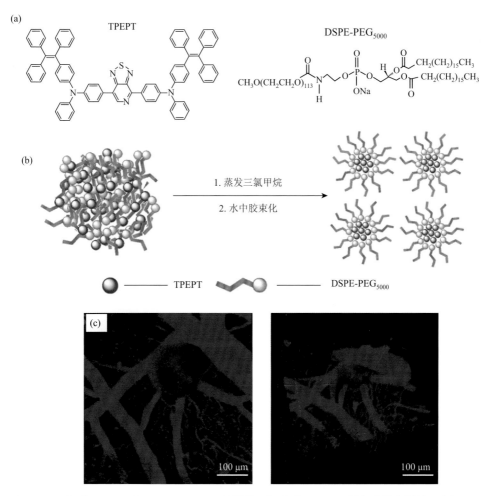

图 2-11　（a）TPEPT 和 DSPE-PEG$_{5000}$ 的结构；（b）将 TPEPT 制备成纳米粒的示意图；（c）从 0 μm 到 505 μm 深度的堆叠三光子荧光图像及重建的三维图像

Du 等[43]发现了一种奇特的现象：不同的聚合物基质包封染料会对染料的荧光产生不同程度的影响，在含有聚苯乙烯（PS）分子的两亲聚合物封装下表现出显著的荧光增强，而使用其他聚合物封装时，纳米粒子却表现出微弱的荧光。使用 PS-PEG 封装时，纳米粒子的最高荧光量子产率可以达到 27%，此外，这些超亮的荧光纳米粒子还具有很强的三光子荧光，在 1550 nm 飞秒激光激发下对小鼠大脑和耳朵进行体内血管三光子荧光成像中，分别实现了成像深度为 635 μm 和 180 μm 的三维重建。

Wang 等[44]以三苯胺（TPA）为供体，二苯基富马腈（DBFN）为受体，合成了 D-A-D 结构的 TPATCN 分子[图 2-12（a）]，其中 TPA 具有很强的光吸收，DBFN 有很高的荧光效率，因此，TPATCN 纳米粒显示出明亮的三光子荧光，同时具有很高的化学稳定性、良好的光稳定性和生物相容性。在 1550 nm 飞秒激光的激发下，它们还用于小鼠脑血管的体内三光子荧光成像，然后以 875 μm 的穿透深度构建了生动的大脑血管三维图像。之后，Qian 等[45]对 TPATCN 纳米粒在 1300 nm 处的三光子激发进行了表征 [图 2-12（b）和（c）]。结果表明，与 1550 nm 相比，TPATCN 在 1300 nm 处的三光子吸收截面实际增加了（1550 nm：5.77×10^{-79} cm$^6 \cdot$s^2/photon^2，1300 nm：1.93×10^{-78} cm$^6 \cdot$s^2/photon^2）。接着将其用于深部脑组织成像，验证深部组织成像穿透的能力。利用定制的三光子显微镜，在活体小鼠皮质下血管成像时获得了高信背比和总成像深度达到了 1364 μm [图 2-12（d）]。

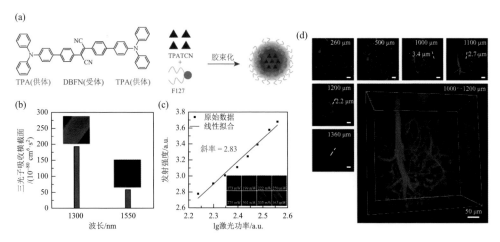

图 2-12 （a）TPATCN 的结构和 F127 包封制备成纳米粒的示意图；（b）TPATCN 在 1550 nm 和 1300 nm 处的三光子吸收截面；（c）1300 nm 激发下 TPATCN@F-127 纳米粒的激光功率与发射强度的关系（插图是在不同激发功率下填充在玻璃毛细管中的 TPATCN 纳米粒的三光子荧光图像）；（d）不同大脑深度血管的三光子荧光图像

最近，Liu 等[46]提出了一项有趣的工作，将两种 AIE 材料 TPE-Br 和 TBDTT 整合到一起，形成了一个二元有机纳米探针。通过增加 TPE-Br 的非功能成分，TBDTT 的分子间距离明显增大，得到两者的最优摩尔比（25∶1），荧光量子产率也从 0.01 增强到 0.23，三光子吸收截面从 68×10^{-84} $cm^6 \cdot s^2/photon^2$ 提高到 1920.8×10^{-84} $cm^6 \cdot s^2/photon^2$。更重要的是，在 1610 nm 的飞秒激光激发下，三光子脑血管成像的穿透深度达到了 1680 μm（图 2-13）。该工作在不改变分子结构的情况下，创建 BONAPs 的策略为提高多光子造影剂的性能提供了一种简单的方法。

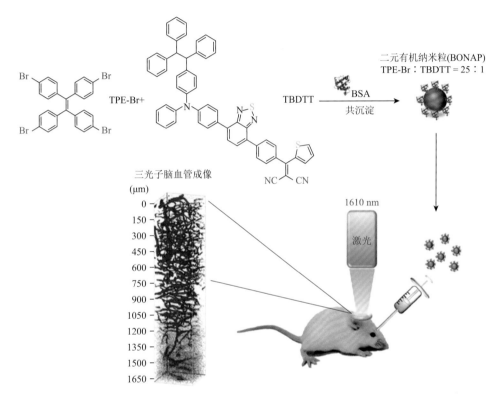

图 2-13　TPE-Br 和 TBDTT 的分子结构，以及两者摩尔比为 25∶1 混合经 BSA 包封形成纳米粒后用于 1610 nm 飞秒激光下的三光子脑血管成像的总体示意图（成像深度最深到 1680 μm）

Xu 等[47]设计并成功合成了一系列 AIE 探针，包括 TPA-BT、DPNA-BT 和 DPNA-NZ。TPA-BT 具有 D-A-D 构型和 44.5% 的高荧光量子产率，因此首先作为一个原型分子被制备。通过简单地在供体和受体单元上引入苯环，形成的 *N*,*N*-二苯基萘-1-胺（DPNA）和萘并[2, 3-*c*][1, 2, 5]噻二唑（NZ）分子表现出扩大的分子变形和加强的共轭作用。经 DSPE-PEG$_{2000}$ 封装后，DPNA-NZ 纳米粒的荧光量子产率高达 38.9%，在 1665 nm 处三光子吸收截面（σ_3）达到 566.93×10^{-84} $cm^6 \cdot s^2/photon^2$。基于此，将 DPNA-NZ 纳米粒用于对小鼠大脑深处的脑血管结构和血流动力学进行了三光子荧光成像。在 1665 nm 飞秒激光的激发下，可以清晰地观察到 1700 μm 内的血管和小鼠大脑深处直径为 2.2 μm 的微血管（图 2-14）。因此，这项工作不仅提出了三光子 AIE 材料的分子设计策略，而且还促进了三光子荧光成像在脑血管中的表现。

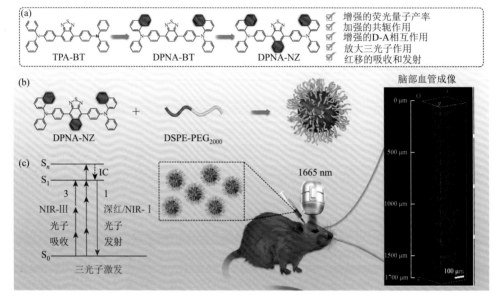

图 2-14 （a）TPA-BT 到 DPNA-BT 再到 DPNA-NZ 的分子设计策略；（b）将 DPNA-NZ 制成纳米粒的示意图；（c）1665 nm 飞秒激光下的三光子脑血管成像（成像深度最深到 1700 μm）

2. 完整颅骨脑血管成像

在临床医学中，诊断通常是非侵入性的。对于脑血管成像，头骨是光线穿透的天然屏障。组织散射将双光子在小鼠大脑的最大成像深度限制在了皮质层，因此，要提高成像穿透深度，对皮质下结构进行成像需要进行开颅或者颅骨变薄手术以去除大脑上方的组织，这一过程可能会破坏脑血管系统的完整性，并导致脑组织发炎，因此，最好在头骨完整的情况下进行脑血管成像，这样的目标可以在三光子成像指导下完成，三光子成像的新颖之处主要体现在通过完整的头骨观察脑血管。2013 年，Horton 等[48]展示了使用三光子荧光显微镜在 1700 nm 激发下完整的小鼠大脑内皮层下结构的非侵入性高分辨率体内成像。首次以无创方式揭示了皮层下结构、小鼠海马内的血管结构以及红色荧光蛋白标记的神经元成像。长激发波长和高阶非线性激发的结合克服了双光子成像的局限性，使生物学研究能够在组织内更深的地方进行。相比于此前普遍使用的开颅或磨颅骨的多光子荧光成像方法，该技术实验过程简单，且最大限度地保持了小鼠脑部的完整性，对于进一步研究脑部活动及血管与神经之间的联系具有非常积极的意义。截至目前，三光子 AIE 材料在完整脑颅骨成像方面的报道也不断涌现。

2017 年，Wang 等[49]以具有强的吸电子能力的 2, 3-二氰基-5, 6-二苯基吡嗪（DCDPP）作为电子受体，以常用的三苯胺（TPA）为电子供体，得到了 D-A-D 构型的 DCDPP-2TPA。利用 F127 作为包封基质，将其制成纳米粒后，测得 1550 nm 处的三光子吸收截面 σ_3 为 2.95×10^{-79} cm$^6\cdot$s^2/photon^2，荧光量子产率为 5.7%[图 2-15（a）]。利用三光子荧光显微镜，对颅骨打开的小鼠脑血管进行了成像，最大成像深度为 785 μm，这与双光子成像相当。接着，在同样的条件下，通过完整的颅骨对脑血管进行观察，获得了在各个垂直深度的脑血管的体内三光子荧光图像，并对颅骨下的血管结构进行了生动的三维重建，在颅骨下方深达 300 μm 的地方，仍然可以识别出 2.4 μm 的小血管 [图 2-15（b）]。

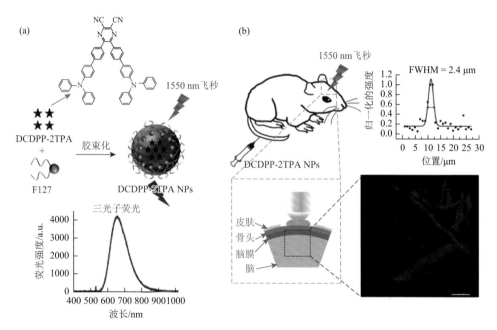

图 2-15　（a）DCDPP-2TPA 的结构以及以 F127 包封形成纳米粒的示意图；（b）对完整的小鼠脑部进行的三光子成像的三维重建示意图以及 300 μm 处的半高宽（FWHM）值（利用高斯拟合法得到的半高宽可以用来评价成像过程中血管的实际直径）

具有大的三光子吸收截面和高的荧光量子产率的有机染料对于实现高质量成像很关键。2020 年，Qin 等[50]通过简便的反应路线，合成了带有叔丁基基团（t-Bu）的 TPA 作为电子给体和富马腈（FN）作为电子接受体的 D-A 构型的 AIE 探针 [BTF，图 2-16（a）和（b）]。BTF 含有更多可自由旋转的苯环和 t-Bu 基团，有

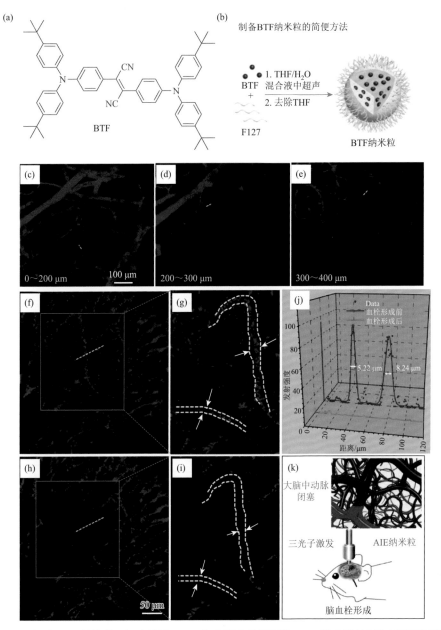

图 2-16 （a）BTF 的结构；（b）使用 F127 作为聚合物基质的 BTF 纳米粒的制备过程示意图；（c）～（e）穿透深度在 0～400 μm 之间的具有完整头骨的老鼠脑血管的体内 3D 高分辨率图像，激发波长：1550 nm；（f）～（i）脑血栓形成之前［(f)、(g)］和之后［(h)、(i)］颅骨完整的小鼠的脑血管的三光子荧光图像；（j）沿（f）和（h）中的黄线测量的截面强度分布；（k）通过三光子荧光显微镜成像技术基于 AIE 纳米粒显示可视化完整颅骨的脑血栓形成过程的示意图

利于通过活跃的分子内运动消耗溶液状态下的激发态能量。此外，BTF 扭曲的 TPA 分子和笨重的 *t*-Bu 基团阻碍了强烈的 π-π 堆积相互作用的形成。这些因素使 BTF 能够显示出长波长的发射和高的荧光量子产率（42.6%），可通过完整的颅骨对大脑进行三光子荧光成像，成像穿透深度达 400 μm。然后通过完整的颅骨对脑血栓形成的详细过程进行了有效的可视化和监测。这是第一个使用 AIE 纳米粒通过小鼠完整的头骨以高穿透深度和良好图像对比度可视化脑血栓过程的示例 [图 2-16（c）～（k）]。

Zheng 等[51]以苯并噻唑-2-乙腈为电子受体通过构建推拉电子结构，引入不同的电子给体和桥接基团，制备了一系列 AIE 分子，荧光量子产率最高可达 56.4% [图 2-17（a）]。相关实验结果表明，通过增强分子内电子给体的供电子能力和提高分子共轭长度，可以有效地给予 DCBT 分子近红外发光性质并且提高其三光子吸收截面（1.57×10^{-78} cm^6·s^2/photon^2）。受益于分子堆叠中广泛的电子耦合，将 DCBT 分子制备成纳米颗粒可以进一步提高其三光子吸收截面，可以较溶液状态提升约 3.6 倍，达到 5.61×10^{-78} cm^6·s^2/photon^2，这些结果充分表明了分子内和分子间的协同工程对于提高 AIE 分子三光子吸收性能的有效性 [图 2-17（b）]。基于此，DCBT 纳米粒穿透颅骨对小鼠脑血管进行了大于 500 μm 深度的 3PFM 成像，以良好的空间分辨率和亮度实现了无创的脑血管三维重建 [图 2-17（c）]。

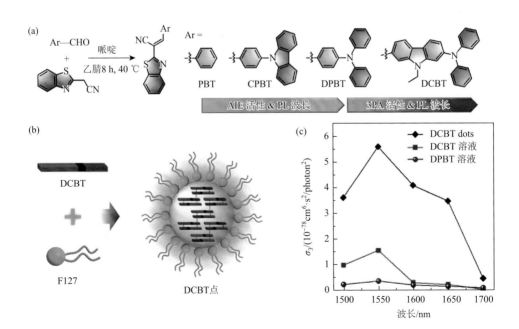

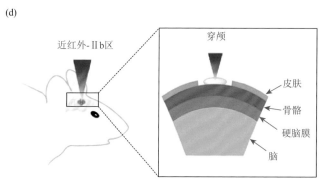
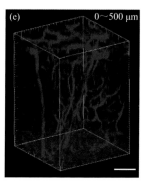

图 2-17 （a）PBT、CPBT、DPBT 和 DCBT 的合成路线和分子结构；（b）DCBT 纳米粒的制备示意图；（c）DPBT、DCBT 及其纳米粒的三光子吸收截面；（d）穿颅三光子荧光显微生物成像示意图；（e）小鼠大脑（0～500 μm）血管的三维重建，激发：1550 nm 飞秒激光，比例尺：100 μm

3. 斑马鱼血管成像

2015 年，He 等[20]利用纳米氧化石墨烯（NGO）来封装 AIE 荧光探针（TPE-TPA-FN）形成纳米粒（TTF）。这种方法可以灵活地控制纳米粒子的大小，并提高其发射效率。然后，用 TTF 纳米粒实现了三光子荧光生物成像，小鼠耳部血管的结构和斑马鱼中的纳米颗粒的分布都可以被清晰地观察到。2016 年，Qian 等[52]利用两亲性聚合物 DSPE-PEG$_{2000}$ 修饰 TPE-TPA-FN 探针得到 TTF 纳米粒，在 1560 nm 飞秒（fs）激光激发下显示出明亮的三光子荧光 [图 2-18（a）]。将其注射到斑马鱼体内对此进行了长期的三光子荧光成像和毒性评估。显微注射的 TTF 纳米粒可以在斑马鱼体内追踪长达 120 h [图 2-18（b）]。此外，还将 TTF 纳

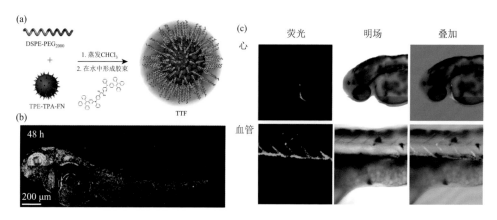

图 2-18 TTF 纳米粒的结构及制备过程示意图（a）以及其对斑马鱼的体内示踪（b）；（c）对斑马鱼的三光子血管成像

米粒通过显微注射到斑马鱼的心脏，2 h 后用三光子荧光显微镜对斑马鱼进行三光子血管成像，由于 TTF 纳米粒明亮的三光子发射，可以清楚地观察和区分心脏和血管的形态［图 2-18（c）］。

2.3　基于近红外二区发光 AIE 材料的血管成像探针

2.3.1　近红外二区荧光成像的发展、原理和优点

近红外二区荧光成像原理就是在激光的照射下，辐射出比激发光波长更长的光子信号，辐射出来的光子穿透组织到达体表，被能够探测到 900～1700 nm 近红外谱段的铟砷化镓（InGaAs）材料的液氮制冷相机获取并成像，通过对荧光信息成像的分析，进而获取小动物体内血管、肿瘤等信息。

光子和组织之间的相互作用依赖于波长，例如，在 400～1700 nm 范围内，不同生物组织的散射系数与光的波长呈反比关系。此外，自发荧光信号的大小也随着光的波长的增加而逐渐减小，在 1500 nm 之后自发荧光几乎是空白的。与近红外一区相比，尽管在近红外二区水的光子吸收要强一些（如 970 nm、1200 nm 和 1450 nm），但组织散射的减少和超低的自发荧光（当波长大于1500 nm 时，背景几乎为零）起着主导作用，使检测深度、分辨率和灵敏度得到前所未有的改善（图 2-19）[53]。因此以上这些说明了在可见光和近红外一区范围（NIR-Ⅰ，650～900 nm）的荧光成像常因生物组织引起的显著吸收和散射效应导致组织穿透性低。而近红外二区（NIR-Ⅱ，900～1700 nm）成像，包括NIR-Ⅱa（1300～1400 nm）和 NIR-Ⅱb（1500～1700 nm），具有低散射、低光子吸收和低组织自发荧光的优势，从而有助于显著提高穿透深度和信噪比，是最优的成像方式[54]。

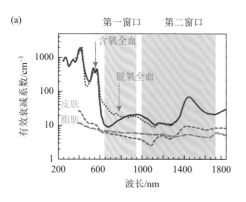
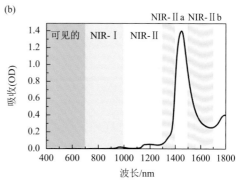

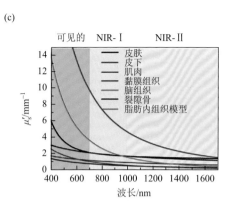
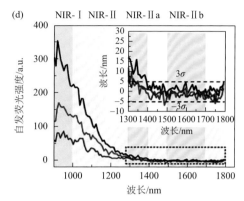

图 2-19 （a）各种生物成分的有效衰减系数，包括含氧全血、脱氧全血、皮肤和脂肪组织；（b）400～1800 nm 范围内水的吸收系数；（c）在 400～1700 nm 范围内，不同生物组织和内脂溶液的还原散射系数 μ_s'；（d）体外小鼠肝脏（黑色）、脾脏（红色）和心脏组织（蓝色）在 808 nm 激发下的自发荧光光谱

为此，科学家们进行了探索性研究。2009 年，Dai 等的一项开创性工作揭示了近红外二区成像的出现，他们利用单壁碳纳米管在此窗口对肿瘤脉管系统进行了成像观察，证实了近红外二区成像的优势[55]。该团队在 2016 年又报道了第一个近红外二区的小分子探针（CH1055）[56]，聚乙二醇化的 CH1055 具有较高的水溶性，荧光发射峰值位于约 1055 nm，然后成功地将其用于小鼠血管和淋巴管、肿瘤等的成像，且在近红外二区的成像质量远远优于 ICG。2017 年，Antaris 等首次发现 ICG 和 IRDye800 CW 的 NIR-Ⅱ区尾部发射可高达 1150 nm。研究显示当将 ICG 用于对小鼠大脑和后肢血管进行生物成像时，与 NIR-Ⅰ成像相比，NIR-Ⅱ图像对脑血管系统的对比度提高了近 50%[57]。进一步研究表明，目前许多 NIR-Ⅰ型染料（ICG、IRDye800CW、IR-12N3 等）的 NIR-Ⅱ区尾部荧光发射都可以用来进行高性能的 NIR-Ⅱ成像，为 NIR-Ⅱ生物成像转化为临床治疗提供了独特的机会[58]。例如最近，Hu 等[59]利用 ICG 首次在可见光和 NIR-Ⅰ/Ⅱ窗口多光谱荧光成像引导下完成了人体内 NIR-Ⅱ成像引导的肝部肿瘤切除手术。1000～1700 nm 之间的近红外窗口已迅速成为对生物成像具有高度吸引力的光学区域。因此，NIR-Ⅱ生物成像在临床前研究和临床应用方面具有巨大潜力，因此已被越来越多地探索，与此同时，对 NIR-Ⅱ成像敏感的低成本的光学光电检测器的发展也促进了该领域的发展[60]。

设计和合成在近红外二区发射的高性能新型荧光团可以大大促进体内荧光成像的发展[61]。目前，已制备出多种近红外二区成像探针，主要包括两类。第一类是无机材料，包括单壁碳纳米管（SWCNTs）、量子点（QDs）、掺稀土的纳米粒子（RENPs）和金属团簇。第二类是有机染料，包括小分子染料和聚合物探针，为实现近红外二区血管造影提供广泛的选择。然而，SWCNTs 具有良好的光学稳定性，但荧光量子产率（QY）不足，且生物相容性差。QDs 表现出优异的近红外二区发光性能，包括高 QY 和优异的光学稳定性，但它们含有有毒重金属，如 Ag、Se 和 Pb。RENPs 虽然具有优异的光学特性（通过掺杂各种镧系元素产生的窄和多峰发射）和良好的光稳定性，但是大多数 RENPs 的 QY 不足。同时一些镧系元素尚未获得 FDA 的批准，因此阻碍其临床应用。此外，重要的是要注意这些材料是无机纳米材料，这意味着它们会保留并在体内积聚，可能会导致长期毒性[54,62]。有机小分子由于分子量低、生物体保留时间短、生物相容性好、分子设计灵活，在临床转化方面很有前景[63]。

尽管近红外二区成像研究显示出令人鼓舞的结果，但由于临床应用所需的以下条件，近红外二区荧光探针的开发仍面临许多挑战：①实现深层组织成像需要提高成像的信号背景比；②需要高光学稳定性，作为术中影像引导的辅助工具，实现长期监测；③高生物相容性确保对人体无害，可被完全代谢。到目前为止，制备的接近临床转化的近红外二区探针很少见，因此需要更多的关注和探索[64]。

2.3.2　近红外二区 AIE 材料的荧光血管成像

在近红外二区开发 AIE 纳米探针对生物成像、癌症治疗和材料化学具有重要意义。由于散射减少和生物分子、组织的吸收最小，近红外二区对深层组织的生物医学应用有很大的吸引力。目前，近红外二区的 AIE 纳米探针的开发仍处于起步阶段。基于 AIE 的光材料大多由可见光或近红外一区的光激发，而在近红外二区有强烈吸收的材料报道得更少。目前 AIE 纳米探针要么发出近红外二区的光，要么以多光子的形式被近红外二区光激发[65]。

大量的研究已经证明了近红外激活 AIE 的两个设计原则：①将强电子供体（D）和受体（A）单元整合到共轭系统中；②延长这些单元之间的有效共轭长度。首先，AIE 分子中的强 D-A 相互作用能够在低能量激发下实现有效的电子转移，从而导致电子带隙的减小和红移的吸收/发射，其次，共轭结构的扩展会使得体系的能隙变窄，吸收和发射光谱发生红移[66]。此外，不同的取代基可以调节化合物的电子和光学性质。目前大多采用具有强吸电子特性的苯并双噻二唑（BBTD）作为电子吸收单元来构建 D-A-D 结构的 AIE 探针，扩大 AIE 分子的范围将是未来研究的一个方向[67]。

1. NIR-Ⅱa 成像

1）脑和外周血管成像

Qi 等[68]基于 D-A 分子工程，以 BPN 和 TQ 分别为供体和受体单元，合成了近红外二区 AIE 探针（TQ-BPN），接着用 F127 将 TQ-BPN 封装起来形成纳米粒[图 2-20（a）]，TQ-BPN 纳米粒在 700～1200 nm 范围内均能发光 [图 2-20（b）]，QY 高达 13.9%，在 900 nm 以上的 QY 也达到 2.8%，但后者在实际成像应用中提供了更高的成像分辨率和清晰度，体现了近红外二区荧光成像的优越性。在脑血管成像方面，在 150 μm 的成像深度下，达到了 2.6 μm 的空间分辨率，在 800 μm 的深度下也可以分辨出微小的毛细血管 [图 2-20（c）和（d）]。此外，TQ-BPN 点被用来监测小鼠大脑中光血栓性缺血和血脑屏障的损害。在光照下血管中的探针产生单线态氧后血流发生阻断，在受伤部位可以清楚地观察到脑血栓形成 [图 2-20（d）]。在长时间的光照下，血脑屏障严重损伤也可通过 TQ-BPN 的渗漏可视化 [图 2-20（e）]。Yu 等[69]将近红外二区荧光成像与共聚焦显微镜相结合实现了更高分辨率的成像。通过自搭建的近红外二区荧光共聚焦显微镜系统和 AIE 近红外二区荧光纳米粒（TB1）[70]，也实现了 800 μm 深处小鼠体内三维脑血管成像，在深度 700 μm 时的空间分辨率可达 8.78 μm。

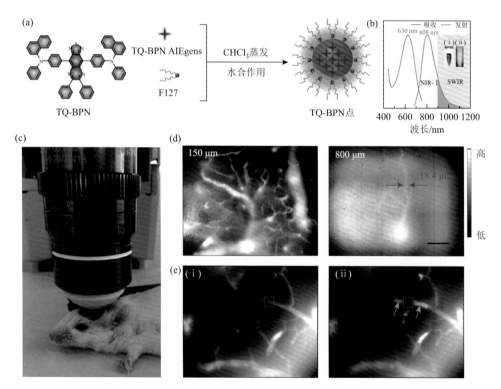

图 2-20 （a）TQ-BPN 的结构以及 F127 作为包封基质将其制备成纳米粒的示意图；（b）TQ-BPN 的吸收和发射光谱；（c）TQ-BPN 纳米粒注射进小鼠体内进行脑部血管成像的示意图；（d）不同深度的脑血管双光子荧光图像；（e）脑部血管血栓形成前后的双光子荧光图像

与被广泛研究的小动物小鼠相比，大鼠更适合用于生理和行为研究，因此，药代动力学和药效学研究通常在大鼠身上进行。然而，NIR-Ⅱ成像很少用于大鼠成像，主要是因为动物体型较大（通常比小鼠大 10 倍），组织深度高，光散射强，缺乏合适的高性能材料。因此，探索先进的 NIR-Ⅱ技术和材料用于更大尺寸的动物成像将有利于临床转化。Tang 等[71]以苯并双噻二唑（BBT）①作为电子受体，以二苯基萘-1-胺（BPN）作为电子给体，合成了 AIE 分子 BPN-BBT［图 2-21（a）］，其荧光发射延伸到了近红外二区（1400 nm），测得其吸收系数高达 3.02×10^4 L/(mol·cm)，有利于有效激发[图 2-21(b)]。另外，计算出 900 nm、1000 nm、1100 nm 和 1200 nm 的光致发光量子产率（PLQY）分别为 5.07%、2.42%、0.76%和 0.22%，与以往的工作相比，这足以用于体内成像。基于此，将 BPN-BBT 纳米粒静脉注射至大鼠体内后，在 NIR-Ⅱ荧光显微成像系统下获得了高对比度的大鼠脑血管 NIR-Ⅱ荧光成像，并在 700 μm 的成像深度可以很清晰地观测到直径为 9.1 μm 的血管［图 2-21(c)］。进一步建立了活体大鼠脑卒中模型，并对血栓形成前后的同一个脑血管区域进行 NIR-Ⅱ荧光成像和对比［图 2-21（d）］。这项工作是第一个利用荧光技术全面破译大鼠的例子，将为发展大型动物的 NIR-Ⅱ荧光成像提供更多的启示。

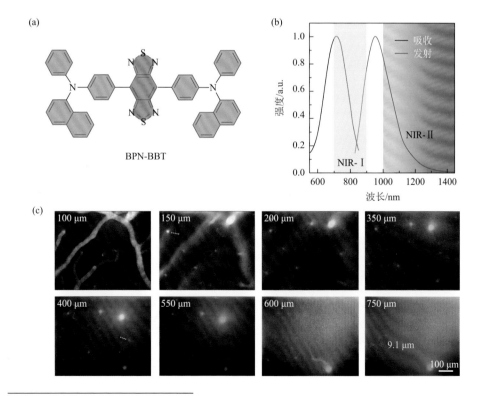

_____

① 此处的 BBT 即苯并双噻二唑（BBTD）。

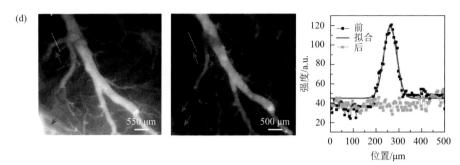

图 2-21　（a）BPN-BBT 的分子结构；（b）BPN-BBT 纳米粒的吸收和发射光谱；（c）静脉注射纳米粒后不同深度的大鼠脑血管的 NIR-Ⅱ荧光图像，红色箭头显示一个直径 9.1 μm 的毛细血管；（d）大鼠脑血管血栓形成前后的体内 NIR-Ⅱ荧光图像以及血栓前和后的血管横截面强度

　　Li 等[72]设计了两亲性 AIE 探针并首次在大型动物模型（平均体重为 3kg 的兔子）中进行近红外成像的演示。首先采用 BBTD 作为受体，辛基噻吩作为共轭桥和供体，TPA 作为第二供体和 AIE 转子合成 D-A-D 构型的疏水 AIE 探针[TTB-OH，图 2-22（a）]，接着将其作为核心与亲水的聚乙二醇（PEG）链连接构成两亲性的 AIE 探针，所得到的两亲分子可以自组装成纳米颗粒[SA-TTB NPs，图 2-22（b）]，最长荧光发射 1050 nm 且荧光量子产率高达 10.3%。然后对小鼠和兔子血管进行近红外二区的荧光成像，以 38 μm 的分辨率观察到小鼠耳部血管的宽场毫米级成像细节，还能观察到兔子后肢约 1 cm 深处的髂外静脉 [图 2-22（c）、（d）]。

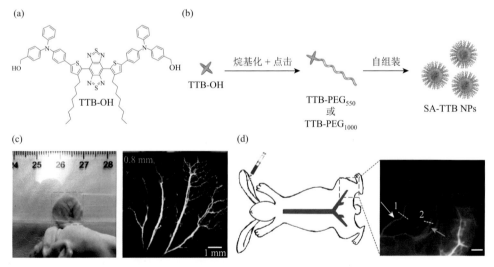

图 2-22　（a）TTB-OH 的结构；（b）TTB-OH 通过与 PEG-NH₂ 进行点击反应获得 TTB-PEG₅₅₀ 和 TTB-PEG₁₀₀₀，然后进行自组装以获得 SA-TTB NPs；（c）小鼠耳朵和 NIR-Ⅱ耳部血管造影图像；（d）兔后肢脉管系统的 NIR-Ⅱ荧光成像，1、2 指不同深度的血管呈现出不同清晰度和分辨率

相比于小分子，AIE 聚合物由于具有更强的协同放大效应、更高的发光效率和光稳定性，近些年发展迅速，许多 AIE 聚合物在近红外二区具有较强的荧光发射而用于肿瘤、小鼠脑部、四肢和淋巴脉管系统等的荧光成像。Wu 等[73]利用苯噻嗪单元（电子供体）的 AIE 特征来减少聚合物在聚合态下的非辐射衰减途径，另一方面以具有强吸电子能力的 BBTD 作为电子受体，接着引入了庞大的侧链基团，以削弱通过空间阻碍的强烈链间和链内 π-π 堆积相互作用，从而进一步增强了荧光量子产率。基于以上策略得到的 NIR-Ⅱ 聚合物纳米粒［P3c，图 2-23（a）］在水溶液中显示出约 1.7% 的荧光量子产率，与四氢呋喃（THF）溶液中的原始聚合物相比，增强大约 21 倍，荧光发射延伸到了 1400 nm［图 2-23（b）］。接着将 P3c 纳米粒静脉注射进小鼠体内，对脑部的血管系统实现了清晰的观察［图 2-23（c）］。Liu 等[74]以三苯胺基烷基噻吩基作为供体单元，以苯并双噻二唑作为受体单元，又通过控制侧面烷基链的位置合成了在噻吩环上含有两个间位己基的 pNIR-4［图 2-23（d）］。pNIR-4 的关键结构特征是将平面和扭曲的嵌段整合到一个分子中。一方面，平面基序由于有较好的共轭作用而增强了吸光性能，另一方面，通过分子间相互作用的限制，扭曲单元可以提供较高的发光效率，同时其发光波长红移到了近红外二区［1300～1400 nm，图 2-23（e）］。最后静脉注射 pNIR-4 纳米粒进小鼠体内实现了小鼠透颅脑部血管和下肢血管的清晰可视化［图 2-23（f）］。脚垫注射纳米粒还清楚地观察到了淋巴脉络系统［图 2-23（g）］，并在荧光的引导下实现了前哨淋巴结的精准切除。

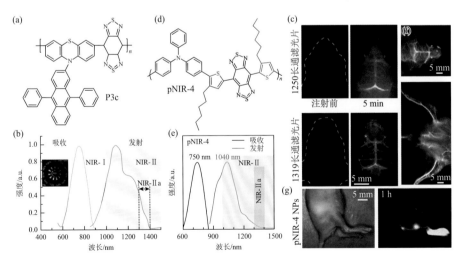

图 2-23 （a）聚合物 P3c 的分子结构；（b）P3c 纳米粒的吸收和发射光谱；（c）P3c 纳米粒对小鼠脑部血管的 NIR-Ⅱ 荧光成像；（d）pNIR-4 的分子结构；（e）pNIR-4 的吸收和发射光谱；（f）pNIR-4 纳米粒对小鼠脑部和下肢血管的 NIR-Ⅱ 荧光成像；（g）pNIR-4 纳米粒对淋巴脉管系统的 NIR-Ⅱ 荧光示踪成像

2）肿瘤血管成像

实时监测病变区域血管的动态变化对肿瘤的诊断和治疗具有重要意义。Lin 等[75]基于 BBTD 和 TPE，合成了一种 D-A-D 构型的 AIE 分子 HLZ-BTED［图 2-24（a）］，其吸收峰在 805 nm 处，而荧光发射峰在 1034 nm 处，并延伸到了 1400 nm［图 2-24（b）］。测得的 HLZ-BTED 纳米粒在水中的 NIR-Ⅱ量子产率（QY）为 0.18%，它比四氢呋喃中的 QY（0.1%）高大约两倍，这对 NIR-Ⅱ生物成像非常有利。因此，在体内成像中，HLZ-BTED 纳米粒在荷瘤小鼠身上显示出良好的被动靶向和长期 NIR-Ⅱ荧光成像性能，在 1250 nm 下成像的肿瘤供血血管具有较高的时空分辨率，肿瘤动脉血管清晰可见［图 2-24（c）］。此外，利用该探针还实现了后肢血管、胃肠道的 NIR-Ⅱ成像。

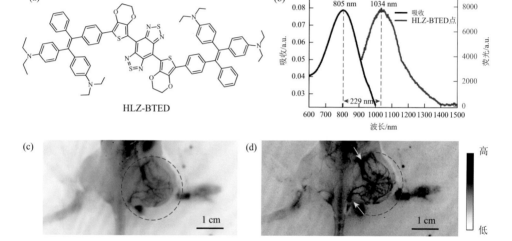

图 2-24 （a）HLZ-BTED 的分子结构；（b）HLZ-BTED 纳米粒的吸收和发射光谱；HLZ-BTED 纳米粒对肿瘤供血血管的 NIR-Ⅱ荧光成像：（c）1000 nm 滤光片下的肿瘤血管成像；（d）1250 nm 滤光片下的肿瘤血管成像

3）灵长类动物成像

近年来，利用 AIE 纳米探针进行 NIR-Ⅱ荧光成像已应用于非灵长类动物。Sheng 等[76]基于三苯胺和苯并双噻二唑设计合成了 D-A-D 构型、具备 AIE 性质的探针[TTB，图 2-25（a）]。其荧光中心发光波长为 1050 nm，尾部延伸到 1350 nm，测得的荧光量子产率约为 10%［图 2-25（b）］。该探针良好的体内生物安全性得到了全方面的检测和验证。将 TTB 纳米粒静脉注射进食蟹猴体内，高清晰地观察到了食蟹猴前肢、前臂内侧、头皮的血管脉络，分辨率高达 0.4 mm，腋窝皮下注射 TTB 纳米粒，成功地观测到食蟹猴的腋窝淋巴结［图 2-25（c～h）］。接着对食蟹猴手臂深动脉血管进行了成像，可以清晰地观测到腋下 1.5 cm 深处的动脉以及旁支静脉血管（已提前通过超声多普勒成像确定了该血管位于皮下 1.5 cm），这是首次在灵长类动物上实现厘米级深部血管的 NIR-II 荧光成像，对推动 NIR-II 荧光成像的临床应用研究具有重要意义。

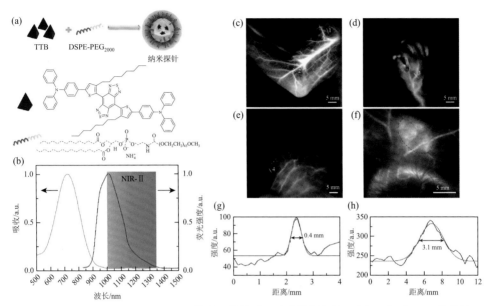

图 2-25　（a）TTB、DSPE-PEG$_{2000}$ 的分子结构以及纳米粒制备的示意图；（b）TTB 的紫外吸收和荧光光谱；猴的手臂（c）、手（d）和头皮血管（e）的近红外二区荧光图像；（f）红色虚线标记的腋窝淋巴结的近红外二区荧光图像；（g）白线 1 和（h）3 标记的脉管系统的横截面 NIR-II 荧光强度曲线

4）输尿管成像

医源性输尿管损伤（IUI）是腹部和骨盆手术的可怕并发症，输尿管的特殊解剖学位置和结构使其难以识别，因此，术中识别输尿管对预防 IUI 和避免术后并发症至关重要。临床上，对输尿管进行目视检查是最常用的方法之一，但它主要取决于外科医生的经验，很容易导致错误的识别，因此，术中识别输尿管至关重要，但缺乏有效的方法和探针。Du 等[77]使用 AIE 探针（2TT-o C6B）来识别活体兔的输尿管，该 AIE 探针的最大发射波长为 1030 nm 且荧光量子产率达到了 11%[图 2-26（a）和（b）]。基于此，将 2TT-o C6B 纳米粒注射进兔的输尿管内，然后进行的体内 NIR-II 荧光成像能够以高信噪比和穿透深度实时可视化输尿管[图 2-26（c）]。输尿管损伤和常见输尿管疾病，如结石、狭窄和异常病程，都可以通过 2TT-o C6B 的荧光分布来对输尿管的损伤程度进行初步判断[图 2-26（d）～（f）]。此外，荧光引导下的输尿管修复也可以准确实现，并可以及时监测手术结果。这是首次使用 NIR-II 成像在体内实现输尿管术中鉴定，因此该工作为临床手术期间的术中监测提供了新的平台。

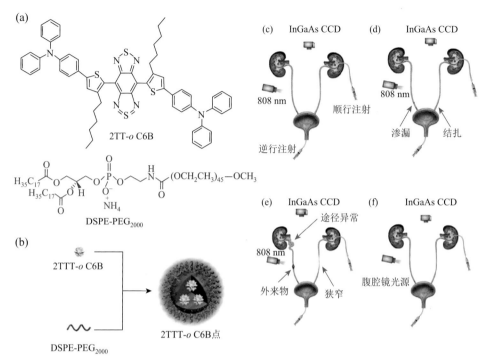

图 2-26　（a）2TT-*o* C6B 的分子结构；（b）以 DSPE-PEG$_{2000}$ 作为包封聚合物将 2TT-*o* C6B 制备成纳米粒的示意图；（c）2TT-*o* C6B 点对兔输尿管进行 NIR-Ⅱ 荧光成像的示意图；（d）输尿管损伤的荧光成像的示意图；（e）带有常见疾病（如异物、狭窄和异常病程）的输尿管荧光成像的示意图；（f）腹腔镜氙光照射下输尿管的 NIR-Ⅱ 荧光成像

2. NIR-Ⅱb 成像

1）脑和外周血管成像

荧光成像的质量和光学分辨率与 AIE 分子的发射波长高度相关。在 1500～1700 nm 区域（NIR-Ⅱb）的近红外荧光成像显示出更深的穿透深度、更高的分辨率和生物医学组织的零自发荧光。然而到目前为止，由于缺乏有机 NIR-Ⅱb 骨架和在水溶液中 ACQ 效应，NIR-Ⅱb 荧光成像很少有报道。

Li 等[78]选择强吸电子基团 BBTD 作为电子受体，TPA 同时作为给体和分子转子，同时在 BBTD 和 TPA 之间引入了烷基噻吩，这样做到了对 TICT 和 AIE 过程的同时调控，得到的 AIE 分子 2TT-*o* C26B 在约 1030 nm 处有最大发射，尾部延伸到 1600 nm，QY 高达 11.5%［图 2-27（a）和（b）］。计算得到 2TT-*o* C26B 纳米粒在 1500～1600 nm 范围内的 QY 虽然仅为 0.12%，但通过静脉将 2TT-*o* C26B 纳米粒注射进小鼠体内进行的整个身体和脑血管成像实验中，NIR-Ⅱb 成像显示出出色的分辨率，背景接近透明。在 1500 nm 的滤光片中能清楚地看到封闭在肝脏上的血管，而在 1100 nm 和 1200 nm 的滤光片下实现不了这样的分辨率 [图 2-27 （c）]。此外在脑血管成像中，清晰地观察到分辨率约为 71.6 μm 的脑血管 [图 2-27 （d）]，对大脑进行的高倍颅骨显微血管成像可以清楚地看到表观宽度仅为 10 μm 的小血管 [图 2-27 （e）]。以上结果均显示出 NIR-Ⅱb 体内成像的巨大优势。与上述工作相似，Xiao 等[79]基于 BBTD 和 TPA 合成了高度扭曲的 NIR-Ⅱ 小分子荧光团 HL3，发射波长也延伸到 NIR-Ⅱb 区（1550 nm）。HL3 纳米粒在水中的 NIR-Ⅱ 区（>1000 nm）的 QY 为 11.7%，在 NIR-Ⅱb 区（>1550 nm）的 QY 为 0.05%。然后使用 HL3 纳米粒实现了对全身、脑血管和超过 1550 nm 的淋巴脉络的高分辨率体内成像，以上这些结果会促进小分子 NIR-Ⅱb 荧光团的发展。

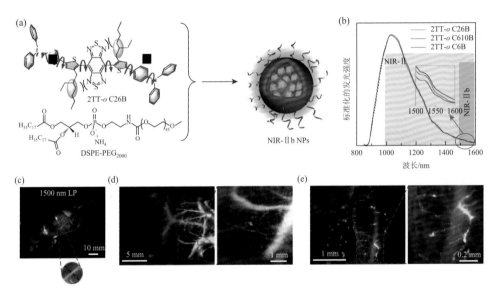

图 2-27　（a）2TT-*o* C26B、DSPE-PEG$_{2000}$ 的分子结构及纳米粒的制备示意图；（b）2TT-*o* C26B 的发射光谱；（c）小鼠肝脏附近 NIR-Ⅱb 荧光信号的比较；使用 **50 mm** 定焦镜头（**d**）和扫描透镜，**LP** 表示长通滤光片（**e**）的 NIR-Ⅱb 荧光图像

2）肿瘤血管成像

肿瘤血管生成可以为临床研究提供具体的信息，如肿瘤的发生和转移，并在癌症的诊断和治疗中起着关键作用。Xiao 等[80]采用 D-A-D 结构，以 BBTD 为受体，噻吩环和 Ph$_3$N 为给体单元合成得到 AIE 分子 HQL2 [图 2-28 （a）]，其最大发射波长约为 1050 nm，且延伸至 1600 nm [图 2-28 （b）]。用两亲性分子 DSPE-PEG$_{5000}$ 包裹制备了 HQL2 纳米粒。以 IR-26（QY：0.05%）作为参考，测得在 NIR-Ⅱ区域（>1000 nm）HQL2 纳米粒的 QY 为 1.19%，波长超过 1300 nm 时 0.016%，超过 1500 nm 时的荧光量子产率为 0.002%。将 HQL2 纳米粒静脉注

射进荷瘤小鼠体内，对肿瘤血管进行了成像［图 2-28（c）］。不同的滤光片下表现不同，其中 1000 nm 和 1250 nm 下没有检测到所需的微小肿瘤血管。由于波长红移、成像分辨率增加，1320 nm 和 1550 nm 下可以清晰地看到微血管，且拟合得到的半高宽分别为 0.293 mm（1320 nm）和 0.124 mm（1550 nm）。

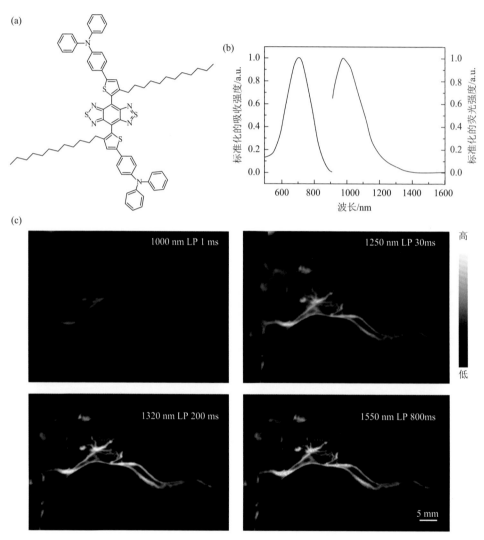

图 2-28　（a）HQL2 的分子结构；（b）HQL2 纳米粒的吸收和发射光谱；（c）808 nm 激发下 U87MG 荷瘤裸鼠的肿瘤血管荧光图像

3）灵长类动物成像

非人类灵长类动物的临床前试验有助于未来的临床转化。Qian 等[81]设计了一个强 D-A 构型化合物，其中辛氧基取代的三苯胺（OTPA）和苯并双噻二唑分别作为电子供体和受体，得到的 AIE 探针 OTPA-BBT 在 770 nm 处的摩尔消光系数高达 $5 \times 10^4\,mm^{-1} \cdot cm^{-1}$，QY 为 13.6%，它在 1100 nm 甚至 1500 nm 均具有较高的荧光亮度 [图 2-29（a）和（b）]。将 OTPA-BBT 制成纳米粒静脉注射到狨猴体内，通过变薄的颅骨可以清楚地看到在 700 μm 的穿透深度内的脑血管，并且在 200 μm 的深度也可以观察到宽度 5.2 μm 的血管 [图 2-29（c）]。接着还利用 OTPA-BBT 纳米漂移的荧光微点对血流速度进行了计算。此外，非侵入性 NIR-Ⅱb 成像具有丰富的高空间频率信息，实现了狨猴的胃肠道的高清成像。

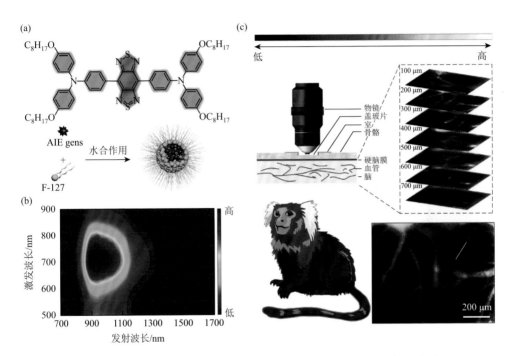

图 2-29 （a）OTPA-BBT 的分子结构以及利用 F127 包封形成纳米粒的示意图；（b）OTPA-BBT 纳米粒的光致发光光谱；（c）利用 OTPA-BBT 纳米粒对狨猴脑血管进行大深度非侵入性 NIR-Ⅱ荧光成像

4）子宫、胆管成像

显示生殖系统首要是选择微创或无创的成像方法，而不是有创的方法。目前临床上的子宫疾病诊断技术，如子宫输卵管造影（HSG），可能会使生殖器官暴露在电离辐射下，使患者面临油性造影剂进入而发生过敏的风险。因此，探索新的诊断技术是很有必要的，而 NIR-Ⅱb 荧光成像由于具有增强的成像信号背景比和更强的组织穿透能力，因此是一个最佳的选择。Zhang 等[82]选用 OTPA-BBT 并首次将其用于子宫造影，展示了该探针生育力友好的特性，有望为 AIE 探针的临床转化提供指导。经计算，OTPA-BBT 纳米粒在 NIR-Ⅱb 区显示出较高的 QY（0.12%），与前面提到的 2TT-*o* C26B 相当［图 2-30（a）和（b）］。接着将 OTPA-BBT 纳米粒通过宫腔内灌注和静脉注射后分别进行了宫腔造影（子宫腔的形态）和血管造影（子宫血管的轮廓）。首先 OTPA-BBT 纳米粒以高分辨率和对比度呈现了正常生理状态下的子宫宫腔形态、子宫蠕动的情况等［图 2-30（c）］。随后，在

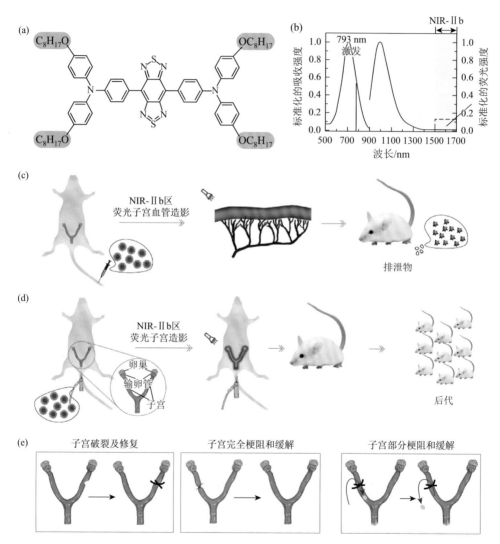

图 2-30　（a）OTPA-BBT 的分子结构；（b）OTPA-BBT 纳米粒的吸收和发射光谱；（c）NIR-Ⅱb 荧光子宫血管造影；（d）NIR-Ⅱb 荧光子宫宫腔造影以及（e）这项工作中研究的主要子宫疾病模型

OTPA-BBT 纳米粒 NIR-Ⅱb 荧光的引导下确定了小鼠模型中的子宫穿孔/破裂及随后的有效手术修复，模拟了手术中发生的临床场景。接着，对小鼠部分和完全子宫梗阻模型进行了有效的体内诊断。通过评估从交配到第一胎的时间和第一胎的数量后，证实了 OTPA-BBT 纳米粒对生育能力几乎没有影响［图 2-30（d）和（e）］。以上所有出色的表现表明，基于 AIE 探针的子宫造影在 NIR-Ⅱb 窗口的可行性和有效性，以及在进一步临床实践中的巨大应用潜力。

在进行胆囊切除术时，常常会出现先天性肝外胆管损伤，这可能是一个毁灭性的，甚至危及生命的事件。尽管基于 X 射线的胆道造影可以减小胆道损伤的发生率，但辐射损伤和专业知识匮乏等阻碍了其进一步的临床应用，因此仍急需探索新的术中胆道造影技术。Cai 等[83]选用了 AIE 探针（TT3-o CB），在 NIR-Ⅱ 外二区具有优异的荧光表现，利用 NIR-Ⅱb 荧光成像实现了胆道的造影（图 2-31）。TT3-o CB 以苯并双噻二唑为电子受体，以两个三苯胺为电子供体，中间连有两个带长烷基链的噻吩单元的电子供体和 π 共轭桥。通过将平面块纳入扭曲的分子骨架中，聚集状态下较大的 π-π 相互作用使 TT3-o CB 的吸收峰明显红移（1700 nm）。将该纳米颗粒注射到家兔的胆囊或胆总管中后，其可以以高信噪比及高穿透深度实时成像胆管结构。此外，以 TT3-o CB 纳米粒子为基础的 NIR-Ⅱb 成像系统还可以精确诊断医源性胆道损伤（包括胆总管部分泄漏、胆总管结扎）和胆结石等疾病。该工作通过在活体兔模型中进行 AIE 探针辅助的 NIR-Ⅱ 胆道成像，证明了一种可行的非放射性策略用于术中肝外胆管成像。

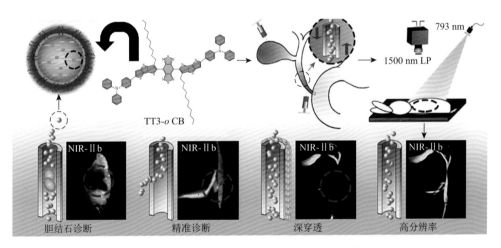

图 2-31　TT3-o CB 纳米粒对胆管进行 NIR-Ⅱb 荧光成像的总体示意图

包括正常胆管、胆总管部分泄漏、胆总管结扎、胆结石模型等

（段星晨　丁　丹*）

参 考 文 献

[1] Hudlicka O. What makes blood vessels grow?. The Journal of Physiology，1991，444：1-24.

[2] Costa R M，Neves K B，Tostes R C，et al. Perivascular adipose tissue as a relevant fat depot for cardiovascular risk in obesity. Frontiers in Physiology，2018，9：00253.

[3] Barlinn K，Alexandrov A V. Vascular imaging in stroke：comparative analysis. Neurotherapeutics，2011，8（3）：340-348.

[4] Nagy J A，Chang S H，Dvorak A M，et al. Why are tumour blood vessels abnormal and why is it important to know?. British Journal of Cancer，2009，100（6）：865-869.

[5] Settecase F，Rayz V L. Advanced vascular imaging techniques//Hetts S W，Cooke D L. Handbook of Clinical Neurology. Amsterdam：Elsevier，2021.

[6] Laviña B. Brain vascular imaging techniques. International Journal of Molecular Sciences，2017，18（1）：70.

[7] Nishimiya K，Matsumoto Y，Shimokawa H. Recent advances in vascular imaging. Arteriosclerosis，Thrombosis，and Vascular Biology，2020，40（12）：e313-e321.

[8] Behlke M，Huang L，Bogh L，et al. Fluorescence and fluorescence applications. Integrated DNA Technologies，2005.

[9] Shin D，Vigneswaran N，Gillenwater A，et al. Advances in fluorescence imaging techniques to detect oral cancer and its precursors. Future Oncology，2010，6（7）：1143-1154.

[10] Del Rosal B，Benayas A. Strategies to overcome autofluorescence in nanoprobe-driven *in vivo* fluorescence imaging. Small Methods，2018，2（9）：1800075.

[11] Wu L，Liu J，Li P，et al. Two-photon small-molecule fluorescence-based agents for sensing，imaging，and therapy within biological systems. Chemical Society Reviews，2021，50（2）：702-734.

[12] Wang Z A，Wang X，Wan J B，et al. Optical imaging in the second near infrared window for vascular bioimaging. Small，2021，17（43）：2103780.

[13] Cheng H B，Li Y，Tang B Z，et al. Assembly strategies of organic-based imaging agents for fluorescence and photoacoustic bioimaging applications. Chemical Society Reviews，2020，49（1）：21-31.

[14] Marshall M V，Rasmussen J C，Tan I C，et al. Near-infrared fluorescence imaging in humans with indocyanine green：a review and update. Open Surgical Oncology Journal（Online），2010，2（2）：12-25.

[15] Li J，Liu Y，Xu Y，et al. Recent advances in the development of NIR-II organic emitters for biomedicine. Coordination Chemistry Reviews，2020，415：213318.

[16] Lu Q，Wu C J，Liu Z，et al. Fluorescent AIE-active materials for two-photon bioimaging applications. Frontiers in Chemistry，2020，8：617463.

[17] Chen Y，Guo H，Gong W，et al. Recent advances in two-photon imaging：technology developments and biomedicalapplications. Chinese Optics Letters，2013，11（1）：011703.

[18] He G S，Tan L S，Zheng Q，et al. Multiphoton absorbing materials：molecular designs，characterizations，and applications. Chemical Reviews，2008，108（4）：1245-1330.

[19] Wang S，Li B，Zhang F. Molecular fluorophores for deep-tissue bioimaging. ACS Central Science，2020，6（8）：1302-1316.

[20] Zhu Z，Qian J，Zhao X，et al. Stable and size-tunable aggregation-induced emission nanoparticles encapsulated with nanographene oxide and applications in three-photon fluorescence bioimaging. ACS Nano，2016，10（1）：

588-597.

[21] Ding D，Goh C C，Feng G，et al. Ultrabright organic dots with aggregation-induced emission characteristics for real-time two-photon intravital vasculature imaging. Advanced Materials，2013，25（42）：6083-6088.

[22] Xu L，Zhang J，Yin L，et al. Recent progress in efficient organic two-photon dyes for fluorescence imaging and photodynamic therapy. Journal of Materials Chemistry C，2020，8（19）：6342-6349.

[23] Xu L，Lin W，Huang B，et al. The design strategies and applications for organic multi-branched two-photon absorption chromophores with novel cores and branches: a recent review. Journal of Materials Chemistry C，2021，9（5）：1520-1536.

[24] Niu G，Zhang R，Shi X，et al. AIE luminogens as fluorescent bioprobes. TrAC Trends in Analytical Chemistry，2020，123：115769.

[25] Qin W，Zhang P，Li H，et al. Ultrabright red AIEgens for two-photon vascular imaging with high resolution and deep penetration. Chemical Science，2018，9（10）：2705-2710.

[26] Li Y，Liu S，Ni H，et al. ACQ-to-AIE transformation: tuning molecular packing by regioisomerization for two-photon NIR bioimaging. Angewandte Chemie International Edition，2020，59（31）：12822-12826.

[27] Samanta S，Huang M，Li S，et al. AIE-active two-photon fluorescent nanoprobe with NIR-II light excitability for highly efficient deep brain vasculature imaging. Theranostics，2021，11（5）：2137-2148.

[28] Qi J，Sun C，Li D，et al. Aggregation-induced emission luminogen with near-infrared-II excitation and near-infrared-I emission for ultradeep intravital two-photon microscopy. ACS Nano，2018，12（8）：7936-7945.

[29] Liu W，Zhang Y，Qi J，et al. NIR-II excitation and NIR-I emission based two-photon fluorescence lifetime microscopic imaging using aggregation-induced emission dots. Chemical Research in Chinese Universities，2021，37（1）：171-176.

[30] Tozer G M，Kanthou C，Baguley B C. Disrupting tumour blood vessels. Nature Reviews Cancer，2005，5（6）：423-435.

[31] Wang S，Liu J，Goh C C，et al. NIR-II-excited intravital two-photon microscopy distinguishes deep cerebral and tumor vasculatures with an ultrabright NIR-I AIE luminogen. Advanced Materials，2019，31（44）：1904447.

[32] Li Y，Tang R，Liu X，et al. Bright aggregation-induced emission nanoparticles for two-photon imaging and localized compound therapy of cancers. ACS Nano，2020，14（12）：16840-16853.

[33] Geng J，Goh C C，Qin W，et al. Silica shelled and block copolymer encapsulated red-emissive AIE nanoparticles with 50% quantum yield for two-photon excited vascular imaging. Chemical Communications，2015，51（69）：13416-13419.

[34] Chen B，Feng G，He B，et al. Silole-based red fluorescent organic dots for bright two-photon fluorescence *in vitro* cell and *in vivo* blood vessel imaging. Small，2016，12（6）：782-792.

[35] Feng G X，Li J L Y，Claser C，et al. Dual modal ultra-bright nanodots with aggregation-induced emission and gadolinium-chelation for vascular integrity and leakage detection. Biomaterials，2018，152：77-85.

[36] Liu J，Evrard M，Cai X，et al. Organic nanoparticles with ultrahigh quantum yield and aggregation-induced emission characteristics for cellular imaging and real-time two-photon lung vasculature imaging. Journal of Materials Chemistry B，2018，6（17）：2630-2636.

[37] Mei J，Huang Y，Tian H. Progress and trends in AIE-based bioprobes: a brief overview. ACS Applied Materials & Interfaces，2018，10（15）：12217-12261.

[38] König K. Multiphoton microscopy in life sciences. Journal of Microscopy，2000，200（2）：83-104.

[39] Balaji J，Desai R，Maiti S. Live cell ultraviolet microscopy：a comparison between two-and three-photon excitation. Microscopy Research and Technique，2004，63（1）：67-71.

[40] Wang T，Xu C. Three-photon neuronal imaging in deep mouse brain. Optica，2020，7（8）：947-960.

[41] Zong L，Zhang H，Li Y，et al. Tunable aggregation-induced emission nanoparticles by varying isolation groups in perylene diimide derivatives and application in three-photon fluorescence bioimaging. ACS Nano，2018，12（9）：9532-9540.

[42] Zhang H，Alifu N，Jiang T，et al. Biocompatible aggregation-induced emission nanoparticles with red emission for *in vivo* three-photon brain vascular imaging. Journal of Materials Chemistry B，2017，5（15）：2757-2762.

[43] Du Y，Alifu N，Wu Z，et al. Encapsulation-dependent enhanced emission of near-infrared nanoparticles using *in vivo* three-photon fluorescence imaging. Front Bioeng Biotechnol，2020，8：1029.

[44] Wang Y，Han X，Xi W，et al. Bright AIE nanoparticles with F127 encapsulation for deep-tissue three-photon intravital brain angiography. Advanced Healthcare Materials，2017，6（21）：1700685.

[45] Li D，Zhang H，Streich L L，et al. AIE-nanoparticle assisted ultra-deep three-photon microscopy in the *in vivo* mouse brain under 1300 nm excitation. Materials Chemistry Frontiers，2021，5（7）：3201-3208.

[46] Liu M，Gu B，Wu W，et al. Binary organic nanoparticles with bright aggregation-induced emission for three-photon brain vascular imaging. Chemistry of Materials，2020，32（15）：6437-6443.

[47] Xu Z，Zhang Z，Deng X，et al. Deep-brain three-photon imaging enabled by aggregation-induced emission luminogens with near-infrared-Ⅲ excitation. ACS Nano，2022，16（4）：6712-6724.

[48] Horton N G，Wang K，Kobat D，et al. in vivo three-photon microscopy of subcortical structures within an intact mouse brain. Nature Photonics，2013，7（3）：205-209.

[49] Wang Y，Chen M，Alifu N，et al. Aggregation-induced emission luminogen with deep-red emission for through-skull three-photon fluorescence imaging of mouse. ACS Nano，2017，11（10）：10452-10461.

[50] Qin W，Alifu N，Lam J W Y，et al. Facile synthesis of efficient luminogens with AIE features for three-photon fluorescence imaging of the brain through the intact skull. Advanced Materials，2020，32（23）：2000364.

[51] Zheng Z，Zhang H，Cao H，et al. Intra-and intermolecular synergistic engineering of aggregation-induced emission luminogens to boost three-photon absorption for through-skull brain imaging. ACS Nano，2022，16(4)：6444-6454.

[52] Li D，Zhao X，Qin W，et al. Toxicity assessment and long-term three-photon fluorescence imaging of bright aggregation-induced emission nanodots in zebrafish. Nano Research，2016，9（7）：1921-1933.

[53] Li C，Wang Q. Challenges and opportunities for intravital near-infrared fluorescence imaging technology in the second transparency window. ACS Nano，2018，12（10）：9654-9659.

[54] Liu Y，Li Y，Koo S，et al. Versatile types of inorganic/organic NIR-Ⅱa/Ⅱb fluorophores：from strategic design toward molecular imaging and theranostics. Chemical Reviews，2022，122（1）：209-268.

[55] Welsher K，Liu Z，Sherlock S P，et al. A route to brightly fluorescent carbon nanotubes for near-infrared imaging in mice. Nature Nanotechnology，2009，4（11）：773-780.

[56] Antaris A L，Chen H，Cheng K，et al. A small-molecule dye for NIR-Ⅱ imaging. Nature Materials，2016，15（2）：235-242.

[57] Antaris A L，Chen H，Diao S，et al. A high quantum yield molecule-protein complex fluorophore for near-infrared Ⅱ imaging. Nature Communications，2017，8（1）：15269.

[58] Zhu S，Yung B C，Chandra S，et al. Near-infrared-Ⅱ（NIR-Ⅱ）bioimaging via off-peak NIR-Ⅰ fluorescence emission. Theranostics，2018，8（15）：4141-4151.

[59] Hu Z, Fang C, Li B, et al. First-in-human liver-tumour surgery guided by multispectral fluorescence imaging in the visible and near-infrared- I / II windows. Nature Biomedical Engineering, 2020, 4 (3): 259-271.

[60] Kenry, Duan Y, Liu B. Recent advances of optical imaging in the second near-infrared window. Advanced Materials, 2018, 30 (47): e1802394.

[61] Zhu S, Tian R, Antaris A L, et al. Near-infrared- II molecular dyes for cancer imaging and surgery. Advanced Materials, 2019, 31 (24): e1900321.

[62] Li C, Chen G, Zhang Y, et al. Advanced fluorescence imaging technology in the near-infrared- II window for biomedical applications. Journal of the American Chemical Society, 2020, 142 (35): 14789-14804.

[63] Yang Q, Ma Z, Wang H, et al. Rational design of molecular fluorophores for biological imaging in the NIR- II window. Advanced Materials, 2017, 29 (12): 1605497.

[64] Wu W, Yang Y, Yang Y, et al. Molecular engineering of an organic NIR- II fluorophore with aggregation-induced emission characteristics for in vivo imaging. Small, 2019, 15 (20): 1805549.

[65] Xu W, Wang D, Tang B Z. NIR- II AIEgens: a win-win integration towards bioapplications. Angewandte Chemie International Edition, 2021, 60 (14): 7476-7487.

[66] Li B, Zhao M, Zhang F. Rational design of near-infrared- II organic molecular dyes for bioimaging and biosensing. ACS Materials Letters, 2020, 2 (8): 905-917.

[67] Lin H, Lin Z, Zheng K, et al. Near-infrared- II nanomaterials for fluorescence imaging and photodynamic therapy. Advanced Optical Materials, 2021, 9 (9): 2002177.

[68] Qi J, Sun C, Zebibula A, et al. Real-time and high-resolution bioimaging with bright aggregation-induced emission dots in short-wave infrared region. Advanced Materials, 2018, 30 (12): 1706865.

[69] Yu W, Guo B, Zhang H, et al. NIR- II fluorescence in vivo confocal microscopy with aggregation-induced emission dots. Science Bulletin, 2019, 64 (6): 410-416.

[70] Sheng Z, Guo B, Hu D, et al. Bright aggregation-induced-emission dots for targeted synergetic NIR- II fluorescence and NIR- I photoacoustic imaging of orthotopic brain tumors. Advanced Materials, 2018, 30 (29): 1800766.

[71] Qi J, Alifu N, Zebibula A, et al. Highly stable and bright AIE dots for NIR- II deciphering of living rats. Nano Today, 2020, 34: 100893.

[72] Li Y, Hu D, Sheng Z, et al. Self-assembled AIEgen nanoparticles for multiscale NIR- II vascular imaging. Biomaterials, 2021, 264: 120365.

[73] Zhang Z, Fang X, Liu Z, et al. Semiconducting polymer dots with dual-enhanced NIR- II a fluorescence for through-skull mouse-brain imaging. Angewandte Chemie International Edition, 2020, 59 (9): 3691-3698.

[74] Liu S, Ou H, Li Y, et al. Planar and twisted molecular structure leads to the high brightness of semiconducting polymer nanoparticles for NIR- II a fluorescence imaging. Journal of the American Chemical Society, 2020, 142(35): 15146-15156.

[75] Lin J, Zeng X, Xiao Y, et al. Novel near-infrared II aggregation-induced emission dots for in vivo bioimaging. Chemical Science, 2019, 10 (4): 1219-1226.

[76] Sheng Z, Li Y, Hu D, et al. Centimeter-deep NIR- II fluorescence imaging with nontoxic AIE probes in nonhuman primates. Research, 2020, 2020: 4074593.

[77] Du J, Liu S, Zhang P, et al. Highly stable and bright NIR- II AIE dots for intraoperative identification of ureter. ACS Applied Materials & Interfaces, 2020, 12 (7): 8040-8049.

[78] Li Y，Cai Z，Liu S，et al. Design of AIEgens for near-infrared Ⅱb imaging through structural modulation at molecular and morphological levels. Nature Communications，2020，11（1）：1255.

[79] Li Y，Liu Y，Li Q，et al. Novel NIR-Ⅱ organic fluorophores for bioimaging beyond 1550 nm. Chemical Science，2020，11（10）：2621-2626.

[80] Li Q，Ding Q，Li Y，et al. Novel small-molecule fluorophores for *in vivo* NIR-Ⅱa and NIR-Ⅱb imaging. Chemical Communications，2020，56（22）：3289-3292.

[81] Feng Z，Bai S，Qi J，et al. Biologically excretable aggregation-induced emission dots for visualizing through the marmosets intravitally: horizons in future clinical nanomedicine. Advanced Materials，2021，33（17）：2008123.

[82] Yu X，Ying Y，Feng Z，et al. Aggregation-induced emission dots assisted non-invasive fluorescence hysterography in near-infrared Ⅱb window. Nano Today，2021，39：101235.

[83] Wu D，Liu S，Zhou J，et al. Organic dots with large π-conjugated planar for cholangiography beyond 1500 nm in rabbits: a non-radioactive strategy. ACS Nano，2021，15（3）：5011-5022.

第3章 >>

聚集诱导发光材料在体内疾病检测中的应用

3.1 ▶ 引言

体外研究（如细胞培养）和活体取材研究（如组织切片）在临床前和临床研究中发挥着重要作用。然而，这些检测是独立于自然生物环境的，并不代表生命系统的真实状况。并且生物有机体的实时动态信息也不能从这些静态检测中获得。

因此，深入了解体内生物学和生理学功能具有重要意义，所以已经探索出许多临床应用的无创成像技术，如磁共振成像（MRI）、计算机断层扫描（CT）成像、超声（US）成像、光学成像［包括荧光（FL）成像和光声（PA）成像］、正电子发射断层扫描成像及单光子发射计算机断层成像（SPECT）等[1-3]。不同成像技术在成像领域的侧重点不同，每种成像方式都有其不可替代性。

荧光成像作为光学生物成像中应用最为广泛的技术，在原位、实时监测生物过程方面具有独特的优势[4]。它能同时得到强度、波长、寿命等参数，以此获取从细胞层面到活体生物样本的实时动态信息，来监测生物样本的动力学变化[5]。此外，光声成像是一种将光学激发与超声检测相结合的新兴无创混合成像技术，在保留光学成像高分辨率的同时获得了超声检测优异的穿透性，近年来也得到了快速的发展[6]。

要想获得上述两种光学成像优异的成像效果，离不开性能优异的荧光探针和光声探针的帮助。传统有机发光材料在高浓度下由于形成聚集体，荧光通常会减弱甚至猝灭，所以其在实际应用过程中受到浓度和发光强度内在矛盾的严重阻碍[7]。而聚集诱导发光完全相反的发光效应很好地解决了这一难题，并且与传统的有机荧光团相比，聚集诱导发光材料具有更高的亮度和更强的抗光漂白性[8, 9]。但由于光声探针和荧光探针的工作原理是截然相反的，为了指导具有优良性能的 AIE 光声探针的合成，唐本忠和他的同事提出了一种新的分子设计理念，利用固态下分子运动促进非辐射跃迁产热来构建高效的光声光热材料，称为分子内运动诱导光热（iMIPT）[10]。这是对 AIE 概念的一次逆向思维，与 AIE 荧光分子力图抑制分子运动来打开辐射跃迁途径（荧光发射）相比，此概念则是着力促进聚集体下活跃的分子内运动，使激发态能量更高效地通过非辐射跃迁途径（分子热运动）释放出来，从而提高其光声光热效果。AIE 材料本质上都富含分子内可运动的单元，因此非常适合设计成具有优良光声效果的 AIE 材料。

3.2 ▶ 应用于体内疾病检测的 AIE 荧光探针

3.2.1 炎症

炎症是许多重大疾病如糖尿病、癌症和心脏病的指征之一[11]。研究表明，慢性炎症可促进肿瘤的发生[12]。因此，炎症的特异性检测和成像对疾病的早期诊断有着至关重要的作用。

在缺血、炎症等病理状态下，机体将产生大量的活性氧和氮（RONS）物种[13]。因此，对 RONS 响应的 AIE 探针也被进一步用于体内的炎症检测。过氧亚硝酸盐（$ONOO^-$）是一种典型的 RONS，它由体内氮氧化物（·NO）和过氧化物（O_2^-）相互作用产生，$ONOO^-$ 的升高是急性和慢性炎症的一个重要特征，也是许多重大疾病如癌症、心脏病、糖尿病和阿尔茨海默病的预兆[14]。

Song 等利用纳米粒子优异的生物相容性和高渗透长滞留（EPR）效应靶向炎症组织的特点，设计了一种可以检测炎症的荧光纳米探针 TPE-IPB-PEG[15]。如图 3-1（a）所示，AIE 荧光分子 TPE-IPB 由 AIE 骨架分子四苯乙烯（TPE）和 $ONOO^-$ 的识别基团苯硼酸酯构成。TPE-IPB 的荧光被抑制的原因有两点：一是 N 原子上含有孤对电子，会发生光致电子转移过程，阻碍了激发态电子从供体轨道到受体轨道的辐射衰变；二是亚胺结构存在顺反异构，激发态能量会从这条非辐射通道衰减掉。TPE-IPH 恢复荧光是因为羟基的质子与 N 原子上的孤对电子间形成氢键，同时锁定了亚胺结构的构象，抑制了上述两条荧光猝灭的途径。如图 3-1（b）所示，体内研究表明，在静脉注射纳米探针 0.5 h 后，炎症区域可被探针选择性地照亮，并且炎症部位的荧光信号强度也随时间增加。而后，研究人员又进行了不同组织的体外成像，进一步证实了该探针在炎症成像中具有优异的选择性 [图 3-1（c）]。

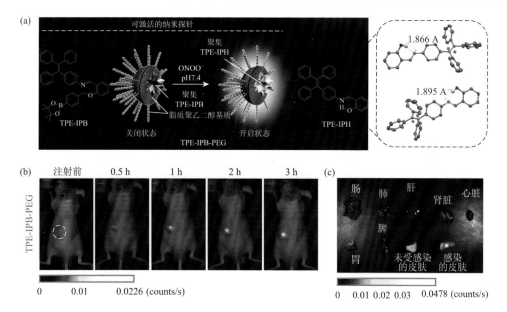

图 3-1　（a）TPE-IPB-PEG 及其与 ONOO⁻ 孵育后性能的示意图；（b）静脉注射 TPE-IPB-PEG
前后感染小鼠的时间依赖性活体荧光图像，白色圆圈表示 MRSA 感染区域；（c）静脉注射
TPE-IPB-PEG 3 h 后，感染小鼠各种组织的离体荧光图像

　　脑部炎症的体内生物医学成像一直都非常困难，因为大脑受血脑屏障保护，
外源造影剂很难经血液运输，穿过血脑屏障，到达中枢神经系统的组织中。近
来发现，中性粒细胞具有穿透血脑屏障的能力，可以特异性地渗透到炎症部位。
并且中性粒细胞渗透到炎症组织的过程是积极主动进行的，可以深入到非血管
区域。

　　Liu 等设计了一种近红外二区（NIR-Ⅱ，1000～1700 nm）AIE 荧光探针
2TT-o C6B，并将其用于脑部炎症的检测[16]。如图 3-2（a）所示，研究者基于 AIE
分子扭曲的骨架结构，在噻吩上引入烷基链使整个分子的主链在空间上更加扭曲，
这样会使聚集体分子间相互作用更小，非辐射能量损失也更少，因此 NIR-Ⅱ荧光
量子产率更高。接着，研究者用两亲性化合物 lipid-PEG$_{2000}$ 包裹 2TT-o C6B 并修
饰细胞穿膜肽 TAT 得到纳米粒子 AIE-dots-TAT，然后用中性粒细胞携带 AIE-dots-
TAT 得到 AIE@NE。如图 3-2（b）所示，携带纳米探针的中性粒细胞可以穿透血
脑屏障，并且探针发出的 NIR-Ⅱ荧光具有很强的穿透性，可以透过完整的头皮和
颅骨，清晰地指示脑部炎症区域。该研究不仅提出了一种具有高量子产率的 NIR-
Ⅱ分子设计策略，而且还将活细胞作为纳米探针的载体提供靶向能力，应用到不
易检测出的疾病中。

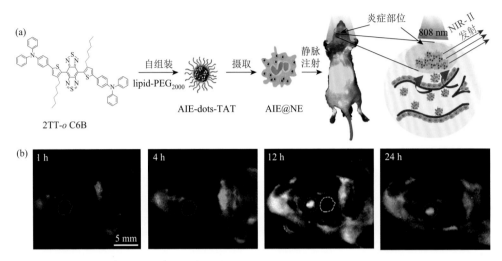

图 3-2　（a）中性粒细胞介导的 AIE 纳米探针用于脑部炎症成像的示意图；（b）静脉注射纳米
探针后，不同时间点下小鼠头颅部位的活体近红外二区荧光图像

　　炎症性肠病（IBD）是各种肠道性炎症的总称，其中主要包括克罗恩病和溃疡性结肠炎[17]，目前对其的诊断仍主要依靠传统手段（如肠镜检查等），因此，迫切需要发展新的技术用于 IBD 的诊断。

　　Lin 课题组将 NIR-Ⅱ AIE 荧光分子 BPN-BBTD 制备成纳米探针，并用于 IBD 模型小鼠的结肠炎进行诊断[18]。如图 3-3（a）所示，首先为提高荧光探针的生物相容性，研究人员将 BPN-BBTD 封装于两亲性化合物普朗尼克 F127 中制成纳米探针 BPN-BBTD@F127，然后在葡聚糖硫酸钠（DSS）和 2, 4, 6-三硝基苯磺酸（TNBS）诱导的两种 IBD 小鼠模型进行验证。如图 3-3（b）所示，为验证 NIR-Ⅱ荧光信号是从患病的肠道发出的，研究者对离体的整个肠道进行了荧光成像，相比对照组和 IBD 模型组其他肠道部位，IBD 模型组（5% DSS 和 TNBS）的结肠部位荧光信号要强很多，这一结果与 DSS 和 TNBS 诱导结肠炎的病理特征一致，即病变部位集中在结肠内。因此，该 NIR-Ⅱ AIE 荧光纳米探针具有准确追踪 IBD 模型小鼠炎症病变的能力，在监测疾病进展和药物治疗效果评价方面也展现出了巨大的潜力。

3.2.2　肿瘤

　　肿瘤是机体在各种致癌因素作用下，局部组织的某一个细胞在基因水平上失去对其生长的正常调控，导致其异常增生而形成的[19]。当身体出现实体肿瘤时，具有合适纳米粒径的 AIE 纳米探针可以借助 EPR 效应透过肿瘤区的血管被肿瘤细胞吸收并且滞留其中，在后续的成像中，肿瘤部位和普通组织的成像对比度显著提高[20]。

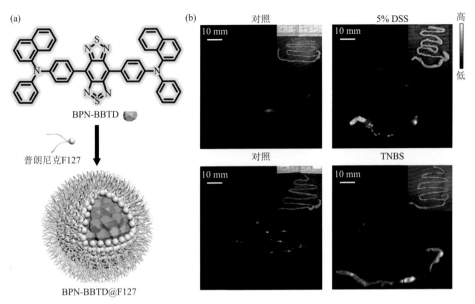

图 3-3　（a）BPN-BBTD@F127 的制备过程示意图；（b）对照组和 5% DSS 组全肠道 NIR-Ⅱ
荧光成像

朱为宏等通过改变 AIE 的分子结构 [图 3-4（a）]，来调控分子聚集体的形态，
并验证其进行肿瘤原位成像的效果[21]。如图 3-4（b）所示，研究者用透射电镜观

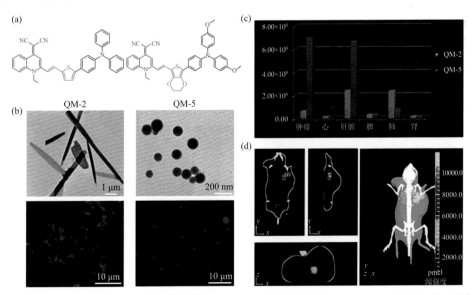

图 3-4　（a）QM-2 和 QM-5 的分子结构；（b）QM-2 和 QM-5 制备的微/纳米聚集体的透射电
镜和激光共聚焦显微镜图像；（c）注射 QM-2 和 QM-5 微/纳米聚集体后 24 h 处死的小鼠肿瘤和
内脏器官的平均荧光强度分布；（d）荷瘤小鼠静脉注射 QM-5 纳米聚集体 24 h 后的三维荧光成像

察聚集体形貌，从而筛选出两个杆状和球状聚集体的典型代表，又进一步用激光共聚焦显微镜证明两者都具有 AIE 性质的近红外荧光。接着，在体内比较两种不同形貌聚集体靶向肿瘤的效果，如图 3-4（c）所示，静脉注射两种不同聚集体后，不同器官中平均荧光强度表明，球形聚集体（QM-5）比棒状聚集体（QM-2）具有更好的肿瘤靶向能力。此外，三维荧光活体成像结果进一步证明球形聚集体具有活体肿瘤特异性成像的能力［图 3-4（d）］。这种基于 AIE 分子聚集体的长波长发射有机纳米材料，为肿瘤诊断提供了一个不错的选择。

肿瘤的早期诊断和治疗是至关重要的，因为它们可以有效地提高治愈率。目前肿瘤早期诊断主要是肿瘤的免疫诊断法和基因诊断法[22]，这两种方法过程烦琐且不能在原位检测肿瘤，而其他原位检测方法，如 MR 成像和 CT 成像等，受仪器灵敏度的限制，对于早期肿瘤的检测效果不佳。

Tang 课题组设计了一种短波红外区（SWIR，900～1700 nm）的 AIE 纳米探针 TQ-BPN dots［图 3-5（a）］，并将其用于肿瘤的早期检测[23]。SWIR 荧光纳米粒子在生物体内，有更深的组织穿透深度和更高的分辨率。研究人员分别对旧肿瘤（4 周）和新肿瘤（2 周）的小鼠，静脉注射 TQ-BPN dots，并用 SWIR 荧光显微镜观察两者区别。如图 3-5（b）所示，5 min 后，新、旧肿瘤不能很好地区分，但新、旧肿瘤血管（深度 = 180 μm）均清晰可见，血管外几乎检测不到荧光信号。24 h 后，新、旧肿瘤就能很好地区分，因为新肿瘤血管外有大量的荧光聚集物。这是由于新肿瘤生长速度快于旧肿瘤和正常组织，在肿瘤区域形成大量的新生血管，这些血管由排列不齐的内皮细胞组成，所以其通透性更高。短波近红外荧光成像的高灵敏度可满足肿瘤早期诊断的需求，有望在未来的临床上补充现有技术的不足。

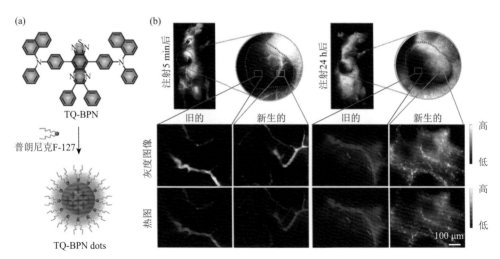

图 3-5　（a）TQ-BPN dots 的制备过程示意图；（b）SWIR 荧光显微成像，用于可视化不同时间点新、旧肿瘤中的 EPR 效应

3.2.3　缺血性疾病

　　血管的作用是向全身所有组织和器官输送氧气和营养物质，缺血性疾病会造成组织和器官不同程度的损伤，损伤的程度与血流减少程度和缺血期长短直接相关[24]。血管造影对缺血性疾病的早期诊断具有重要意义，它可以用来监测疾病过程中的血管变化，包括血流动力学、血栓和病理区域[25]。

　　下肢缺血是指由动脉硬化性闭塞症、糖尿病及血栓闭塞性脉管炎等引起的下肢动脉狭窄或闭塞，下肢动脉血流灌注不足，而导致下肢出现间歇性跛行、溃疡、坏疽等缺血表现的一类疾病，致残、致死率高，严重威胁人类的健康[26]。因此，临床上检测下肢缺血有重要意义。

　　Hong 课题组制备了一种 NIR-Ⅱ AIE 纳米粒子（HLZ-BTED dots），并构建了小鼠下肢缺血模型[27]。接着，研究人员给模型小鼠静脉注射 HLZ-BTED dots 一段时间后，用 NIR-Ⅱ 荧光成像系统观察手术部位的血管栓塞情况。如图 3-6 所示，可以明显看到白色箭头所指的地方有血管栓塞，并且随着时间的推移，效果更加明显，表明该 AIE 纳米粒子可以长期监测下肢脉管系统的闭塞情况，对下肢缺血性疾病的早期诊断具有重要意义。

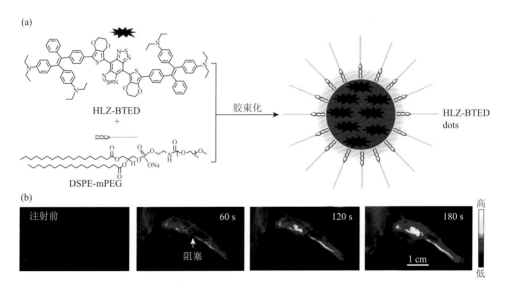

图 3-6　（a）HLZ-BTED dots 的制备过程示意图；（b）在静脉注射后不同时间点下肢缺血模型小鼠的 NIR-Ⅱ 荧光图像

　　脑血栓形成的原因是动脉粥样硬化斑块破裂，造成多余成分在血管狭窄部位凝聚，形成血栓，堵塞动脉血管。脑血栓会导致脑部供血不足，脑血栓患者如抢救不及时，不仅会引起瘫痪、失语，还会导致猝死[28]。因此，临床上检测脑血栓有重要意义。

Tang 课题组利用光致缺血性血栓（PTI）方法成功构建了脑血栓模型[23]。如图 3-7（a）所示，静脉注射玫瑰红后再用特定波长的激光照射相应的脑区，光照可以激活玫瑰红染料，形成单线态氧和超氧化物，黏附血小板形成血栓。然后，用 SWIR 荧光显微镜观察 PTI 前后皮质血管的变化，如图 3-7（b）所示，虚线框是激光照射后形成血栓的区域，由于 AIE 探针的积累，附近的荧光信号（图中血管的两个箭头）异常增加，血流明显在血栓区域被阻断。因此，基于 AIE 探针的 SWIR 荧光显微成像技术能够进行脑部血流动力学研究和血栓性缺血的实时跟踪，并为原位探测脑部疾病的发病机制提供可能。

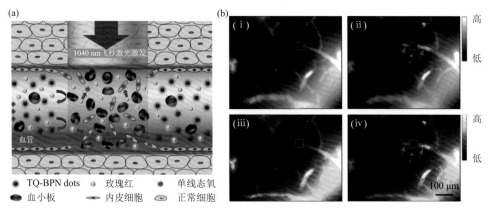

图 3-7 （a）用 PTI 方法构建脑血栓模型的原理示意图；（b）PTI 诱导前后脑血管的 SWIR 荧光显微图像，（ⅰ）和（ⅲ）为诱导前，（ⅱ）和（ⅳ）为诱导后

3.2.4 阿尔茨海默病

阿尔茨海默病（AD，俗称老年性痴呆）是临床上常见的中枢神经系统退行性病变，可导致记忆障碍、失语症、失用症、失认症和执行功能障碍。目前的研究表明，β-淀粉样蛋白（Aβ）异常沉积形成的老年斑是 AD 的主要病理特征[29]。AD 早期无明显体征，直至出现不可挽回的严重症状，因此，Aβ 斑块的高保真成像对早期检测 AD 至关重要。然而，目前作为 Aβ 斑块组织学染色金标准的传统染料硫黄素衍生物（ThS）具有不可避免的缺陷：①靶标部位探针聚集导致信号猝灭进而使成像失真；②"常亮"的荧光信号会使背景噪声升高[30, 31]。而 AIE 探针正好解决了上述问题，只在靶标部位选择性开启的信号大幅提高信噪比的同时又高保真地对靶标进行了成像。

　　Zhu 课题组开发一种近红外可激活的 AIE 探针 QM-FN-SO₃，用于早期检测阿尔茨海默病[32]。QM-FN-SO₃ 中二甲氨基提供了探针对 Aβ 斑块的结合能力，并通过引入磺酸基团调控探针的亲疏水性从而赋予探针有效穿透血脑屏障（BBB）的能力 [图 3-8（a）]。如图 3-8（b）所示，在与 Aβ 聚集体结合之前探针保持荧光关闭的状态，随着 Aβ 聚集体浓度的不断升高可以观察到近红外荧光显著增强。为了进一步证实 QM-FN-SO₃ 用于体内成像 Aβ 斑块的可行性，研究人员给 AD 模型和野生型小鼠分别通过静脉注射探针。20 min 后，几乎所有的荧光信号都集中在脑室中，此外，AD 模型小鼠脑区的荧光强度远高于野生型小鼠，证实 QM-FN-SO₃ 可以在体内穿过血脑屏障，随后靶向到 Aβ 斑块 [图 3-8（c）]。接着，研究人员又对 AD 模型小鼠中 QM-FN-SO₃ 与 Aβ 斑块结合情况进行离体组织学分析。结果表明，同一切片中，抗 Aβ 的抗体 2454 和 QM-FN-SO₃ 有出色的共定位，进一步证实，AD 模型小鼠脑部增强的荧光信号无疑是由 QM-FN-SO₃ 与 Aβ 斑块特异性结合产生的 [图 3-8（d）]。研究人员成功开发出一种能够对 AD 模型小鼠大脑中 Aβ 斑块进行准确结合和高保真原位成像的探针，并有望代替市售染料 ThS 从而进行更高保真度的组织学染色。

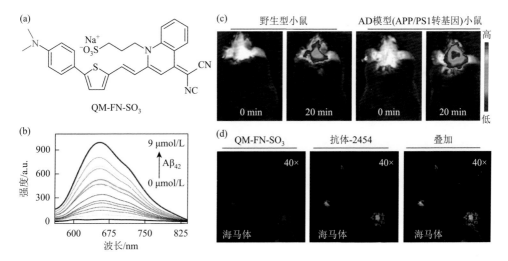

图 3-8　（a）QM-FN-SO₃ 探针的化学结构；（b）在 QM-FN-SO₃ 溶液加入不同浓度 Aβ₄₂ 聚集体（0～9 μmol/L）后的荧光光谱；（c）尾静脉注射探针前后，野生小鼠和 AD 模型小鼠的活体荧光图像；（d）小鼠注射探针 QM-FN-SO₃ 后脑切片的离体荧光图像和用抗体 2454 染色后的荧光图像

　　近年来，荧光成像的超分辨技术克服了传统荧光衍射的局限性，具有超高的时空分辨率[33]，可以获得纳米级别 Aβ 斑块的详细信息。Zhu 课题组将 Aβ 结合基团（哌啶）修饰到 AIE 分子上 [图 3-9（a）]，得到可以与 Aβ 聚集体相结合的 AIE

探针 PD-NA-TEG[34]。而后用纤维化的鸡蛋清溶菌酶（HEWL）来模拟 Aβ 聚集体，如图 3-9（b）所示，该 AIE 探针可以特异性结合纤维化的 HEWL 同时发射明亮的绿色荧光，并且具有很高的灵敏度。研究人员在 AD 模型小鼠中进行了体内效果实验，如图 3-9（c）所示，传统的荧光成像方法无法获得特定的结构特征，而在超分辨成像模式下，同样的位置显示出 Aβ 斑块清晰的结构，每个 Aβ 斑块由中心生长的大量辐射状纳米纤维组成，纳米纤维的光学分辨率可达 30 nm。这些详细信息的获取，对于了解淀粉样蛋白的生长机制、开发新的阿尔茨海默病诊疗试剂具有重要意义。

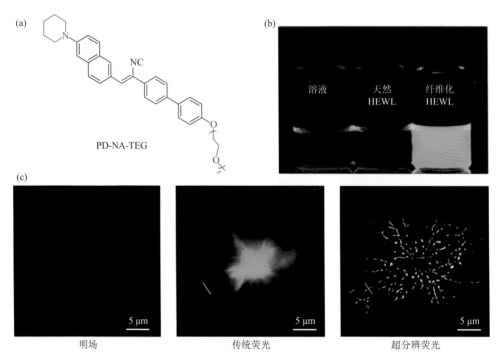

图 3-9　（a）PD-NA-TEG 的结构式；（b）365 nm 光照下，PD-NA-TEG 分别在乙醇和水的混合溶液、天然 HEWL 和纤维化 HEWL 中的图片；（c）小鼠脑片的明场、传统荧光和超分辨荧光图像

3.2.5　动脉粥样硬化

动脉粥样硬化是因动脉壁上脂质代谢失衡，进而无症状脂质斑块长期累积，导致血流量减少或阻塞的一种疾病[35]。严重的动脉粥样硬化可突发致命的心血管事件，包括斑块破裂、心肌梗死、卒中，甚至猝死。因此早期动脉粥样硬化的检测至关重要，可以使患者尽早进行药物干预和治疗[36]。目前，临床上采用 CT 成

像和 MRI 对动脉粥样硬化进行无创检测，然而，这些成像技术只能识别晚期动脉粥样硬化斑块，都不能发现早期的动脉粥样硬化斑块。因此，迫切需要开发先进的成像技术来发现早期的动脉粥样硬化斑块。

Ding 课题组开发了一种可精准、灵敏识别动脉粥样硬化斑块的 AIE 纳米荧光探针，实现了动脉粥样硬化斑块的早期精准检测[37]。该探针依靠"被动"和"主动"两种方式识别斑块，"被动"识别是由于斑块部位内皮的通透性有所增加，而适当尺寸的纳米探针可以凭借 EPR 效应在动脉粥样硬化斑块中被动积累；"主动"识别是由于纳米探针表面修饰的抗体可以特异性识别斑块部位特异性表达的抗原，以促进纳米探针主动结合到病变部位。首先，研究人员用两亲性聚合物 DSPE-PEG/DSPE-PEG-COOH 作为基质包裹 AIE 分子 TPE-T-RCN 从而得到纳米粒子（TPE-T-RCN dots），然后在 TPE-T-RCN dots 表面功能化修饰 Anti-CD47 抗体，以特异性地与动脉粥样硬化斑块中过度表达的 CD47 分子结合[图 3-10（a）]。接着，将所得到的可特异性结合 CD47 的纳米粒子（TPE-T-RCN-Anti-CD47）应用于载脂蛋白 E 基因缺陷小鼠所构建的早期动脉粥样硬化模型中。研究人员注意到小鼠的对照组和实验组主动脉在 MRI 和 CT 成像观察时没有表现出任何明

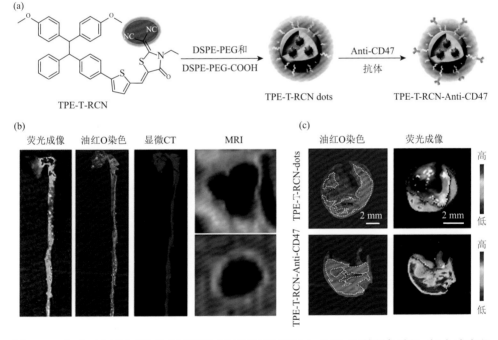

图 3-10　（a）TPE-T-RCN 的分子结构式和 TPE-T-RCN-Anti-CD47 的制备过程；（b）动脉粥样硬化小鼠主动脉的荧光图像、油红 O 染色图像、显微 CT 和 MRI；（c）人颈动脉粥样硬化斑块样品的荧光图像、油红 O 染色图像

显的不同，这表明 MRI 和 CT 成像未能在早期阶段发现动脉粥样硬化斑块；而利用可特异性结合 CD47 的纳米粒子进行的荧光成像可以精确和敏感地检测到早期斑块，并且荧光成像的结果与油红 O 染色（动脉粥样硬化检测的金标准）的结果相一致，证实了被该纳米粒子结合的区域确实为动脉粥样硬化斑块 [图 3-10（b）]。此外，研究人员还对人动脉粥样硬化斑块样品进行了检测分析，发现可特异性结合 CD47 的纳米粒子也能够准确靶向人颈动脉斑块 [图 3-10（c）]。

为了直接了解动脉粥样硬化中的脂质斑块功能，有必要观察它们在动脉中的数量、定位和分布。目前，这一过程通常需要烦琐的准备来获得组织切片，然后用化学染料（如油红 O）进行染色，不仅过程烦琐，而且效果也不令人满意[38]。即便如此，对孤立的组织切片的分析既不能揭示整个标本的形状、大小和空间微观结构，也不能帮助精确测量组织内的整体脂质分布，因此迫切需要适合动脉内脂质原位成像的高分辨荧光探针。

Situ 课题组设计合成了一种能够在脂相和水相同时发出两种不同颜色荧光的 AIE 探针 IND[39]。该探针之所以能在同一激发波长下发出两种不同颜色的荧光，是因为水相中较差的溶解度使探针以二聚体的形式存在，二聚体导致荧光明显红移 [图 3-11（a）]。然后，研究人员将 IND 探针应用于载脂蛋白 E 基因缺陷小鼠所构建的早期动脉粥样硬化模型中。首先，研究人员将小鼠主动脉小心分离并纵向展开，如图 3-11（b）所示，可以观察到动脉管腔内隆起的苍白病变组织。而

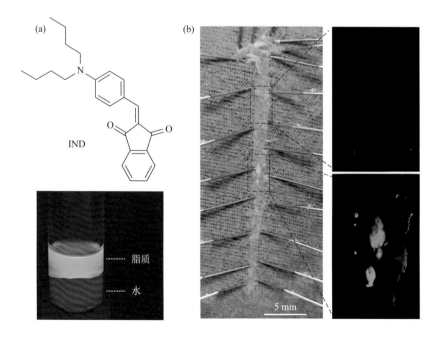

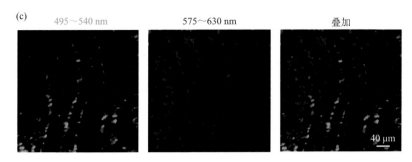

图 3-11　（a）IND 的分子结构式和在 365 nm 光照下拍摄的脂质/水混合物中 IND 的照片；（b）在日光下拍摄的主动脉的正面照片和在 365 nm 光照下拍摄的高倍率荧光图像；（c）在单一激发波长下腔内微结构的双色荧光成像

后，用探针 IND 对整个动脉进行染色，可以清楚地观察到病变组织发出强烈的绿色荧光，表明 IND 探针有原位显示小鼠动脉粥样硬化斑块的能力。接着，研究人员用双光子显微镜解析斑块的超微结构，如图 3-11（c）所示，斑块部位脂质沉积形成约 20 μm 宽的平行脂肪线。并且由于绿色的脂肪线间充满了水，IND 探针会在原位生成红色发射的二聚体，因此可以在绿色微脂纹条带间观察到细小晶体所发出的红色荧光。上述结果表明，IND 探针有助于无损、原位分析动脉粥样斑块的微观病理结构，克服了传统化学染料需逐层切片染色且操作复杂的缺陷。

3.3　疾病标志物特异性响应的 AIE 荧光探针

在疾病诊断过程中，疾病标志物是可测量或可量化的医学指标，可作为病理过程、治疗/干预的药理反应过程或生物过程的评价标准，因此它们可用于预测疾病的发生率或结果。疾病标志物包括广泛的内源性物质，如代谢物、活性氧（ROS）和酶等[40]。在现代医学实践中，特定的疾病标志物经常被用于诊断特定的临床疾病，因为在相关疾病状态下，特定的疾病标志物通常会异常高表达[41]。

成像探针一般可分为两种类型：稳定型和响应型。稳定型探针（一直开启的探针）不断发出信号，而无论它们与目标生物标志物是否发生反应或结合，这种探针往往具有强烈的背景噪声，从而降低了其成像的信噪比。相比之下，响应型探针（可点亮的探针）在遇到特定生物标志物之前保持"沉默"状态，直到它们被特定的生物标志物激活（通过与生物标志物反应或者结合），从而恢复其产生信号的能力[42]。因此，响应型探针在疾病诊断过程中有更高的灵敏度和准确度。

AIE 探针在不同聚集状态下有不同的发射行为，因此本质上具有设计成响应型探针的天然优势。此外，AIE 探针还具有良好的光稳定性和较大的斯托克斯位移，是设计标志物特异性响应型探针的理想选择。因此，自 AIE 现象发现不久，就有一大批标志物特异性响应型 AIE 探针被设计出来[43]。这些探针通常与水溶性基团相连，在水溶液中处于非聚集的单分子状态，因此不发射信号。在与目标分析物特异性反应或者结合后，因各种相互作用力形成分子内运动受限的聚集体或者与分析物发生化学反应导致探针光物理性质的变化，便可以有效地发射出信号[44]。

回顾已报道的疾病标志物特异性响应 AIE 荧光探针，Zhu 等总结了响应型探针（可点亮的探针）AIE 荧光探针的五大设计原则（图 3-12）[45]。

（1）静电组装设计原则是基于带一种电荷的 AIE 探针和带相反电荷的被检测物，能够通过静电相互作用形成静电复合物。在这种情况下，AIE 探针被迫聚集在一起，阻碍了激发态的分子内运动，从而导致荧光开启，如图 3-12（a）所示。

（2）溶解度变化设计原则是在酶参与的催化反应中，与亲水性基团结合的 AIE 探针溶解度发生了变化。当酶选择性地去除这些亲水基团时，AIE 探针的溶解度大大降低，从而形成了由疏水核心组成的荧光聚集体，阻碍了激发态的分子内运动，从而导致荧光开启，如图 3-12（b）所示。

（3）特异性识别设计原则是基于带识别基团的 AIE 探针与被检测物之间通过一些特异性很强的物理相互作用或者化学反应，形成运动受限空间，阻碍了激发态的分子内运动，从而导致荧光开启，如图 3-12（c）所示。

（4）疏水相互作用设计原则是受疏水效应的影响，两亲性的 AIE 探针被驱使进入蛋白质折叠结构中的疏水囊或空腔。由于囊腔内体积小，有机分子容易形成聚集体，从而限制了激发态分子内运动，导致荧光开启，如图 3-12（d）所示。

（5）光诱导电子转移（PET）/能量传递（ET）的中断设计原则是利用猝灭基团进行修饰或者与猝灭物质混合使用的 AIE 探针，将电子或者能量从 AIE 探针传递到猝灭基团，使激发态的 AIE 探针荧光被猝灭。当待检测物与猝灭基团发生反应时，猝灭基团失活或裂解，导致 AIE 探针激发态能量的消耗途径被关闭，荧光恢复，如图 3-12（e）所示。

（a）

带电荷的AIEgens　带相反电荷的物种　　　静电自组装　　　静电复合物

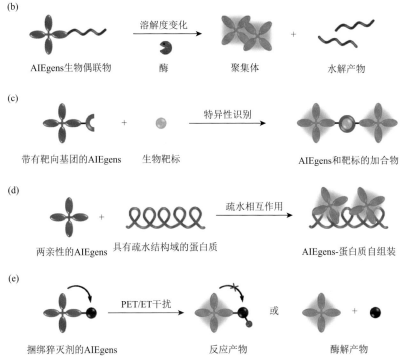

图 3-12 "点亮"型 AIE 探针检测疾病标志物的设计原理示意图

3.3.1 酶

滑膜关节，特别是膝关节、髋关节和小手关节，容易发生骨关节炎（OA），导致关节疼痛、僵硬和丧失活动能力。OA 的主要病理改变为软骨退行性变和消失，但在 OA 早期，用 X 线片和 MRI 检测到软骨病变仍有很大局限性。因此，迫切需要开发先进的成像技术来发现早期的 OA。疾病标志物的检验给 OA 的早期诊断提供了可能。基质金属蛋白酶 13（MMP-13）在 OA 发展过程中扮演重要角色，它是软骨基质降解过程中的关键酶，随着 OA 的发展，MMP-13 增多从而促进软骨基质的分解[46]。

Li 等设计合成了一种 AIE 探针——多肽偶联物（AIEgens-PLGVRGKGG）来检测 MMP-13 这一疾病标志物，从而早期诊断 OA[47]。如图 3-13（a）所示，MMP-13 可以裂解 MMP-13 敏感肽 PLGVRGKGG，诱导疏水性 AIE 探针残基的聚集，从而激活荧光 [基于设计原则（2）]。研究人员将该探针用于早期 OA 大鼠的 MMP-13 检测中，如图 3-13（b）所示，OA 大鼠的膝关节腔内荧光强度明显高于空白对照组，证明了 OA 大鼠模型中 MMP-13 活性是上调的。随着时间的推移，OA 大鼠模型中荧光信号强度的增加进一步证实了该探针检测 OA 的可靠性。

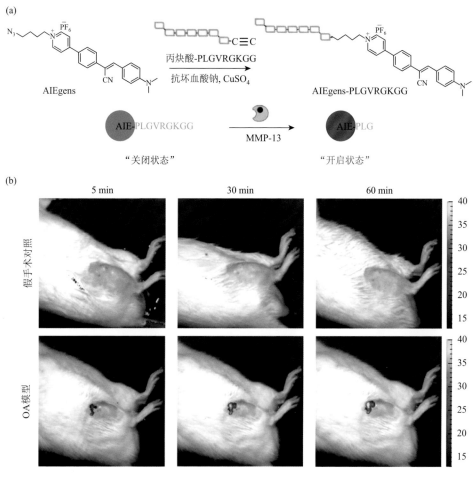

图 3-13 （a）用于检测 MMP-13 的 AIEgens-PLGVRGKGG 的合成方法及其原理示意图；
（b）关节腔注射探针后，关节炎大鼠活体荧光成像图

　　碱性磷酸酶（ALP）主要催化单磷酸的去磷酸化，是一种具有水解活性的同源二聚体金属蛋白酶。ALP 广泛分布于各种器官，如肝脏、肾脏、骨骼、肠道等，能够调节多种生理和病理活动。在临床实践中，ALP 被认为是与信号转导和肿瘤代谢有关的重要生物标志物，生物体内 ALP 的异常表达也与前列腺癌、宫颈癌等疾病的发生发展有着密不可分的关系[48]。因此，实时监测 ALP 的活性对于获取相关肿瘤早期的诊断信息至关重要。

　　Yoon 课题组开发了一种实时监测 ALP 活性的 AIE 探针（DQM-ALP），并且能够利用肿瘤部位高表达的 ALP 在活体水平区分肿瘤和正常组织[49]。如图 3-14（a）所示，DQM-ALP 由疏水性的 AIE 核心和亲水性的磷酸基团组成，两亲性结构使其能在水溶液中自组装成一个松散的纳米粒子，DQM-ALP 分子在体外

表现出严重的荧光猝灭，当其与肿瘤过表达的 ALP 发生特异性反应时，诱发了 DQM-OH 的原位聚集，限制了分子的自由旋转，从而恢复了其固有的 AIE 荧光［基于设计原则（2）］。接着，研究人员评估 DQM-ALP 在荷瘤小鼠体内监测 ALP 活性的性能。研究表明，HepG-2 肿瘤和 HeLa 肿瘤浸泡在探针溶液中 15 min，表现出比正常肝脏更亮的荧光，这说明肿瘤中过度表达的 ALP 点亮了 AIE 荧光探针［图 3-14（b）］。此外，原位注射 DQM-ALP 后，小鼠肿瘤区域的荧光随时间迅速增加，表明 DQM-ALP 探针具有快速监测小鼠体内 ALP 活性的能力［图 3-14（c）］。

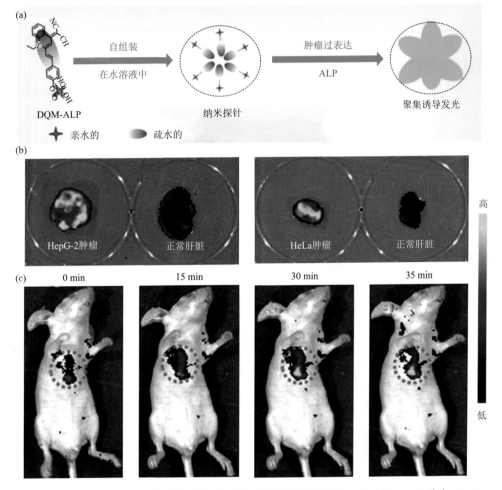

图 3-14　（a）DQM-ALP 的分子结构式和探针激活过程的示意图；（b）HepG-2 肿瘤、HeLa 肿瘤和正常肝脏的荧光图像；（c）原位注射 DQM-ALP 后不同时间点下荷瘤小鼠的荧光图像，绿色区域代表肿瘤

3.3.2 蛋白质

人血清白蛋白（HSA）是循环系统中含量最丰富的蛋白质，在人体中有着多种多样的生物学功能，它的缺少也与多种疾病相关。由于白蛋白在肝脏中合成，肝功能衰竭、肝硬化和慢性肝炎患者血清中白蛋白的含量会降低。此外，慢性肾病患者肾脏功能的受损，使本该被人体重吸收的白蛋白随尿液排出，导致尿液中白蛋白含量升高[50]。

Tang 课题组利用磺酸盐基团修饰的 AIE 荧光探针 BSPOTPE，选择性检测 HSA 这一疾病标志物的含量[51]。如图 3-15（a）所示，磺酸盐基团的存在使探针易溶于水，因此在无 HSA 的 PBS 缓冲溶液中，该探针不发射荧光。然而，随着 HSA 的不断加入，探针会嵌入到 HSA 狭窄的疏水腔中，导致四苯基乙烯的运动受限，

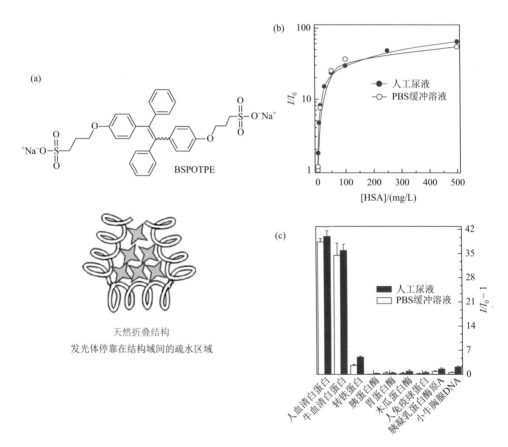

图 3-15　（a）BSPOTPE 的分子结构式和检测原理示意图；（b）荧光强度比值随 HSA 浓度的变化曲线（ I_0 为无 HSA 时的荧光强度）；（c）BSPOTPE 对不同种蛋白质和脱氧核糖核酸的选择性

BSA 表示牛血清白蛋白

AIE 荧光逐渐开启 [基于设计原则（4）]。接着，研究人员探究该探针在人工尿液中检测 HSA 的可行性和选择性。在 PBS 缓冲溶液和人工尿液中探针的荧光强度随浓度的变化曲线基本一致，证明该探针的灵敏度在生理水平下不受杂电解质和尿素的影响 [图 3-15（b）]。此外，该探针在人工尿液和 PBS 缓冲溶液中的选择性研究发现，不同种类的其他蛋白质不会干扰该探针对白蛋白的选择性[图 3-15（c）]。因此该探针在慢性肾病患者的蛋白尿检测中具有广阔的应用前景。

　　除了游离的蛋白质外，在细胞上表达的蛋白质也可以诱导 AIE 探针的聚集。例如，整合素 $\alpha_v\beta_3$ 在多种肿瘤（包括肺癌、乳腺癌、骨肉瘤）细胞表面和新生血管内皮细胞中高表达，在正常组织器官及成熟血管内皮细胞中不表达或低表达，是一种很好的肿瘤和心脑血管疾病标志物[52]。

　　Liu 课题组将一段可以特异性识别整合素 $\alpha_v\beta_3$ 的环状精氨酸-甘氨酸-天冬氨酸（c-RGD）多肽连接在四苯基噻咯上，实现了对整合素 $\alpha_v\beta_3$ 的特异性检测[53]。如图 3-16（a）所示，c-RGD 本身较好的水溶性使四苯基噻咯在水中的荧光处于关

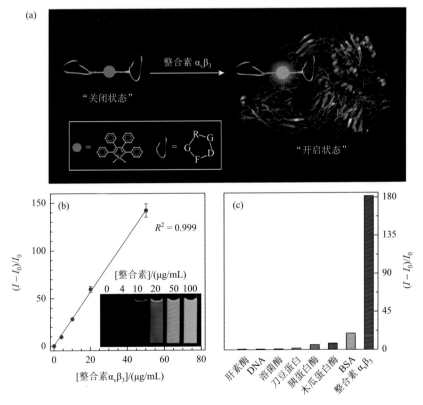

图 3-16　（a）检测 $\alpha_v\beta_3$ 原理示意图；（b）荧光强度比值随 $\alpha_v\beta_3$ 浓度的变化曲线（I_0 为无 $\alpha_v\beta_3$ 时的荧光强度）；（c）探针对不同种蛋白质和脱氧核糖核酸的选择性

闭状态，c-RGD 与整合素 $\alpha_v\beta_3$ 特异性结合后，限制了四苯基噻咯的运动从而使其荧光开启［基于设计原则（3）］。实验证明，在整合素 $\alpha_v\beta_3$ 浓度低于 50 μg/mL 时其浓度和荧光强度呈良好的线性关系，表明该探针可以很好地对整合素 $\alpha_v\beta_3$ 进行定量［图 3-16（b）］。此外，为研究探针选择性，在相同条件下用其他可能对整合素 $\alpha_v\beta_3$ 的检测产生干扰的蛋白质或 DNA 进行对照，结果表明其他对照组的荧光强度都远不及整合素 $\alpha_v\beta_3$ 实验组，证明了该探针确实是整合素 $\alpha_v\beta_3$ 的特异性响应探针［图 3-16（c）］。相比基于设计原则（4）的疏水相互作用，设计原则（3）的配体和受体之间的特异性结合更能精确地识别疾病标志物，从而更好地提供疾病的诊断信息。

3.3.3 脂质和多糖复合物

尿路感染主要是由尿路致病性大肠杆菌引起，是困扰人类，尤其是女性最常见的细菌感染疾病之一。传统的致病菌培养检测方法操作烦琐、灵敏度低、耗时长，并且在服用抗生素期间，检测结果不准确。脂多糖（LPS）作为大肠杆菌外膜的特征组分之一，是检测尿路感染的最佳疾病标志物之一[54]。

Jiang 等设计了一种性能优良的 AIE 荧光探针 TPEPyE 来检测人工尿样中的 LPS[55]。如图 3-17（a）所示，探针 TPEPyE 带有阳离子吡啶基团，低浓度下在人工尿样中呈分散状态，仅有微弱的荧光。当加入 LPS 这种表面具有高负电荷的物质后，带正电荷的 AIE 荧光探针因静电相互作用而聚集在 LPS 表面，从而发出强烈的荧光［基于设计原则（1）］。实验证明，相比其他带电荷的生物分子，TPEPyE 对 LPS 的选择性更强［图 3-17（b）］。因此，该探针有望成为临床上检测尿路感染的有效工具。

3.3.4 活性氧

活性氧（ROS）是氧化应激过程中的主要分子，主要由细胞内线粒体呼吸链内源性地产生，在许多生理和病理过程中发挥着重要作用。ROS 在许多疾病（如肿瘤、感染、卒中、帕金森病、阿尔茨海默病和心血管疾病）中高表达。主要的 ROS 包括过氧化氢（H_2O_2）、单线态氧（$^1O_2$）、羟基自由基（·OH）、超氧阴离子（O_2^-）[56]。

H_2O_2 不仅是活性氧的关键成员，也是其他活性氧相互转化的枢纽。H_2O_2 的过度表达与严重疾病有关，其中包括炎症性疾病、糖尿病、神经退行性疾病和癌症，因此，H_2O_2 可被视为临床诊断的重要疾病标志物[57]。

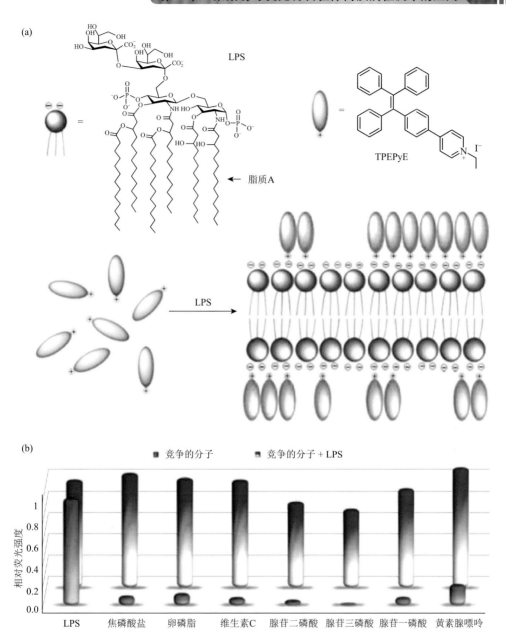

图 3-17　（a）TPEPyE 的分子结构式和检测 LPS 的原理示意图；（b）TPEPyE 对人工尿液样中不同竞争性分子的选择性

　　Zhao 课题组合成了一种名为 BTPE-NO$_2$ 的 H$_2$O$_2$ 响应型 NIR-II AIE 荧光探针，并用于药物性肝损伤和间质性膀胱炎的诊断中[58]。如图 3-18（a）所示，该分子是将苯并噻二唑母核和两个经典 AIE 转动基元 TPE 相连，然后在母核两端修饰两个硝基苯基氧代乙酰胺单元作为 H_2O_2 识别基团和荧光猝灭基团。然后使用 FDA 批准的两亲性聚合物 F127 来封装 BTPE-NO_2，从而形成纳米探针 BTPE-NO_2@F127 来提高其生物相容性。疾病部位病理水平的 H_2O_2 就能够分解硝基苯基氧代乙酰胺单元，从而暴露出被其修饰的氨基，恢复氨基的供电子能力，最终激活纳米探针的 NIR-Ⅱ荧光［基于设计原则（5）］。而后，研究人员将纳米探针应用于两种 H_2O_2 相关的疾病模型（药物性肝损伤和间质性膀胱炎）中，验证其诊断疾病的能力。

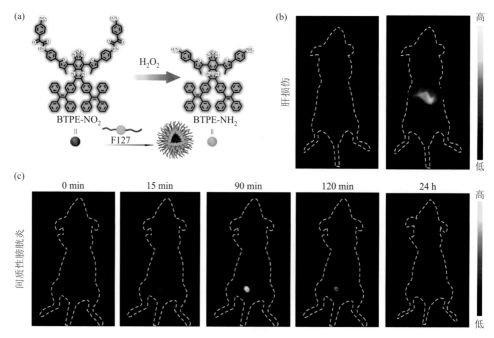

图 3-18　（a）BTPE-NO_2 和 BTPE-NH_2 的分子结构式及纳米探针的制备示意图；（b）曲唑酮诱导的肝损伤小鼠静脉注射纳米探针前后的 NIR-Ⅱ荧光图像（蓝色圆圈：肝脏区域）；（c）环磷酰胺诱导的膀胱炎小鼠原位注射纳米探针后，不同时间点的 NIR-Ⅱ荧光图像（蓝色圆圈：膀胱区域）

　　药物性肝损伤是指由处方药物、成药、维生素、激素类、草药和环境毒物所引起的肝脏损伤性疾病。肝细胞受损伤时产生的大量活性氧可使肝内促氧化物增多，抗氧化物减少，发生氧化应激。药物性肝损伤中 H_2O_2 水平很高，可作为该疾病的原位疾病标志物。

　　曲唑酮是一种治疗抑郁症的临床药物，每天服用高剂量曲唑酮会导致肝损伤。于是，研究人员给小鼠连续三天注射曲唑酮构建了肝损伤模型。接着，研究人员静脉注射纳米探针，如图 3-18（b）所示，数分钟后，探针只在肝损伤小鼠的肝脏部被特异性点亮，结果表明肝脏中过度表达的 H_2O_2 激活了纳米探针。因此，该纳米探针能够很好地诊断药物性肝损伤。

间质性膀胱炎是一种以骨盆疼痛、尿频和尿急为特征的膀胱炎症性疾病。间质性膀胱炎中 H_2O_2 水平很高，可作为该疾病的原位疾病标志物。

环磷酰胺是 FDA 批准的化疗药物，但其不良反应之一就是诱发间质性膀胱炎。于是研究人员首先利用环磷酰胺构建了间质性膀胱炎的动物模型，随后在膀胱内原位注射纳米探针，如图 3-18（c）所示，15 min 后，膀胱内的荧光被点亮，而后荧光强度随时间逐渐增加，并在大约 90 min 内达到最大值，然后由于新陈代谢而逐渐消退，结果表明膀胱中过度表达的 H_2O_2 激活了纳米探针。因此，该纳米探针能够很好地诊断间质性膀胱炎。

3.3.5　生物硫醇

生物硫醇在体内的存在形式主要包括半胱氨酸（Cys）、同型半胱氨酸（Hcy）、谷胱甘肽（GSH）、硫化氢（H_2S）和蛋白质中的半胱氨酸残基，当细胞内或外部环境发生变化时可以转化为不同的氧化中间体，在各种生理过程中发挥着重要作用，如维持氧化还原平衡、蛋白质合成和解毒[59]。

GSH 作为细胞内最丰富的生物硫醇，是一种重要的抗氧化剂，通过清除活性氧（ROS）和自由基，GSH 可以防止细胞受到氧化压力和毒素的损害，在内源性抗氧化中有着不可替代的作用[60]。此外，其水平的异常变化已经被证明与癌症、阿尔茨海默病及艾滋病有关。

Zhan 等设计了一种可以选择性检测 GSH 的 AIE 荧光探针[61]，如图 3-19（a）所示，探针起初由于光致电子转移效应的存在，是不发射荧光的，当与血清中的 GSH 反应后，猝灭基团被转移到 GSH 上，PET 过程中断，荧光开启［基于设计原则（5）］。该探针之所以具有 GSH 选择性，是因为 GSH 的还原能力明显高于其他生物硫醇（如 Cys 和 Hcy）。实验证明，在 GSH 浓度低于 26 μmol/L 时，其浓度和荧光强度呈很好的线性关系，表明该探针可以很好地对 GSH 进行定量［图 3-19（b）］。此外，为研究该探针的选择性，用其他可能对 GSH 的检测进行干扰的化合物进行对照，结果表明其他对照组的荧光强度都远不及 GSH 实验组［图 3-19（c）］。因此，证明了该探针确实是 GSH 特异性响应的荧光探针，在临床 GSH 定量检测方面具有很好的前景。

H_2S 被认为是继一氧化氮（NO）和一氧化碳（CO）之后的第三种气体信号分子，它参与学习和记忆，调节血压、炎症及新陈代谢等活动[62]。此外，其水平的异常变化已经被证明与肿瘤、阿尔茨海默病和糖尿病等疾病有关。

Zhao 等设计了一种响应 H_2S 的 NIR-II AIE 荧光探针，用于识别富含 H_2S 的肿瘤[63]。如图 3-20（a）所示，当没有 H_2S 存在时，探针的吸收峰在 $500 \sim 600$ nm

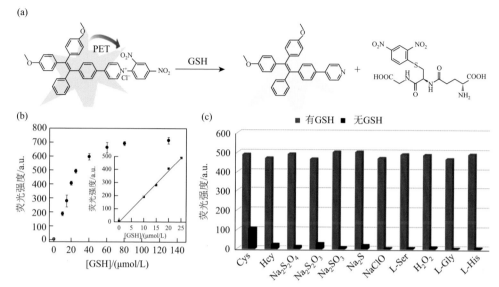

图 3-19　（a）探针结构式及其检测 GSH 过程的示意图；（b）荧光强度随 GSH 浓度的变化曲线；（c）探针对不同种可能存在竞争性分子的选择性

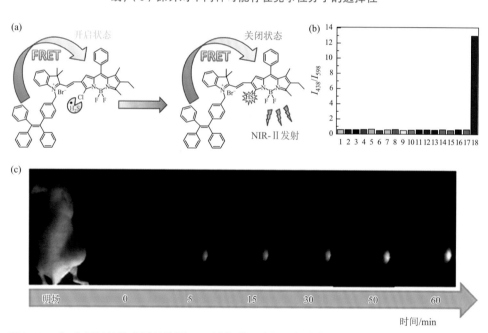

图 3-20　（a）探针结构式及其检测 H_2S 过程的示意图；（b）探针对 NaHS、其他生物硫醇和阴离子（1. 自由基、2. F^-、3. Cl^-、4. Br^-、5. I^-、6. NO_2^-、7. N_3^-、8. HCO_3^-、9. SO_4^{2-}、10. HPO_4^{2-}、11. ClO^-、12. H_2O_2、13. ^-OAc、14. $S_2O_3^{2-}$、15. GSH、16. Cys、17. Hcy、18. NaHS）的选择性实验（I_{438}/I_{598} 为 438 nm 激发光下的荧光强度/598 nm 激发光下的荧光强度）；（c）探针皮下注射到肿瘤后不同时间点下的 NIR-Ⅱ 荧光图像

之间，与 H_2S 反应后，激活了探针在 700～800 nm 的强吸收，从而使探针获得了 920 nm 的新荧光 [基于设计原则（5）]，荧光尾延伸至 1300 nm，这表明其适用于 NIR-II 荧光成像。此外，为研究该探针的选择性，用其他生物硫醇和阴离子进行对照，结果表明其他对照组的荧光强度都远不及 NaHS（H_2S 供体）实验组 [图 3-20（b）]。而后，研究人员又利用结肠癌小鼠模型评估探针在活体水平上响应 H_2S 的能力。研究人员将探针瘤内注射给裸鼠后，在肿瘤区域观察到明显的 NIR-II 荧光，信号随着时间逐渐开启。结果表明该探针具有原位检测内源性疾病标志物 H_2S 的能力 [图 3-20（c）]。

3.3.6　其他小分子标志物

腺苷三磷酸（ATP）是生物体内许多过程直接的能量来源，可作为细胞内能量传递的"通货"，发挥储存和传递化学能的作用。ATP 浓度及其消耗速率与局部缺血、帕金森病、低血糖等密切相关[64]。因此，以一种简单、高选择性、高灵敏度的方式检测 ATP 浓度及其消耗速率是非常重要的。

Zhao 等设计合成了一种选择性检测 ATP 的 AIE 荧光探针 Silole[65]。如图 3-21（a）所示，带正电荷的 AIE 荧光探针在缓冲溶液中有较好的溶解性，所以分子内运动很强，荧光发射很弱。当加入带有许多负电荷的 ATP 时，ATP 通过静电相互作用与 AIE 荧光探针形成聚集体，从而强烈地限制了探针的分子内运动，导致荧光开启 [基于设计原则（1）]。而后，研究人员不仅证明了相对荧光强

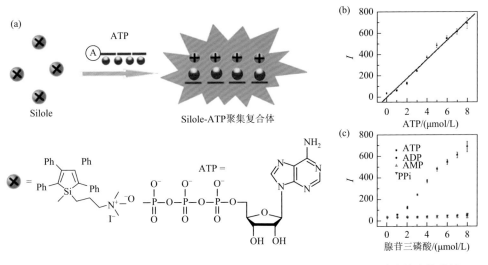

图 3-21　（a）探针检测 ATP 的原理示意图；（b）探针荧光强度随 ATP 浓度的变化曲线；（c）探针对 ATP 和 ATP 类似物的选择性

度和 ATP 浓度之间有很好的线性关系 [图 3-21（b）]，还发现 ATP 的类似物腺苷二磷酸（ADP）、腺苷一磷酸（AMP）和磷酸由于带有较少负电荷，因此不会干扰 ATP 的检测 [图 3-21（c）]。综上，该探针能够满足临床上对 ATP 选择性检测的需要，有希望应用于疾病诊断和药物筛选等方面。

D-葡萄糖是一种重要的生物小分子，是生物体内所必需的基本物质，为各种生物过程提供所需的能量。体液（如人体血液或尿液）中葡萄糖含量的异常暗示着生物体功能紊乱，例如，临床上就可以根据血糖或尿糖的浓度来诊断是否患病。

Liu 等开发了一种结构简单、制备方便并且能在水介质中特异性检测 D-葡萄糖含量的 AIE 荧光探针[66]。如图 3-22（a）所示，探针是将两个硼酸基团引入到 TPE 单元上，其中苯硼酸是一种亲醇基团，在水介质中能与二元醇发生可逆反应，可作为碳水化合物的靶向基团，当缓冲溶液的 pH 小于探针的 pK_a 时，探针以苯硼酸（1）的形式存在，此时探针无法溶解于水中，因此发出 TPE 所具有的明亮的蓝色荧光。然而，当缓冲溶液的 pH 达到 pK_a 后，再继续升高时，探针开始以离子化的苯硼酸[1-(OH)$_2$]形式存在，探针溶解于水中，荧光受溶解状态下分子内的运动影响而猝灭。而后，随着 D-葡萄糖分子的不断加入，荧光逐渐开启，并且只有 D-葡萄糖能特异性地使探针荧光开启，而其他在检测过程中可能干扰到 D-葡萄糖的糖类 [如岩藻糖（Fuc）、半乳糖（Gal）和甘露糖（Man）] 不会使荧光开启 [图 3-22（b）]。这是由于 D-葡萄糖的 1, 2-位和 5, 6-位都存在一对顺式二醇基团，而探针也正好有一对苯硼酸基团，因此就可以产生环状或线形低聚物来限制 AIE 荧光探针的运动，使荧光开启。而其他三个糖仅有一个顺式二醇基团，只

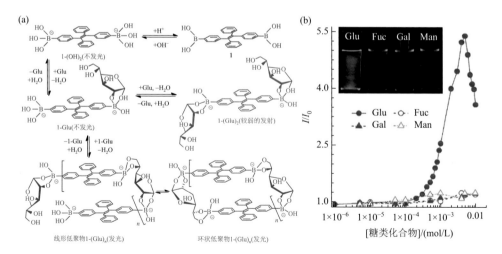

图 3-22　（a）AIE 探针特异性检测 D-葡萄糖的原理；（b）随着浓度的增加，探针在不同糖类缓冲溶液中的发光情况，插图是在紫外光照射下探针在含糖缓冲溶液中所拍摄的图片

能形成一个探针连接两个糖单元的化合物，糖单元无法继续连接探针形成低聚物，因此探针的分子运动没有受到足够的限制，导致荧光猝灭。最后，研究者又证明了该探针能够检测尿液中的葡萄糖，有希望用于临床上特异性检测 D-葡萄糖含量。

3.4　应用于体内疾病检测的 AIE 光声探针

光声成像是一种新型影像技术，它的原理是吸收短脉冲激光的光声造影剂受热膨胀而产生超声波，超声波被组织表面的超声探头检测、分析处理后形成了生物组织光能吸收差异分布图，简称光声成像。必须指出的是，光声效应和光热效应是内在联系和相伴的，因为光声现象依赖于分子的热弹性膨胀，而这种热弹性膨胀也会产生局部的高温，被称为光热效应。

光声成像结合了光学成像高对比度和超声成像高穿透力的优势，是目前分子影像研究的热点之一。与产生光子信号的荧光成像不同，光声成像在激发时产生超声信号作为报告信号，避免了生物组织的强光子散射，因此，与荧光成像相比，光声成像具有更高的空间分辨率。

众所周知，AIE 分子以富含转动单元的 3D 结构而闻名，区别于传统的有机光声造影剂(如卟啉)，这一独特的结构使其非常适合设计成性能优良的光声探针。因为分子内运动使激发态分子吸收的光能更多地通过非辐射耗散途径产生热量，这极大地促进了弹性热膨胀，从而使光声效应大大增强。

3.4.1　炎症检测

炎症是人体防御机制的一部分，由免疫系统产生，以保护身体免受感染、伤害或疾病。然而，当免疫系统失调时，它会攻击身体自身的组织，导致过度和定向错误的炎症，从而导致各种病理性疾病和炎症性疾病的发展，包括一些广泛和毁灭性的疾病，如肝炎、动脉粥样硬化、哮喘、类风湿性关节炎和癌症[67]。

肝脏和肾脏是主要的代谢器官，在体内的排毒和废物清除中发挥着重要作用，因此它们容易因长期接触毒素、外源性物质和废物而受到损害或伤害，这往往会导致肝脏和肾脏因免疫反应而发炎。

Wu 等构建了一种炎症疾病标志物 ROS 特异性响应的光声探针，并利用细胞膜伪装的纳米系统提高了炎症部位的主动靶向性[68]。如图 3-23（a）所示，探针 QBS-FIS 是通过 ROS 响应的硼酸酯键将 AIE 光声探针 QBS-DA-YOH 与既是猝灭基团又是抗炎药物的漆黄素（FIS）相连接。炎症部位中病理水平的活性氧可以选择性分解硼酸酯键，从而激活光声信号，用于炎症疾病的原位诊断。此外，研究者还用巨噬细胞膜（MM）包裹探针，利用其独特的膜锚定蛋白主动靶向到炎症部位。

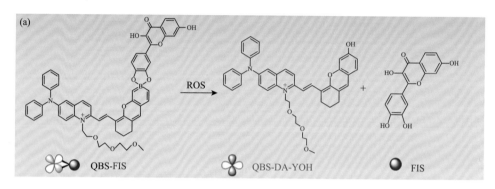

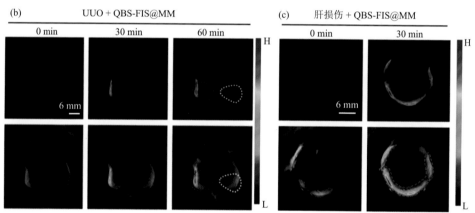

图 3-23 （a）QBS-FIS、QBS-DA-YOH 和 FIS 的分子结构式；（b）UUO 模型小鼠在静脉注射探针后 0 min、30 min 和 60 min 的光声图像（上排：单纯的光声信号；下排：光声和背景合并信号，黄色虚线圆圈：左肾；红色虚线圆圈：右肾）；（c）肝损伤小鼠静脉注射探针后 0 min 和 30 min 的光声图像（上排：单纯的光声信号；下排：光声和背景合并信号，红色虚线：肝脏）

而后，研究者将该纳米系统应用于急性肝损伤/炎症小鼠模型和急性肾损伤/炎症小鼠模型来评价探针的诊断效果。其中，单侧输尿管梗阻（UUO）小鼠模型是应用最广泛的急性肾损伤动物模型之一，腹腔注射 LPS 和 D-氨基半乳糖诱导的急性肝损伤也是一种广泛应用的小鼠模型。两个急性炎症模型组老鼠分别静脉注射纳米探针后，对小鼠进行光声成像，如图 3-23（b）所示，由于肾脏损伤部位（右肾）ROS 过度表达，UUO 模型小鼠右肾的光声信号在 60 min 内逐渐增强。同样，急性肝脏炎症小鼠肝脏区域在 30 min 后光声信号显著增强。这些结果清楚地表明巨噬细胞膜包裹纳米颗粒能够主动瞄准炎症部位，并利用内源性 ROS 响应的光声信号原位检测炎症性疾病。

3.4.2　肿瘤检测

　　传统的花菁类的光声造影剂，如吲哚菁绿（ICG）已被美国食品药品监督管理局批准用于临床。然而，花菁类染料的稳定性很差，这是因为花菁类染料中交替排列的单键和双键很容易被氧化，尤其是肿瘤环境比正常组织中存在更多 RONS，更容易氧化花菁类光声造影[69]。这种不稳定性不仅会使光声成像的准确度受到损害，而且氧化产物可能会对人体有毒副作用。因此，需要一种抗光漂白性和耐受 RONS 能力都很强的有机小分子光声造影剂，AIE 光声造影剂就是很好的选择。

　　Qi 等利用 AIE 分子自身抗光漂白性强和稳定性好的特点，同时结合纳米粒子可增加血液循环时间，EPR 效应可以被动靶向肿瘤组织的特点，设计合成了稳定的 AIE 纳米粒子光声造影剂[70]。如图 3-24（a）所示，研究人员用两亲性化合物包裹稳定型 AIE 光声探针 TPA-T-TQ 制备成 TPA-T-TQ ONPs。接着，将 ONPs 静脉注射到乳腺癌荷瘤裸鼠中来研究其体内光声成像的能力，由于 EPR 效应，在光声纳米探针注射后 6 h 光声信号强度达到最大值，证明了 TPA-T-TQ ONPs 可以作为肿瘤原位检测的稳定型光声探针 [图 3-24（b）]。

(a)

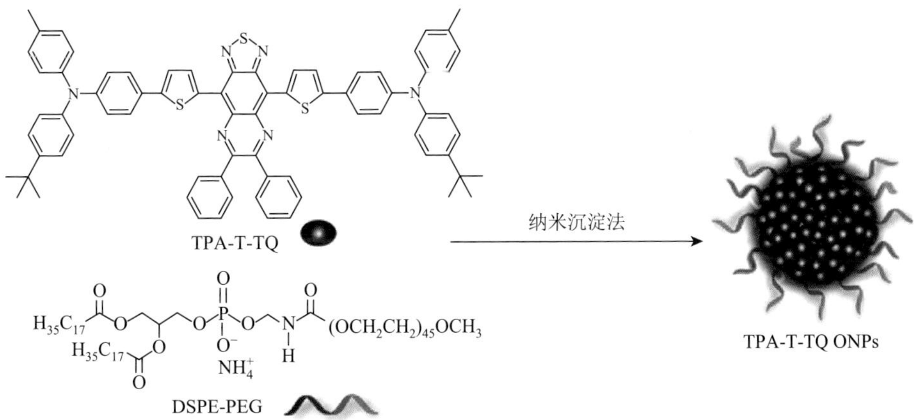

纳米沉淀法

TPA-T-TQ

DSPE-PEG

TPA-T-TQ ONPs

(b)

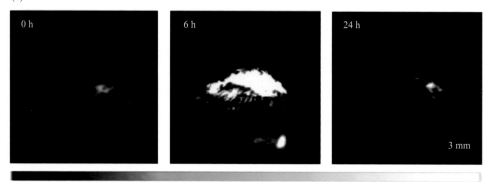

最小值　　　　　　　　　　　　　　　　　　　　　　　　　　　　　　　　　最大值

图 3-24 （a）TPA-T-TQ 的分子结构式和 ONPs 制备过程的示意图；（b）静脉注射 TPA-T-TQ
ONPs 后一定时间下肿瘤部位的光声图像

　　但稳定型光声探针由于不可避免地"常亮"信号，会大大增加肿瘤成像时背
景信号的干扰。响应型光声探针仅遇到特异性的疾病标志物才会开启其信号，所
以可以显著提高肿瘤监测过程中的成像信噪比，从而极大地提高了检测的准确性。
Wu 等开发了一种可激活的光声探针用于监测乳腺癌转移过程[71]。如图 3-25（a）
所示，探针是将可特异性识别硝基还原酶的吸电子基团连接到 AIE 光声探针的供
电子部分中，从而抑制了探针的光声信号。当探针与硝基还原酶进行特异性反应
后，吸电子基团变成给电子基团，从而激活了探针强烈的光声信号。

　　在乳腺癌小鼠模型中，纳米探针被用于检测和成像从原位乳腺肿瘤到淋巴
结，然后再到肺的转移过程。如图 3-25（b）和（c）所示，尾静脉注射纳米探

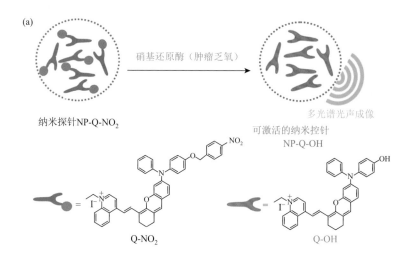

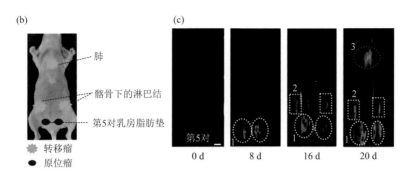

图 3-25　（a）Q-NO₂ 和 Q-OH 的分子结构式及纳米探针响应对硝基还原酶的原理示意图；
（b）第 5 对乳房脂肪垫、髂骨下的淋巴结和肺在小鼠的具体位置；（c）乳腺癌转移过程的光
声图像（1：原位肿瘤；2：淋巴结；3：肺）

针后，在整个小鼠身上没有观察到光声信号。在对第 5 对乳房脂肪垫原位注射乳
腺癌细胞后的第 8 天，乳房原位的光声信号开始出现。第 16 天，乳房原位可见到
明显的光声信号，并且淋巴结处可见到微弱的光声信号，表明乳房原位肿瘤细胞
已侵入淋巴结。第 20 天，在肺部可以观察到光声信号，表明肺部已被肿瘤细胞侵
入。这些光声图像显示了肿瘤从原位转移到淋巴结和肺部，表明该探针是以非侵
入的方式监测原位肿瘤和转移肿瘤的一种有效工具。

3.4.3　脑部疾病检测

脑胶质瘤是源自神经上皮的肿瘤，占颅脑肿瘤的 40%～50%，是最常见的颅
内恶性肿瘤。脑胶质瘤的早诊断、早治疗对于改善脑胶质瘤、延长患者生存期起
着至关重要的作用[72]。

但是，大脑有其天然的防御系统——血脑屏障，血脑屏障在保护大脑免受有
毒物质侵害的同时，也阻止了成像探针和治疗药物进入脑组织。血脑屏障算是人
类身体中管理最"严格"的关卡，中枢神经系统的许多治疗药物和成像探针仍难
以转化为临床应用，很大程度上就是因为难以透过血脑屏障。

Sheng 等设计合成了一种 c-RGD 修饰的 AIE 纳米光声探针 TB1-RGD dots，
并将其成功用于脑胶质瘤的光声成像[73]。如图 3-26（a）所示，首先用两亲性聚
合物包裹 AIE 探针，然后在其表面修饰可以靶向胶质瘤上过度表达的 $\alpha_v\beta_3$ 整合素
受体的配体 c-RGD 肽。然后，研究人员将该纳米探针用于脑胶质瘤的诊断中，在
注射纳米光声探针之前，只能观察到来自颅骨和头皮的光声信号，随时间推移脑
胶质瘤中光声信号逐渐显现出来，24 h 后，肿瘤部位光声信号达到最大值，可显
示肿瘤区域深度达 2.0 mm［图 3-26（b）］，MR 图像进一步证实脑胶质瘤深度为

2.0 mm［图 3-26（c）］。结果表明，修饰 c-RGD 的 AIE 纳米光声探针不仅能成功对脑胶质瘤进行光声成像，而且能提供准确的脑胶质瘤位置和深度信息。

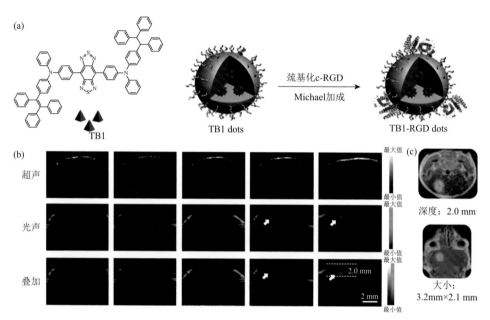

图 3-26　（a）TB1 的分子结构式和 TB1-RGD dots 的制备过程示意图；（b）尾静脉注射纳米探针后，脑胶质瘤小鼠头部的超声和光声图像；（c）脑胶质瘤小鼠头部的 MR 图像

　　脑炎是指脑实质受病原体侵袭导致的炎症性病变。脑炎属于深部组织的炎症，传统的荧光方法很难穿透头皮和颅骨，来获得病变区域的准确信息。而光声成像兼具灵敏度和穿透深度的优势，无疑是原位检测脑炎的一种有效工具。

　　Qi 等利用脑炎部位的 NO 浓度通常远高于正常脑组织的特点，设计了一种可以特异性响应 NO 的光声探针，用于脑炎中 NO 的无创活体光声成像[74]。如图 3-27（a）所示，研究人员设计并合成了一种可以与 NO 特异性反应的 AIE 光声探针 OTTAB，其中供电子的邻苯二胺基团可以与 NO 反应生成有一定吸电子能力的三氮唑基团，得到的新 AIE 探针 OTTTB 在 NIR 区域形成一个新的吸收带（最大吸收波长 700 nm）。此外，长脂肪链能让分子之间保留一些灵活的空间，这将有利于聚集状态下的分子内运动，促进了光声信号。如图 3-27（b）所示，在相对较低的 NO 浓度（2.5 μmol/L）以下观察到光声强度和 NO 浓度良好的线性关系。接着，在脑炎小鼠模型上验证其诊断脑炎的效果，如图 3-27（c）所示，当原位注射纳米探针后，光声信号随时间逐渐开启，并在 8 h 达到最大值。结果表明，该探针能够用于脑炎中 NO 的实时原位监测，并且可以检测脑内 NO 的含量用于评估脑炎的严重程度。

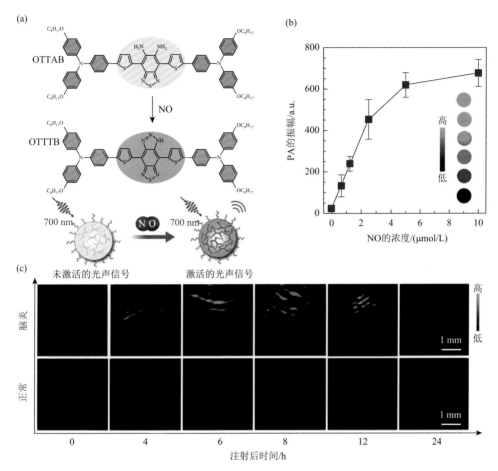

图 3-27　（a）OTTAB 和 OTTTB 的化学结构式及纳米粒子响应 NO 的示意图；（b）用不同浓度的 NO 处理后的 PA 振幅和相应的 PA 图像；（c）原位注射探针后，脑炎小鼠脑部的光声图像

3.4.4　药物性肝损伤检测

药物性肝损伤是指由处方药物、激素类、草药和环境毒物所引起的肝脏损伤性疾病。虽然中草药被广泛用于保健和慢性病治疗，但使用不当可能会导致肝损伤等不良反应，准确评估其肝毒性具有重要意义[75]。

NO 在肝脏的生理和病理中起着重要作用。NO 的过度表达与许多急慢性疾病密切相关，包括感染性休克、失血性休克、肝损伤引起的肝脏炎症及其他临床症状。因此，肝脏 NO 可以作为中药诱导的肝损伤/炎症的原位生物标志物，准确检测肝区内源性 NO 水平是检测肝损伤的可行方法。然而，NO 的寿命很短（最多几秒），导致内源性 NO 的准确检测和定量十分困难。因此，在肝脏区域无创原位检测 NO 将是诊断中药诱导的肝损伤的理想方法。

Wang 等设计了一种 NO 可激活的光声探针 QY-N，用于诊断中药诱导的肝损伤[76]。如图 3-28（a）所示，该探针将给电子基团丁胺连接到探针的电子受体部分，以削弱其电子接收能力，当探针上的芳香仲胺识别基团与 NO 发生 *N*-亚硝化反应后，仲胺的供电子能力变弱，会使得新生成的 AIE 探针 QY-NO 吸收光谱发生红移，出现新的最大吸收峰。接着，研究该探针对 NO 的响应选择性后发现，相比其他可能存在的干扰物，作为 NO 供体的 DEA·NONOate 能让光声信号显著增强，这表明纳米探针对 NO 具有相当好的响应选择性［图 3-28（b）］。并且在一定范围内，观察到光声强度和 DEA·NONOate 浓度呈良好的线性关系［图 3-28（c）］。为了测试纳米探针检测中药诱导肝损伤的能力，研究人员通过给小鼠灌胃中药雷公藤甲素建立了肝损伤小鼠模型。如图 3-28（d）所示，静脉注射纳米探针 20 min 和 60 min 后，对照组小鼠肝脏区域的光声信号在所有指定时间点均维持在较低水平［图 3-28（e）证实信号确实出现在肝脏区域］，而肝损伤小鼠肝脏区域的光声信号可以被显著激活，表明该探针可以用来诊断和评价药物诱导的肝损伤。

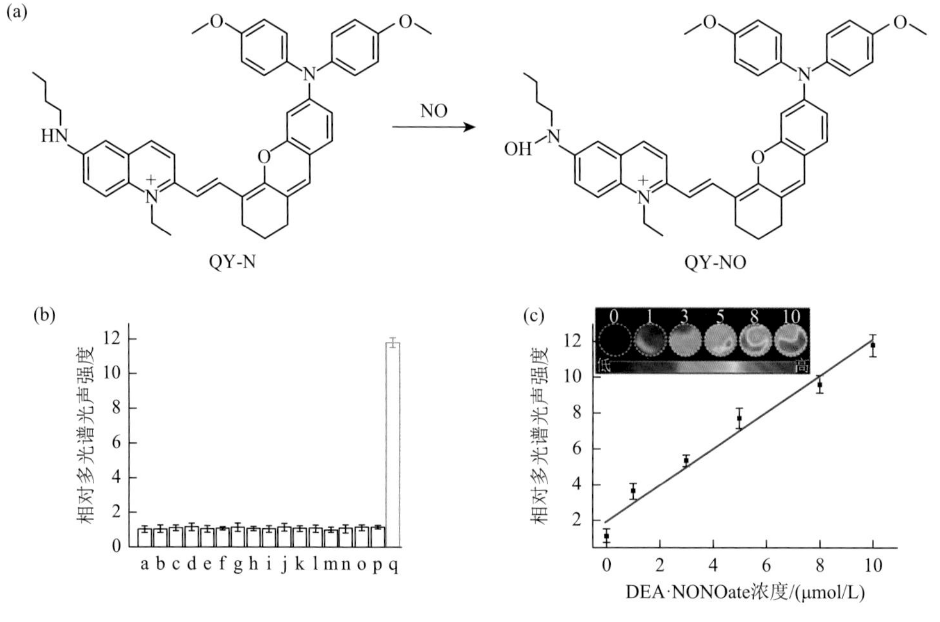

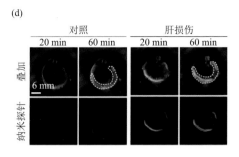
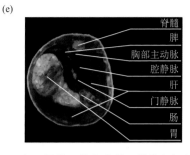

图 3-28　（a）QY-N 和 QY-NO 的分子结构式；（b）NO 和不同种可能存在的干扰物与探针反应的相对多光谱光声强度 a. 空白，b. 过氧化氢，c. 次氯酸钠，d. 亚硝酸钠，e. 硝酸钠，f. 谷胱甘肽，g. 谷氨酸，h. L 型异亮氨酸，i. 半胱氨酸，j. 酪氨酸，k. 丙氨酸，l. 精氨酸，m. 葡萄糖，n. 钠离子，o. 钾离子，p. 钙离子，q. 2-（N, N-二乙基氨基）-二氮烯-2-氧二乙铵盐（NO 供体）；（c）不同 NO 浓度下的相对多光谱光声强度；（d）健康小鼠和肝损伤小鼠静脉注射探针后 20 min 和 60 min 的光声图像；（e）与光声图像横截面相对应的小鼠冷冻切片图像

3.5　应用于体内疾病检测的多功能 AIE 探针

每种成像方式都有其独特的优势，同时也存在固有的局限性，这种情况往往单靠成像仪器的改进是很难克服的。为解决上述问题，多模态影像技术迅速发展起来，通过联合多种成像技术（SPECT、PET、US、CT、MR、PA、FL），融合不同模态图像的信息，可以同时获得生物体多方面的信息[77]。目前，PET/CT、PET/MRI、SPECT/CT 等仪器已经相继被研发出来，并在疾病诊断方面取得了重大的进展。

AIE 探针固有的聚集诱导发光特性使其在荧光成像方面具有出色的表现，但是荧光成像虽有其他成像模式不可比拟的高灵敏度，可由于荧光成像本质上受到激发光和发射光穿透深度的限制，所以一般只能用于浅表组织的成像[78]。为了同时兼顾高灵敏度和穿透深度，原位获取深部组织的准确信息，将其他成像模式的造影剂整合到 AIE 结构单元中是一种非常可行的方法。这种具有多模态成像功能的 AIE 探针可以应用于多种成像过程中，让不同成像模式间可以优势互补。

3.5.1　光声和荧光成像

不同的成像模式之间存在互补性和辅助性，对提高生物检测和疾病诊断的准确性具有重要的意义。之前提到，AIE 探针在荧光成像和光声成像方面都有很好的表现，但是两类探针工作的原理是截然相反的，它们之间会竞争 AIE 探针所吸收光能，因此设计能结合两种成像模式并在两种模式下都有很好成像效果的 AIE 探针是具有很大挑战性的。

Tang 课题组设计合成了一种可在荧光成像和光声成像两种模式下反复切换的双模态 AIE 探针，利用该探针在肿瘤切除手术的不同阶段精确地定位了肿瘤并将其全部切除[79]。如图 3-29 所示，这种切换是靠光开关实现的，在可见光照射下，分子处于关环形式（RClosed-DTE-TPECM）下，受分子内能量转移和分子间相互作用的共同影响，激发态分子的能量主要是通过非辐射途径耗散掉，这有利于光声成像。而分子处于开环状态（ROpen-DTE-TPECM）下，扭曲的三维几何结构使分子内能量转移消失，同时分子间相互作用也减少，这极大地抑制了非辐射能量耗散途径，根据 Jablonski 能级图，能量会用于荧光途径和 ROS 产生途径。

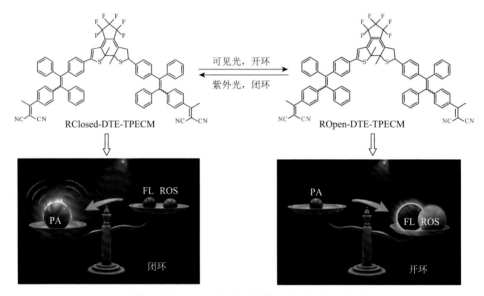

图 3-29　功能可转化光声和荧光探针的分子式及其工作原理示意图

3.5.2　拉曼、光声和荧光成像

拉曼成像技术是近年来兴起的一种新型成像技术。拉曼成像是基于探针的拉曼特征谱峰来绘制探针的分布图像。修饰碳碳三键或者碳氮三键的探针能获得在细胞沉默区的拉曼信号，从而提高图像的信噪比。

Tang 课题组设计合成了一种 AIE 探针，其能同时产生荧光、光声和拉曼三种信号，并且通过优化分子结构和调节分子内运动，可以使这三种信号同时达到最优，而后结合不同成像模式的优点，将三模态（Raman/PA/FL）探针成功应用在肿瘤切除手术的不同阶段，精确地定位了肿瘤并将其全部切除（图 3-30）[80]。

该 AIE 分子之所以能在三种成像模式下都展现出优异的光学性质，主要归因于以下几个方面：①显著的 AIE 效应，能够有效地增强聚集态的荧光强度和亮

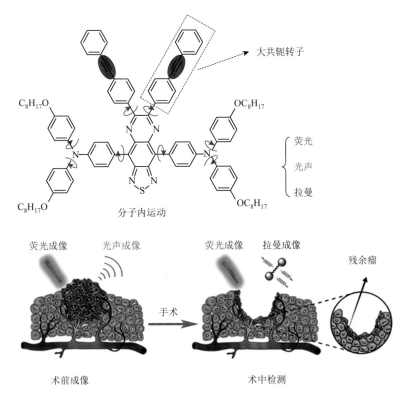

图 3-30　三模态探针的分子结构及其应用在手术导航过程的示意图

度；②激发态的分子内运动和高的摩尔吸收系数使其有很强的光声信号；③分子中共轭的"苯基-炔基-苯基"取代基及分子内运动能够使其在细胞静默区产生强的拉曼信号。

3.5.3　磁共振和荧光成像

磁共振成像（MRI）是将人体在核磁共振过程中所散发的电磁波以及与这些电磁波有关的参数等作为依据而进行的成像，其优势在于没有辐射引起的电离损害，同时也能获得人体的解剖信息，这些无可比拟的优势使其成为当代临床医学影像学检查的重要手段之一。但该成像技术存在灵敏度低、成像时间长等缺点，并且分辨率也不如荧光成像高。

Tang 等设计合成了一种新型的双模态 MRI 造影剂 TPE-2Gd，用于荧光和磁共振双模态成像中[81]。如图 3-31（a）所示，TPE-2Gd 由疏水的 TPE 和亲水的钆（Gd）螯合物组成。与最常见的临床 MRI 造影剂（Gd）螯合物相比，TPE-2Gd 探针由于具有两亲性结构，因此能够在水溶液中自组装成纳米胶束，从而延长肾脏排泄时间，允许进行长时间的磁共振检测。此外，纳米胶束在肝脏中也表现出高度的特异性积聚。该双模态（MR/FL）纳米探针有望应用于临床肝病的诊断中［图3-31（b）］。

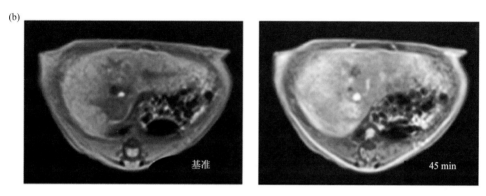

图 3-31 （a）TPE-2Gd 的分子结构式；（b）注射探针前后，大鼠肝脏部位的磁共振图像

3.5.4 计算机断层扫描和荧光成像

CT 是用 X 射线从多个方向对人体检查部位一定厚度的层面进行扫描，由探测器接收透过该层面的 X 射线，数字化后经过计算机算出该层面 X 射线的吸收值（即 CT 值），最后依据 CT 值分布的差异转换成相应的图像。临床诊断中，癌变组织和其旁边正常的软组织的 CT 值相差太小，需要加入外源造影剂来提高它们的对比度。基于贵金属的 CT 成像应运而生，将荧光材料和贵金属纳米颗粒结合，将会得到一种 CT 和荧光双模式成像探针。双模态的成像模式不仅有 CT 成像高空间分辨率和组织穿透深度等优势，又有荧光成像高灵敏度的优势。

Zhang 等设计合成了一种用于靶向肿瘤的双模态（CT/FL）的纳米探针[82]。如图 3-32 所示，红色 AIE 分子（NPAPF）与金纳米粒子（Au NPs）利用超声乳化的方法被共包于两亲性聚合物 DSPE-PEG$_{2000}$ 中，由于 AIE 效应，该纳米粒可以发出非常明亮的红色荧光。由于 EPR 效应在肿瘤区域的被动靶向作用，纳米探针注射后 24 h，肿瘤部位的荧光信号逐渐增强，明显高于其他部位，CT 成像则与荧光成像具有相同的趋势。结果表明，该双模态（CT/FL）纳米探针在体内肿瘤靶向成像和诊断方面具有很大的潜力。

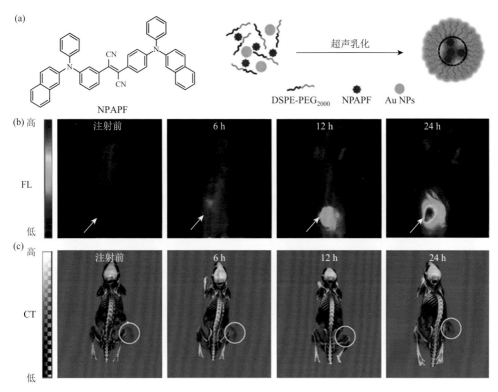

图 3-32　（a）AIE 分子 NPAPF 的化学结构式及双模态纳米探针制备过程示意图；（b）注射探针后肿瘤小鼠的荧光成像图；（c）注射探针后肿瘤小鼠的 CT 成像图

3.5.5　正电子发射断层扫描和荧光成像

PET 成像技术是将某种物质，一般是生命代谢中必需的物质，如葡萄糖、蛋白质、核酸、脂肪酸，标记上短寿命的放射性核素（如 ^{18}F、^{68}Ga 等）后注入生命体内，然后动态定量地观察这些物质及其代谢产物在生物体内的生理和生化变化，从而达到诊断疾病的目的。

芳香化酶可在癌细胞中过表达，其水平能比正常细胞中芳香化酶的平均水平高 100 倍，因此被认为是癌症早期诊断和分期的重要标志。Wu 等在 TPE 上修饰可以络合镓离子的螯合剂和可以靶向芳香化酶的 YM511。如图 3-33（a）所示，其中与 $^{68}Ga^{3+}$ 形成的螯合物可用来 PET 成像，而 YM511 则用来靶向到癌症部位[83]。

而后，研究人员在体外对肿瘤切片进行荧光成像，荧光图像能清晰显示出芳香化酶在肿瘤中的分布，该结果与放射自显影结果一致［图 3-33（b）和（c）］。接着在活体 PET 成像实验中，瘤内注射探针 2 h 后，探针仅保留在肿瘤内部，其他器官未见分布，结果表明该探针能和芳香化酶很好地结合，且体内稳定性很高［图 3-33（d）］。该双模态（PET/FL）探针为 AIE 领域提供了一个新的多模态成像模式，有望用于癌症的诊断中。

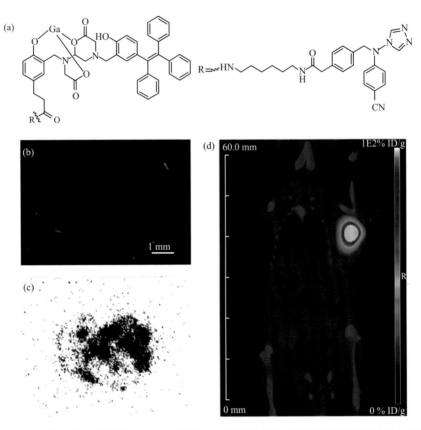

图 3-33　（a）探针的化学结构式；（b）探针结合芳香化酶后，荷瘤裸鼠肿瘤切片的荧光图像；（c）荷瘤裸鼠肿瘤切片的体外放射自显影图像；（d）荷瘤裸鼠经静脉注射探针 2 h 后的 PET 图像（红色箭头表示肿瘤的位置）

3.5.6　计算机断层扫描、光声和荧光三模态成像

CT、PA 和 FL 成像各有其独特的优势，因此三种成像模式相互结合，可以大幅提高诊断疾病的准确性，并且可以实现分子功能成像和组织功能成像的完美统一。

He 等设计合成了一种可用于三模态成像的核壳结构纳米颗粒。在碱性条件下作用，具有氧化还原活性的 AIE 分子能够将银离子还原成银纳米粒，所获得的银纳米粒之后诱导 AIE 分子在其表面进行自组装，最终形成贵金属核-有机 AIE 壳构成的核壳型纳米结构[84]。如图 3-34 所示，新型的贵金属纳米颗粒不仅保留了贵金属纳米颗粒作为 CT 造影剂和 AIE 探针作为荧光分子的潜力，而且在核心和外壳之间的界面上产生了优异的 PA 性能，可用于光声成像。而后，研究人员将探针应用于活体小鼠的三模态（CT/PA/FL）成像中，证明了该探针能适用于肿瘤成像。与传统的不同模式探针简单组合策略相比，该策略更加简单有效，这种从原有成分中开发新的功能策略，避免了不同成分之间可能存在的不兼容问题。

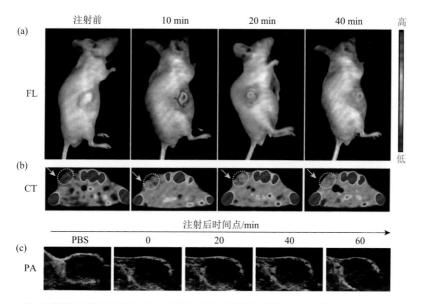

图 3-34 （a）荷瘤小鼠注射探针后，不同时间点的荧光成像；（b）荷瘤小鼠注射探针后，不同时间点的 CT 成像（黄色虚线代表肿瘤部位）；（c）荷瘤小鼠注射探针后，不同时间点肿瘤部位的光声图像

（高志远　丁　丹*）

参 考 文 献

[1] Steinberg I，Huland D M，Vermesh O，et al. Photoacoustic clinical imaging. Photoacoustics，2019，14：77-98.

[2] Park S，Jang J，Kim J，et al. Real-time triple-modal photoacoustic，ultrasound，and magnetic resonance fusion imaging of humans. IEEE Transactions on Medical Imaging，2017，36（9）：1912-1921.

[3] Rahmim A，Zaidi H. PET versus SPECT：strengths，limitations and challenges. Nuclear Medicine Communications，2008，29（3）：193-207.

[4]　Yuan L, Lin W, Zheng K, et al. Far-red to near infrared analyte-responsive fluorescent probes based on organic fluorophore platforms for fluorescence imaging. Chemical Society Reviews, 2013, 42 (2): 622-661.

[5]　Kikuchi K. Design, synthesis and biological application of chemical probes for bio-imaging. Chemical Society Reviews, 2010, 39 (6): 2048-2053.

[6]　Kim C, Favazza C, Wang L V. in vivo photoacoustic tomography of chemicals: high-resolution functional and molecular optical imaging at new depths. Chemical Reviews, 2010, 110 (5): 2756-2782.

[7]　Hua B, Zhang C, Zhou W, et al. Pillar [5] arene-Based solid-state supramolecular polymers with suppressed aggregation-caused quenching effects and two-photon excited emission. Journal of the American Chemical Society, 2020, 142 (39): 16557-16561.

[8]　Würthner F. Aggregation-induced emission (AIE): a historical perspective. Angewandte Chemie International Edition, 2020, 59 (34): 14192-14196.

[9]　Mei J, Leung N L, Kwok R T, et al. Aggregation-induced emission: together we shine, united we soar!. Chemical Reviews, 2015, 115 (21): 11718-11940.

[10]　Zhao Z, Chen C, Wu W, et al. Highly efficient photothermal nanoagent achieved by harvesting energy via excited-state intramolecular motion within nanoparticles. Nature Communications, 2019, 10 (1): 1-11.

[11]　Ferrucci L, Fabbri E. Inflammageing: chronic inflammation in ageing, cardiovascular disease, and frailty. Nature Reviews Cardiology, 2018, 15 (9): 505-522.

[12]　Multhoff G, Molls M, Radons J. Chronic inflammation in cancer development. Frontiers in Immunology, 2012, 2: 98.

[13]　Graves D B. The emerging role of reactive oxygen and nitrogen species in redox biology and some implications for plasma applications to medicine and biology. Journal of Physics D: Applied Physics, 2012, 45 (26): 263001.

[14]　Pacher P, Beckman J S, Liaudet L. Nitric oxide and peroxynitrite in health and disease. Physiological Reviews, 2007, 87 (1): 315-424.

[15]　Song Z, Mao D, Sung S H, et al. Activatable fluorescent nanoprobe with aggregation-induced emission characteristics for selective in vivo imaging of elevated peroxynitrite generation. Advanced Materials, 2016, 28 (33): 7249-7256.

[16]　Liu S, Chen C, Li Y, et al. Constitutional isomerization enables bright NIR-II AIEgen for brain-inflammation imaging. Advanced Functional Materials, 2020, 30 (7): 1908125.

[17]　Lennard-Jones J. Classification of inflammatory bowel disease. Scandinavian Journal of Gastroenterology, 1989, 24 (sup170): 2-6.

[18]　Fan X, Xia Q, Zhang Y, et al. Aggregation-induced emission (AIE) nanoparticles-assisted NIR-II fluorescence imaging-guided diagnosis and surgery for inflammatory bowel disease (IBD). Advanced Healthcare Materials, 2021, 10 (24): 2101043.

[19]　Timp W, Feinberg A P. Cancer as a dysregulated epigenome allowing cellular growth advantage at the expense of the host. Nature Reviews Cancer, 2013, 13 (7): 497-510.

[20]　Maeda H, Wu J, Sawa T, et al. Tumor vascular permeability and the EPR effect in macromolecular therapeutics: a review. Journal of Controlled Release, 2000, 65 (1-2): 271-284.

[21]　Shao A, Xie Y, Zhu S, et al. Far-red and near-IR AIE-active fluorescent organic nanoprobes with enhanced tumor-targeting efficacy: shape-specific effects. Angewandte Chemie, 2015, 127 (25): 7383-7388.

[22]　Pepe M S, Etzioni R, Feng Z, et al. Phases of biomarker development for early detection of cancer. Journal of the

National Cancer Institute，2001，93（14）：1054-1061.

[23]　Qi J，Sun C，Zebibula A，et al. Real-time and high-resolution bioimaging with bright aggregation-induced emission dots in short-wave infrared region. Advanced Materials，2018，30（12）：1706856.

[24]　Dragneva G，Korpisalo P，Ylä-Herttuala S. Promoting blood vessel growth in ischemic diseases：challenges in translating preclinical potential into clinical success. Disease Models & Mechanisms，2013，6（2）：312-322.

[25]　Kumamaru K K，Hoppel B E，Mather R T，et al. CT angiography：current technology and clinical use. Radiologic Clinics，2010，48（2）：213-235.

[26]　Park I S，Mahapatra C，Park J S，et al. Revascularization and limb salvage following critical limb ischemia by nanoceria-induced Ref-1/APE1-dependent angiogenesis. Biomaterials，2020，242：119919.

[27]　Lin J，Zeng X，Xiao Y，et al. Novel near-infrared II aggregation-induced emission dots for *in vivo* bioimaging. Chemical Science，2019，10（4）：1219-1226.

[28]　Silvis S M，De Sousa D A，Ferro J M，et al. Cerebral venous thrombosis. Nature Reviews Neurology，2017，13（9）：555-565.

[29]　Laferla F M，Green K N，Oddo S. Intracellular amyloid-β in Alzheimer's disease. Nature Reviews Neuroscience，2007，8（7）：499-509.

[30]　Groenning M. Binding mode of Thioflavin T and other molecular probes in the context of amyloid fibrils—current status. Journal of Chemical Biology，2010，3（1）：1-18.

[31]　Mora A K，Singh P K，Patro B S，et al. PicoGreen：a better amyloid probe than Thioflavin-T. Chemical Communications，2016，52（82）：12163-12166.

[32]　Fu W，Yan C，Guo Z，et al. Rational design of near-infrared aggregation-induced-emission-active probes：*in situ* mapping of amyloid-β plaques with ultrasensitivity and high-fidelity. Journal of the American Chemical Society，2019，141（7）：3171-3177.

[33]　Sahl S J，Moerner W. Super-resolution fluorescence imaging with single molecules. Current Opinion in Structural Biology，2013，23（5）：778-787.

[34]　Wang Y L，Fan C，Xin B，et al. AIE-based super-resolution imaging probes for β-amyloid plaques in mouse brains. Materials Chemistry Frontiers，2018，2（8）：1554-1562.

[35]　Rocha V Z，Libby P. Obesity，inflammation，and atherosclerosis. Nature Reviews Cardiology，2009，6（6）：399-409.

[36]　Bäck M，Yurdagul A，Tabas I，et al. Inflammation and its resolution in atherosclerosis：mediators and therapeutic opportunities. Nature Reviews Cardiology，2019，16（7）：389-406.

[37]　Wang K，Gao H，Zhang Y，et al. Highly bright AIE nanoparticles by regulating the substituent of rhodanine for precise early detection of atherosclerosis and drug screening. Advanced Materials，2022，34（9）：2106994.

[38]　Andrés-Manzano M J，Andrés V，Dorado B. Oil red O and hematoxylin and eosin staining for quantification of atherosclerosis burden in mouse aorta and aortic root//Andrés V，Dorado B. Methods in Mouse Atherosclerosis. New York：Humana Press，2015：85-99.

[39]　Situ B，Gao M，He X，et al. A two-photon AIEgen for simultaneous dual-color imaging of atherosclerotic plaques. Materials Horizons，2019，6（3）：546-553.

[40]　Vargas A J，Harris C C. Biomarker development in the precision medicine era：lung cancer as a case study. Nature Reviews Cancer，2016，16（8）：525-537.

[41]　Ouyang J，Sun L，Zeng F，et al. Biomarker-activatable probes based on smart AIEgens for fluorescence and

optoacoustic imaging. Coordination Chemistry Reviews，2022，458：214438.

[42]　Jun M E，Roy B，Ahn K H. "Turn-on" fluorescent sensing with "reactive" probes. Chemical Communications，2011，47（27）：7583-7601.

[43]　Wang D，Tang B Z. Aggregation-induced emission luminogens for activity-based sensing. Accounts of Chemical Research，2019，52（9）：2559-2570.

[44]　Gao M，Tang B Z. Fluorescent sensors based on aggregation-induced emission：recent advances and perspectives. ACS Sensors，2017，2（10）：1382-1399.

[45]　Zhu C，Kwok R T，Lam J W，et al. Aggregation-induced emission：a trailblazing journey to the field of biomedicine. ACS Applied Bio Materials，2018，1（6）：1768-1786.

[46]　Li H，Wang D，Yuan Y，et al. New insights on the MMP-13 regulatory network in the pathogenesis of early osteoarthritis. Arthritis Research & Therapy，2017，19（1）：1-12.

[47]　Li J，Lee W Y，Wu T，et al. Detection of matrix metallopeptidase 13 for monitoring stem cell differentiation and early diagnosis of osteoarthritis by fluorescent light-up probes with aggregation-induced emission characteristics. Advanced Biosystems，2018，2（10）：1800010.

[48]　Sharma U，Pal D，Prasad R. Alkaline phosphatase：an overview. Indian Journal of Clinical Biochemistry，2014，29（3）：269-278.

[49]　Li H，Yao Q，Xu F，et al. An activatable AIEgen probe for high-fidelity monitoring of overexpressed tumor enzyme activity and its application to surgical tumor excision. Angewandte Chemie，2020，132（25）：10272-10281.

[50]　Meijers B K，Bammens B，Verbeke K，et al. A review of albumin binding in CKD. American Journal of Kidney Diseases，2008，51（5）：839-850.

[51]　Hong Y，Feng C，Yu Y，et al. Quantitation，visualization，and monitoring of conformational transitions of human serum albumin by a tetraphenylethene derivative with aggregation-induced emission characteristics. Analytical Chemistry，2010，82（16）：7035-7043.

[52]　Beer A J，Schwaiger M. Imaging of integrin $\alpha_v\beta_3$ expression. Cancer and Metastasis Reviews，2008，27（4）：631-644.

[53]　Shi H，Liu J，Geng J，et al. Specific detection of integrin $\alpha_v\beta_3$ by light-up bioprobe with aggregation-induced emission characteristics. Journal of the American Chemical Society，2012，134（23）：9569-9572.

[54]　Tsalkidou E A，Roilides E，Gardikis S，et al. Lipopolysaccharide-binding protein：a potential marker of febrile urinary tract infection in childhood. Pediatric Nephrology，2013，28（7）：1091-1097.

[55]　Jiang G，Wang J，Yang Y，et al. Fluorescent turn-on sensing of bacterial lipopolysaccharide in artificial urine sample with sensitivity down to nanomolar by tetraphenylethylene based aggregation induced emission molecule. Biosensors and Bioelectronics，2016，85：62-67.

[56]　Brieger K，Schiavone S，Miller F J，et al. Reactive oxygen species：from health to disease. Swiss Medical Weekly，2012，142：w13659.

[57]　Lismont C，Revenco I，Fransen M. Peroxisomal hydrogen peroxide metabolism and signaling in health and disease. International Journal of Molecular Sciences，2019，20（15）：3673.

[58]　Chen J，Chen L，Wu Y，et al. A H_2O_2-activatable nanoprobe for diagnosing interstitial cystitis and liver ischemia-reperfusion injury via multispectral optoacoustic tomography and NIR-Ⅱfluorescent imaging. Nature Communications，2021，12（1）：1-15.

[59]　Niu L Y，Chen Y Z，Zheng H R，et al. Design strategies of fluorescent probes for selective detection among

biothiols. Chemical Society Reviews，2015，44（17）：6143-6160.

[60]　Kosower N S，Kosower E M. The glutathione status of cells. International Review of Cytology，1978，54：109-160.

[61]　Zhan C，Zhang G，Zhang D. Zincke's salt-substituted tetraphenylethylenes for fluorometric turn-on detection of glutathione and fluorescence imaging of cancer cells. ACS Applied Materials & Interfaces，2017，10（15）：12141-12149.

[62]　Paul B D，Snyder S H. H$_2$S: a novel gasotransmitter that signals by sulfhydration. Trends in Biochemical Sciences，2015，40（11）：687-700.

[63]　Wang R，Gao W，Gao J，et al. A förster resonance energy transfer switchable fluorescent probe with H$_2$S-activated second near-infrared emission for bioimaging. Frontiers in Chemistry，2019：778.

[64]　Burnstock G. Historical review：ATP as a neurotransmitter. Trends in Pharmacological Sciences，2006，27（3）：166-176.

[65]　Zhao M，Wang M，Liu H，et al. Continuous on-site label-free ATP fluorometric assay based on aggregation-induced emission of silole. Langmuir，2009，25（2）：676-678.

[66]　Liu Y，Deng C，Tang L，et al. Specific detection of D-glucose by a tetraphenylethene-based fluorescent sensor. Journal of the American Chemical Society，2011，133（4）：660-663.

[67]　Signore A. About inflammation and infection. EJNMMI Research，2013，3（1）：1-2.

[68]　Ouyang J，Sun L，Pan J，et al. A targeted nanosystem for detection of inflammatory diseases via fluorescent/optoacoustic imaging and therapy via modulating Nrf2/NF-κB pathways. Small，2021，17（42）：2102598.

[69]　Koo J，Jeon M，Oh Y，et al. in vivo non-ionizing photoacoustic mapping of sentinel lymph nodes and bladders with ICG-enhanced carbon nanotubes. Physics in Medicine & Biology，2012，57（23）：7853.

[70]　Qi J，Fang Y，Kwok R T，et al. Highly stable organic small molecular nanoparticles as an advanced and biocompatible phototheranostic agent of tumor in living mice. ACS Nano，2017，11（7）：7177-7188.

[71]　Ouyang J，Sun L，Zeng Z，et al. Nanoaggregate probe for breast cancer metastasis through multispectral optoacoustic tomography and aggregation-induced NIR-Ⅰ/Ⅱ fluorescence imaging. Angewandte Chemie，2020，132（25）：10197-10207.

[72]　Weller M，Wick W，Aldape K，et al. Glioma. Nature Reviews Disease Primers，2015，1（1）：1-18.

[73]　Sheng Z，Guo B，Hu D，et al. Bright aggregation-induced-emission dots for targeted synergetic NIR-Ⅱ fluorescence and NIR-Ⅰ photoacoustic imaging of orthotopic brain tumors. Advanced Materials，2018，30（29）：1800766.

[74]　Qi J，Feng L，Zhang X，et al. Facilitation of molecular motion to develop turn-on photoacoustic bioprobe for detecting nitric oxide in encephalitis. Nature Communications，2021，12（1）：1-11.

[75]　Andrade R J，Chalasani N，Björnsson E S，et al. Drug-induced liver injury. Nature Reviews Disease Primers，2019，5（1）：1-22.

[76]　Sun L，Ouyang J，Ma Y，et al. An activatable probe with aggregation-induced emission for detecting and imaging herbal medicine induced liver injury with optoacoustic imaging and NIR-Ⅱ fluorescence imaging. Advanced Healthcare Materials，2021，10（24）：2100867.

[77]　Lee D E，Koo H，Sun I C，et al. Multifunctional nanoparticles for multimodal imaging and theragnosis. Chemical Society Reviews，2012，41（7）：2656-2672.

[78]　Kaibori M，Matsui K，Ishizaki M，et al. Intraoperative detection of superficial liver tumors by fluorescence imaging

using indocyanine green and 5-aminolevulinic acid. Anticancer Research，2016，36（4）：1841-1849.

[79] Qi J，Chen C，Zhang X，et al. Light-driven transformable optical agent with adaptive functions for boosting cancer surgery outcomes. Nature Communications，2018，9（1）：1-12.

[80] Qi J，Li J，Liu R，et al. Boosting fluorescence-photoacoustic-Raman properties in one fluorophore for precise cancer surgery. Chem，2019，5（10）：2657-2677.

[81] Chen Y，Li M，Hong Y，et al. Dual-modal MRI contrast agent with aggregation-induced emission characteristic for liver specific imaging with long circulation lifetime. ACS Applied Materials & Interfaces，2014，6（13）：10783-10791.

[82] Zhang J，Li C，Zhang X，et al. *in vivo* tumor-targeted dual-modal fluorescence/CT imaging using a nanoprobe co-loaded with an aggregation-induced emission dye and gold nanoparticles. Biomaterials，2015，42：103-111.

[83] Wu R，Liu S，Liu Y，et al. PET probe with aggregation induced emission characteristics for the specific turn-on of aromatase. Talanta，2020，208：120412.

[84] He X，Peng C，Qiang S，et al. Less is more: silver-AIE core@ shell nanoparticles for multimodality cancer imaging and synergistic therapy. Biomaterials，2020，238：119834.

第4章

>>

聚集诱导发光材料在体内疾病诊疗中的应用

4.1 具有光动力治疗功能的 AIE 荧光探针

近年来，光动力治疗（photodynamic therapy，PDT）已经被广泛地应用于抗肿瘤和抗菌的研究中，一些临床试验也在积极进行[1-4]。光敏剂在被特定激光照射后，吸收光子的能量转变为高能不稳定的激发态，经过系间跨越（intersystem crossing，ISC）将能量传递给周围环境中的氧气，可产生具有强氧化能力的活性氧（reactive oxygen species，ROS），包括单线态氧（$^1O_2$）[5, 6]。PDT 的过程即通过富集在病灶部位的光敏剂被光照后产生的有毒的 ROS 来氧化细胞或细菌内的生物大分子，引起细胞或细菌凋亡及坏死、破坏血管、刺激免疫反应等以清除病灶组织[7-12]。此外，ROS 的作用半径及寿命较短，有助于高选择性地对病灶部位进行 PDT，从而最大限度地减少正常组织器官的毒性[13, 14]。另外，根据光敏剂可产生荧光的特性，PDT 还是一种可图像引导的治疗方式，实现诊疗一体化[15-17]。总之 PDT 具有无侵入性、无毒副作用、可控性、可重复治疗且机体无抗性等优势，为其在临床的应用提供了坚实的基础。

目前传统的光敏剂（如卟啉类）由于疏水性质，降低了其在血液中的循环时间和被肿瘤组织摄取的机会，限制了它在生物体内应用[18-20]。尽管通过纳米沉淀法，将光敏剂从有机溶剂转移到水环境中以包封于纳米颗粒中，会大大提高光敏剂在生物体内疾病诊疗的应用，但传统光敏剂在聚集后分子间发生 π-π 堆积会引起聚集诱导猝灭（aggregation-caused quenching，ACQ）效应，导致光敏剂的荧光强度和活性氧产率急剧降低，从而降低了成像灵敏度及 PDT 的治疗效果[21-24]。具有光敏效应的聚集诱导发光（AIE）探针，在聚集态下具有与传统光敏剂分子聚集诱导猝灭效应相反的荧光现象，表现出增强的荧光强度并且保持较强的单线态氧生成能力，直接解决了传统光敏剂的自猝灭效应及光漂白现象[25-27]。光敏剂在

PDT 中发挥着至关重要的作用，因此有必要探索和开发具有以下特征的优异光敏剂：①包裹至纳米粒子中有较强的 ROS 产生能力以产生较强的光动力杀伤效果；②具有在长波长范围内的强吸收和近红外（near infrared radiation，NIR）发射（>650 nm）的特性，以在深部组织内满足高时空精度成像与 PDT；③在 PDT 中耗氧量较少以在病变组织内恶性缺氧环境中实现高 PDT 性能。

2014 年，Liu 课题组首次报道了具有光动力活性及 AIE 性能的有机纳米粒子，其可用于图像引导的 PDT（图 4-1）[28]。具有 AIE 效应的荧光分子 TTD，通过纳米沉淀法包封至两亲性聚合物 DSPE-PEG-Mal 内，随后利用环状精氨酸-甘氨酸-天冬氨酸（cRGD）三肽进行表面功能化以靶向高表达 $\alpha_v\beta_3$ 整合素的癌细胞，最终

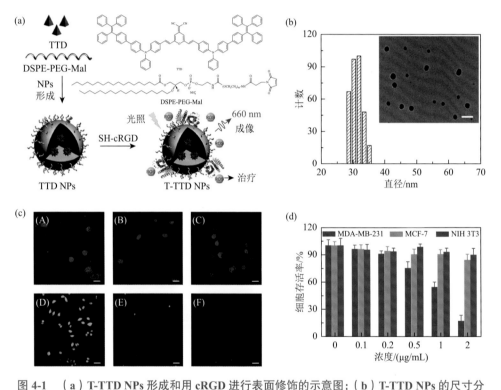

图 4-1 （a）T-TTD NPs 形成和用 cRGD 进行表面修饰的示意图；（b）T-TTD NPs 的尺寸分布和透射电子显微镜表征图像（插图），比例尺为 100 nm；（c）MDA-MB-231 细胞（A）、MCF-7 细胞（B）和 NIH 3T3 细胞（C）与 T-TTD NPs（1 μg/mL）孵育 1 h 后的共聚焦图像，蓝色荧光来自被 Hoechst 33342 染色的细胞核，红色荧光来自 T-TTD NPs，（A）~（C）比例尺为 20 mm，与 T-TTD NPs（1 μg/mL）孵育后进行光照射，利用二氯荧光素二乙酸酯（DCFH-DA）在 MDA-MB-231 细胞（D）、MCF-7 细胞（E）和 NIH 3T3 细胞（F）中检测细胞内 ROS 的产生；（D）~（F）比例尺为 50 mm；（d）在不同浓度的 T-TTD NPs 存在下，用光照射（0.25 W/cm²，2 min）抑制 MDA-MB-231、MCF-7 和 NIH 3T3 细胞的生长，然后将细胞进一步培养 24 h，数据用均数±标准差（S.D.）表示，n = 3

得到平均尺寸为 30 nm 的 T-TTD NPs。由于具有明亮的荧光且在光照下可有效地生成 ROS，T-TTD NPs 可选择性地对高表达 $\alpha_v\beta_3$ 整合素的 MDA-MB-231 癌细胞进行荧光成像及有效的光动力杀伤，而无法进入具有低 $\alpha_v\beta_3$ 整合素表达的 MCF-7 癌细胞和 NIH 3T3 正常细胞。这种基于 AIE 光敏剂的 PDT 优异效果为发展图像引导 PDT 提供了新的机会。

相比于传统光敏剂，具有扭曲结构的 AIE 光敏剂可通过合理的分子设计，在聚合状态下表现出可调的激发波长，改善的 ROS 产率以及可控的 ROS 生成类型等优点，用于满足不同的应用需求。本节主要介绍近年来研究人员如何通过改善 AIE 分子设计及运用策略，从改善 ROS 产率、提高穿透深度、克服缺氧环境三个主要方面，使 AIE 光敏剂在体内肿瘤或细菌感染的治疗中发挥更积极的作用。

4.1.1　高 ROS 产率的 AIE 光敏剂

光敏剂 ROS 的产率是决定其光动力效果的关键因素之一。从分子设计的角度，调控光敏有机分子最高占据分子轨道（HOMO）和最低未占分子轨道（LUMO）分布的分离以实现更小的 S_1-T_1 能隙（ΔE_{ST}）有助于促进 ISC 过程，是提高 $^1O_2$ 产生的关键策略之一[29]。Liu 课题组通过调控强供体-受体［donor（D）- acceptor（A），D-A］强度以分离 HOMO-LUMO 分布，设计出一种具有聚集诱导近红外发射的光敏剂 TPETCAQ，用于图像引导的 PDT。使用 DSPE-PEG-Mal 作为聚合物基质封装 TPETCAQ，随后用 HIV-1 反式激活因子（RKKRRQRRRC）进行表面功能化以获得具有良好生物兼容性的纳米颗粒 TPETCAQ NPs（图 4-2）。TPETCAQ NPs 显示 NIR 发射以 820 nm 为中心，其 $^1O_2$ 生成能力甚至高于迄今为止报道的最有效的光敏剂之一 Ce6。在白光照射下，TPETCAQ NPs 不仅在体外对 4T1 乳腺癌细胞可进行有效杀伤，还在小鼠 4T1 乳腺癌模型中实现优异的荧光成像引导的光动力抑瘤效果。在同等条件下，与基于 Ce6 的光动力治疗相比，TPETCAQ NPs 介导的光动力治疗显著减小了肿瘤的大小，且在小鼠体内表现出可忽略不计的暗毒性。这一 AIE 光敏剂设计成功的例子将刺激开发更有效的具有 AIE 性质的光敏剂用于未来临床应用中。

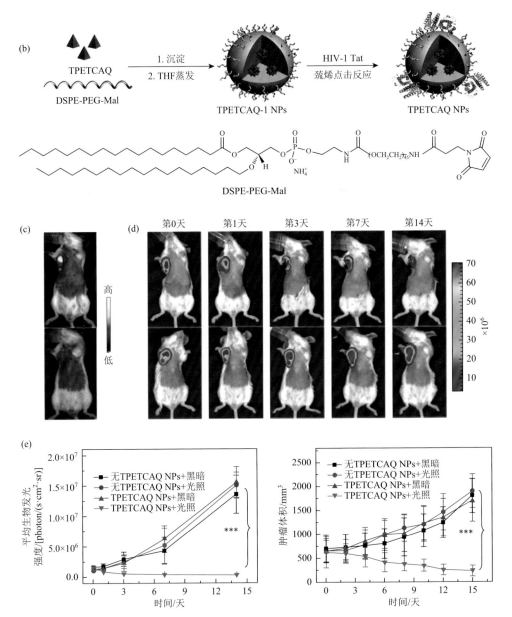

图 4-2 （a）TPETCAQ 的合成路线，反应条件：（A）K_2CO_3，Pd(PPh_3)_4，THF/H_2O，回流；
（B）丙二腈，TiCl_4，吡啶，二氯甲烷，回流；（b）TPETCAQ-1 纳米粒和 TPETCAQ 纳米粒
的合成示意图；（c）瘤内注射 30 μL 的 TPETCAQ NPs（1 mg/mL，上）或生理盐水（下）1 h
后的 4T1-luc 荷瘤小鼠的荧光成像；（d）瘤内注射 30 μL 的 TPETCAQ NPs（1 mg/mL，上）
或生理盐水（下）1 h 后对 Luciferase-4T1 建立的肿瘤模型进行光照射（300 mW/cm^2，5 min）
后，于不同时间对小鼠进行生物发光成像监控肿瘤生长情况；（e）不同组小鼠 Luciferase-4T1
肿瘤在不同时间的生物发光信号的定量统计（左），测量不同组小鼠的肿瘤体积（右）

开发具有 AIE 性质的共轭聚合物代表了另一种设计 AIE 光敏剂的有前景的策略。Tang 和 Qin 等利用共轭聚合物的强光捕获能力,设计并合成了一种独特的共轭聚合物 PTB-APFB(图 4-3)[30]。在光照下,与低质量的模型化合物 MTB-APFB 和常用的光敏剂 CE6 相比,PTB-APFB 可以更为有效地在聚集体中产生 ROS。此外,由于结构平衡的亲水性和疏水性,PTB-APFB 对微生物的选择性优于哺乳动物细胞。皮肤被金黄色葡萄球菌感染的小鼠模型被用来评估 PTB-APFB 体内的抗菌能力,令人兴奋的是,基于 PTB-APFB 的光动力治疗促使感染恢复比使用头孢噻吩更快。突出的治疗效率和良好的生物安全性使 PTB-APFB 大有希望作为抗菌剂用于细菌感染的临床治疗中。

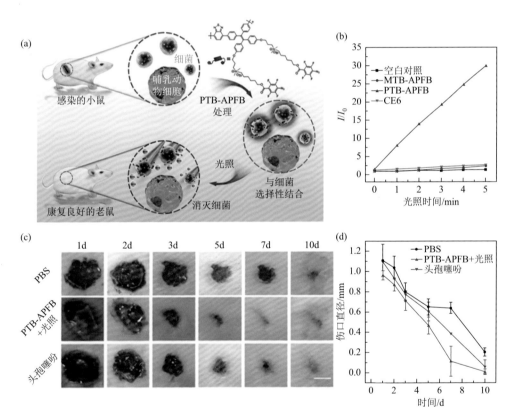

图 4-3　(a)PTB-APFB 的化学结构及其选择性抗菌应用;(b)为了评估不同光敏剂产生 ROS 的能力,在分别添加 **PTB-APFB**、**MTB-APFB** 或 **Ce6** 并暴露于白光(**10 mW/cm²**)后,分析 **2,7-二氯荧光素**(**DCFH**)的相对荧光强度;不同制剂治疗期间小鼠金黄色葡萄球菌感染皮肤的照片(c)及感染区域大小的定量统计(d),比例尺为 **1cm**

在癌细胞的细胞器,如线粒体、细胞膜和溶酶体中进行 PDT,是提高 PDT 效率的重要策略，因为这些亚细胞器与细胞增殖或凋亡过程密切相关[31-33]。因此开发可以在细胞中靶向不同的细胞器的 AIE 分子对提高 PDT 效果具有重要的意义。Tang 和 Wang 等基于简单的骨架，通过轻微的结构调整，合理设计了三个可分别特异性锚定在线粒体、细胞膜和溶酶体上的 AIE 光敏剂，并创新性地提出三管齐下的 PDT 策略（图 4-4）[34]。基于 4T1 乳腺肿瘤模型的体内 PDT 效果显示，三种 AIE 光敏剂组合使用可同时在多个细胞器中产生 ROS，抑瘤效果远优于相同浓度下每种 AIE 光敏剂单独的治疗效果，证实了"1 + 1 + 1＞3"的抗肿瘤功效。此外，各组的体重变化及主要器官的组织学苏木精和伊红（H&E）染色结果表明，无论是单独还是组合使用的 AIE 光敏剂都具有良好的生物安全性。该策略在概念上和操作上都很简单，提供了一种创新的方法，展示了通过三管齐下的 PDT 提高治疗效果的明智策略。

　　除了通过改善分子设计来增强 AIE 光敏剂 ROS 的生成能力，Tang 和 Ding 等首次报道了通过增强颗粒内受限微环境来控制和优化 AIE 的荧光和 ROS 的生成能力的独特策略（图 4-5）[35]。通过纳米沉淀法将 AIE 光敏剂 TPP-TPA 包封至不同的聚合物 DSPE-PEG 或碗烯-PEG（Cor-PEG）中，得到具有不同颗粒内刚性微环境的纳米粒子 DSPE-AIE dots 或 Cor-AIE dots。碗烯具有大偶极矩、超疏水

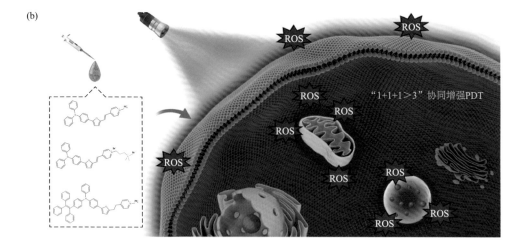

(a)

TFPy：线粒体靶向　　　　TFVP：细胞膜靶向　　　　TPE-TFPy：溶酶体靶向

(b)

"1+1+1＞3" 协同增强PDT

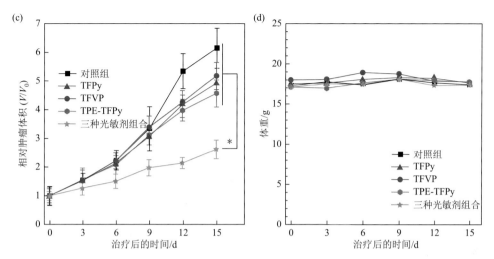

图 4-4 （a）三种 AIE 光敏剂的化学结构：TFPy、TFVP 和 TPE-TFPy；（b）使用三种 AIE 光敏剂实现 "1＋1＋1＞3" 组合增强光动力疗法的示意图；不同治疗组小鼠的肿瘤生长曲线（c）和体重变化（d），$p<0.05$ 被认为具有显著性差异，*代表 $p<0.05$

性、超刚性和不均匀的电子分布，因而具有较大的粒子内刚性，限制了 TPP-TPA 的分子内旋转。因此相比于 DSPE-AIE dots，Cor-AIE dots 的荧光量子产率提高了 4 倍，ROS 产率提高了 5.4 倍。这种优化的荧光信号和 ROS 生成能力对于图像引导的肿瘤手术和进行光动力学肿瘤治疗的光疗效果是非常有益的。将 Cor-AIE dots 尾静脉注射入腹膜癌模型小鼠体内，24 h 后 Cor-AIE dots 由于高渗透长滞留效应富集在肿瘤中，Cor-AIE dots 的荧光能够清晰地照亮几乎所有肿瘤及其边界，并与萤光素酶的生物发光信号很好地重叠，表明 Cor-AIE dots 定位小肿瘤的准确性、特异性。Cor-AIE dots 增强的荧光可以指导微小肿瘤（直径＜1 mm）的切除。Cor-AIE dots 还具有较强的 ROS 产率，在体内对腹膜癌进行光动力治疗后，基于 Cor-AIE dots 的光动力治疗不仅可以有效地阻碍肿瘤的生长，而且可以大大延长其寿命。总的来说，这项工作不仅为制备优质 AIE 纳米粒子提供了新的策略和分子指南，而且为设计用于生物医学应用的光敏纳米粒子带来了新的见解。

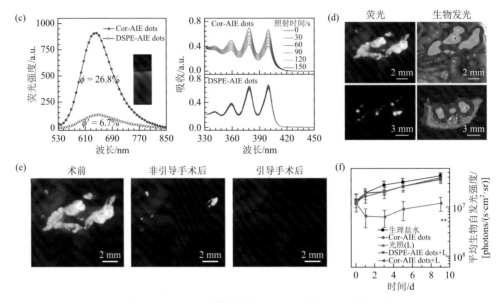

图 4-5　（a）AIE 光敏剂 TPP-TPA 的化学结构；（b）使用纳米沉淀法制备 Cor-AIE dots 和 DSPE-AIE dots 的方案；（c）Cor-AIE dots 和 DSPE-AIE dots 的荧光强度，插图显示了在 365 nm 紫外灯下拍摄的 Cor-AIE dots 的荧光照片（左）；Cor-AIE dots（右上）和 DSPE-AIE dots（右下）在溶液中由白光照射产生 ROS 的能力评估，图中 ROS 指示剂为 ABDA，ABDA 的吸收光谱会随着 ROS 的产生逐渐降低，图中展示了随着光照时间增加吸收的变化情况；（d）注射 Cor-AIE dots 24 h 后，腹腔内肠（上）和腹膜表面（下）的肿瘤结节中来自 Cor-AIE dots 的近红外荧光和来自萤光素酶的生物发光；（e）通过 Cor-AIE dots 在腹腔转移肿瘤切除手术中进行影响导航，分别为手术切除前（术前）、非引导手术后和引导手术后的荧光成像图片；（f）不同组术后小鼠腹膜内肿瘤在不同时间点用生物自发光监控肿瘤大小的定量统计分析

4.1.2　组织穿透深度深的 AIE 光敏剂

在光动力治疗中，理想的光敏剂不仅需要有高 ROS 产率，还应具有在长波长范围内的强吸收和近红外（NIR）发光的特性以易于被光所激发，提高光动力治疗的穿透深度[36]。Liu 等设计了一种新的 AIE 光敏剂 TBTC8，其具有 300～750 nm 的宽吸收光谱，以 810 nm 为中心的聚集诱导 NIR 发射且在白光下有较高的 $^1O_2$ 生成能力（图 4-6）[37]。进一步使用两亲性聚合物 DSPE-PEG$_{2000}$ 作为聚合物基质制备具有良好生物相容性的 TBTC8 纳米颗粒。将具有良好的肿瘤成像功能的 TBTC8 纳米颗粒尾静脉注射到 4T1 乳腺癌小鼠模型后，由于高渗透长滞留效应，通过荧光成像系统成像观察到 TBTC8 纳米颗粒逐渐富集在肿瘤组织中，在注射后 7 h 达到最佳富集时间点。在尾静脉注射 TBTC8 纳米颗粒 7 h 后，对小鼠肿瘤区域进行 10 min 的 300 mW/cm^2 白光（400～700 nm）照射，使肿瘤内的 TBTC8

纳米颗粒产生 $^1O_2$，实现光动力治疗。通过对治疗后小鼠的肿瘤进行持续 14 d 的监测发现，与基于市售的光敏剂 Ce6 的光动力治疗相比，由 TBTC8 纳米颗粒介导的光动力治疗明显抑制了小鼠肿瘤体积的增长。肿瘤组织的 H&E 染色显示明显的核解离和组织坏死，进一步说明了 TBTC8 纳米颗粒引发了更好的光动力治疗效果。通过 TdT 介导的 dUTP-biotin 缺口末端标记（TUNEL）染色评估肿瘤组织中凋亡细胞的数量也验证了这一结果。同时，TBTC8 纳米颗粒在小鼠上具有微不足道的暗毒性。这些优势总体表明具有 AIE 性质的 TBTC8 纳米颗粒在体内肿瘤光动力治疗的实际应用中是有希望的候选者。

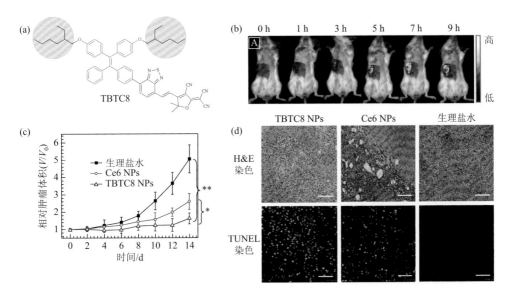

图 4-6 （a）AIE 光敏剂 TBTC8 的化学结构；（b）4T1 荷瘤小鼠在静脉注射 100 μL TBTC8 NPs（1 mg/mL）后不同时间点的荧光成像；（c）对三组小鼠肿瘤进行治疗后残余肿瘤的生长进行定量统计分析，$p<0.05$ 被认为具有显著性差异，*代表 $p<0.05$，**代表 $p<0.01$；（d）对三组小鼠肿瘤进行治疗后 14 d，小鼠肿瘤组织的 H&E 染色（上）和 TUNEL 免疫染色（下），绿色荧光代表含有绿色荧光探针荧光素（FITC）的脱氧尿苷三磷酸（dUTP）标记的凋亡细胞 DNA，而蓝色荧光代表二脒基苯基吲哚（DAPI）染色的细胞核，所有图像比例尺为 50 μm

将 AIE 光敏剂的激发波长转换到 NIR 区域的另一种有效方法是通过双光子激发，即光敏剂通过同时吸收近红外光的两个光子来激发[38, 39]。开发具有优异双光子吸收特性的近红外 AIE 光敏剂对于体内深度成像和 PDT 尤其重要。Tang 和 Hu 等通过合理的分子设计，合成出一种具有高 $^1O_2$ 生成能力、可靶向线粒体、近红外双光子激发的 AIE 光敏剂 DCQu（图 4-7）[40]。DCQu 优异的双光子吸收特性允许线粒体的双光子荧光成像和随后的双光子激发 PDT。在小鼠黑色素瘤模型中，DCQu 介导的 PDT 有效阻止了肿瘤的生长趋势，达到 89.5% 的肿瘤抑制率，并大大延长了小鼠的存活率。这些结果表明 AIE 光敏剂在成像引导的 PDT 中具有优异的效力，且副作用最小，其未来精准医疗前景广阔。

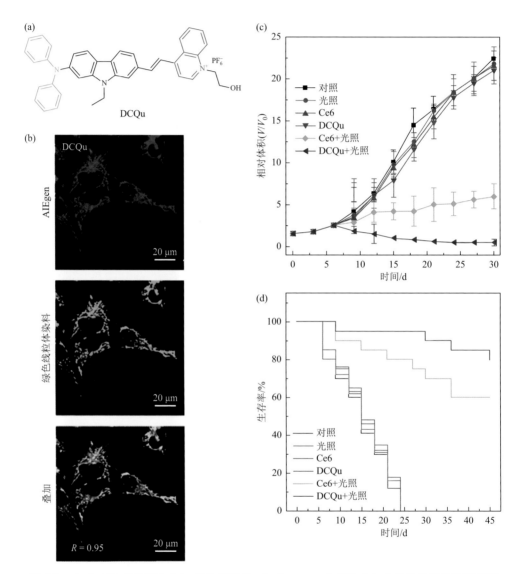

图 4-7　（a）AIE 光敏剂 DCQu 的化学结构；（b）DCQu 在细胞中与市售的线粒体染料共定位及叠加图像，DCQu 的荧光信号显示为红色，市售的线粒体染料的荧光信号显示为绿色，Pearson 相关系数（R）表示共定位的优度，R 越接近 1 表示共定位越优；（c）不同处理后 B16 黑色素瘤小鼠的肿瘤生长曲线；（d）不同处理后 B16 黑色素瘤小鼠的生存率

化学发光在体内疾病诊疗中同样显示出更高的信噪比及较好的穿透深度。化学发光是通过过氧化氢（H_2O_2）与高能化合物（如草酸酯）之间发生化学反应释放能量来产生荧光[41]。与正常细胞相比，肿瘤细胞往往表现出升高的 H_2O_2 水平，这赋予化学发光系统在肿瘤部位的特异响应性[42]。在化学发光系统中通过化学发光激发光敏剂进行光动力治疗将更好地解决穿透深度的限制。Liu 等开发了一种简单且新颖的化学发光系统 C-TBD NPs 来实现近红外发射和有效的 $^1O_2$ 产生用于体内光动力治疗（图 4-8）[43]。在大豆油存在下，将 AIE 光敏剂 TBD 和双草酸酯（CPPO）共包封到两亲性聚合物 F-127 中，形成的 C-TBD NPs 与 H_2O_2 反应后可产生 ROS 及近红外自发荧光。C-TBD NPs 静脉注射到腹膜转移性荷瘤小鼠模型体内后被肿瘤中过量的 H_2O_2 激发，表现出强烈的近红外化学发光，可精准地检测出腹腔内微小的肿瘤，同时产生有效的 ROS，可以有效抑制肿瘤的生长，而且无需外源光源。当引入异硫氰酸苯乙酯（FEITC）以增加肿瘤中的 H_2O_2 浓度时，可以进一步增强 C-TBD NPs 的化学发光信号和光动力治疗功能。通过使用 C-TBD NPs 和 FEITC 的联合治疗可以明显抑制 4T1 原位乳腺癌小鼠模型肿瘤的生长。此外，静脉注射 C-TBD NPs 后，小鼠体内代谢器官并没有明显的损伤以及体重也未受到影响，进一步说明 C-TBD NPs 还具有良好的生物相容性。化学激发荧光的纳

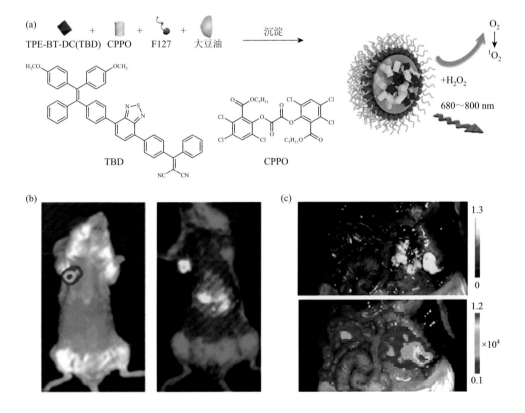

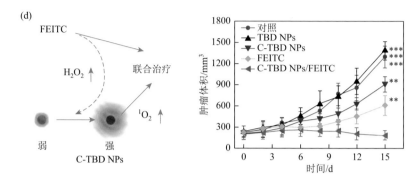

图 4-8 （a）C-TBD NP 的制备；（b）接受 FEITC（每只小鼠 5 μmol）和 C-TBD NP（1 mg/mL，基于 TBD，每只小鼠 100 μL）的小鼠体内肿瘤特异性化学发光（左）和荧光（右）图像；（c）在静脉注射 C-TBD NP（1 mg/mL，基于 TBD，每只小鼠 100 mL）后去除皮肤和腹膜的小鼠体内腹部转移性乳腺肿瘤的荧光（顶部）和化学发光（底部）成像；（d）C-TBD NPs 和 FEITC 联合治疗的机制示意图（左）和不同治疗后肿瘤生长曲线（右），$p < 0.05$ 被认为具有显著性差异，*代表 $p < 0.05$，**代表 $p < 0.01$，***代表 $p < 0.001$

米材料 C-TBD NPs 在体内肿瘤诊断和光动力治疗中应用的成功，解决了光动力治疗中光穿透深度的问题，为智能、准确、无创的肿瘤治疗提供了新的策略。

4.1.3 耗氧量少的 AIE 光敏剂

光动力治疗高度依赖于氧气的浓度，但肿瘤内部由于具有致密性，往往氧浓度很低[44]。而在光动力治疗中，对氧气的消耗进一步限制了光动力治疗的效果，这导致 II 型光敏剂通过与氧气之间的能量转移产生单线态氧（$^1O_2$）的效率在乏氧的肿瘤组织内大大降低[45]。相比之下，I 型光敏剂具有较好的耐乏氧特性，更适合在低氧环境下进行 PDT。I 型光敏剂通过与底物（如还原型辅酶、氨基酸、维生素和含氮碱基等）、氧气之间的电子转移产生超氧化物阴离子（O_2^-）、过氧化氢（H_2O_2）和羟基自由基（·OH）[46]。·OH 几乎可破坏所有生物分子，是生物反应活性较高的活性氧[47]。因此，开发具有 AIE 性质的 I 型光敏剂进行光动力治疗是非常必要且急需的。

Tang 和 Hou 等提出构建具有更强的分子内电荷转移的富电子负离子 π+AIE 光敏剂将实现更多的自由基生成策略（图 4-9）[48]。实验及理论结果都表明富电子负离子 π+AIE 光敏剂 TNZPy 和 MTNZPy 能够在常氧/缺氧环境中产生更多的自由基 ROS，使其具有优异的体内外荧光成像和光动力性能。在 T24（人膀胱癌细胞）皮下裸鼠模型中进行基于 TNZPy 和 MTNZPy 光敏剂的荧光成像和光动力治疗抑瘤功效评估。瘤内注射 AIE 光敏剂后，通过荧光信号可以确定 AIE 光敏剂有效地保留在肿瘤部位。在小鼠肿瘤体积约为 50 mm³ 时，瘤内注射光敏剂并于 24 h 后进行光照。随时间变化的肿瘤体积曲线显示，不做任何处理的肿瘤大小会随时间明显增加，且施加光照也只对肿瘤生长有轻微的抑制作用；仅瘤内注射 TNZPy 和 MTNZPy 对小鼠肿瘤生长未表现明显的抑制作用；而对瘤内注射 TNZPy 和 MTNZPy 光敏剂的小鼠进行光照后，肿瘤生长均受到显著的抑制。小鼠体重监测数据表明两种光敏剂对小鼠没有明显的毒性。因此，这种可行的分子工程方法为设计 I 型光敏剂以克服 PDT 中的肿瘤缺氧提供了有价值的参考。

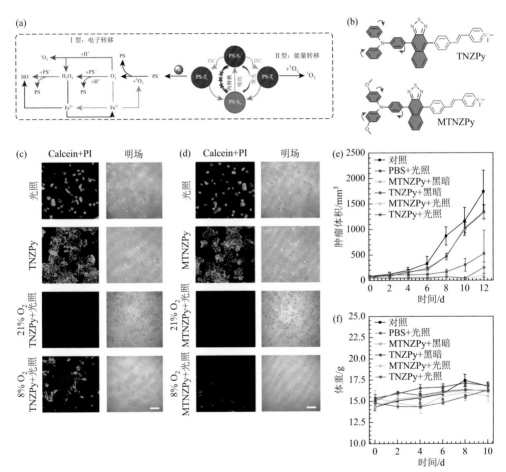

图 4-9 （a）ROS 产生机制：II 型能量转移形成单线态氧，I 型电子转移形成自由基 ROS 和过氧化氢；（b）TNZPy 和 MTNZPy 的化学结构，使用钙黄绿素（Calcein，绿色）和碘化丙啶（PI，红色）作为荧光探针进行活/死细胞共染色测定，评估 TNZPy（c）和 MTNZPy（d）在常氧/缺氧环境下的光动力杀伤效果；（e）小鼠治疗后不同时间肿瘤体积生长曲线；（f）不同组小鼠的体重测量

  在耐多药细菌感染治疗中开发基于Ⅰ型光敏剂的光动力治疗也是必要的。Tang和Wang等开发了一系列高效的具有AIE性质的Ⅰ型光敏剂TTCPy用于图像引导的光动力杀伤耐多药细菌（图4-10）[49]。TTCPy系列光敏剂不仅实现革兰氏阴性菌（G⁻）和革兰氏阳性菌（G⁺）的广谱成像，而且可以在光照下产生更具破坏性的Ⅰ型ROS来根除耐甲氧西林金黄色葡萄球菌（MRSA）和耐多药大肠杆菌（MDR *E. coli*）。在大鼠背部皮肤耐甲氧西林金黄色葡萄球菌和耐多药大肠杆菌感染的伤口模型中，经TTCPy-3＋光照处理后，伤口愈合速度明显加快。进一步利用大鼠创面切片组织的苏木精和伊红染色、染色和CD31（血管）染色有力地证明了TTCPy-3介导的光动力治疗具有优异的抗菌效率，并显著促进伤口愈合。因此，该研究将为合理设计高性能Ⅰ型AIE-PS以克服抗生素耐药性提供有用的指导。

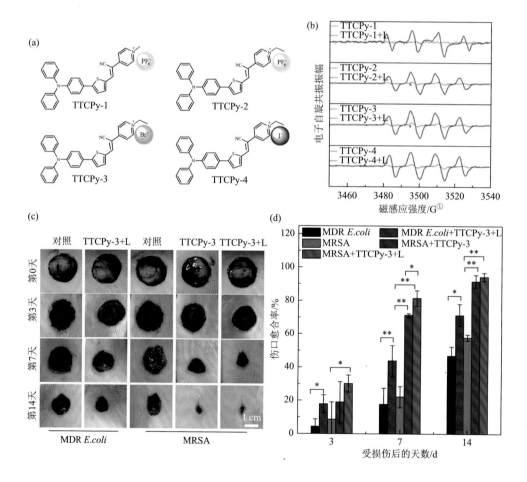

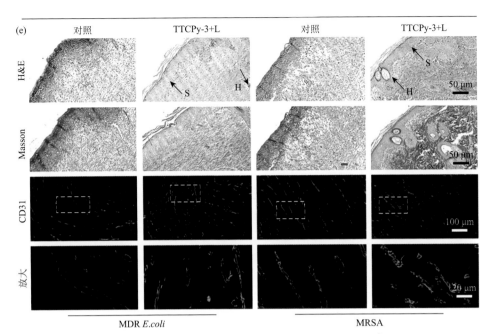

图 4-10 （a）TTCPy 系列的化学结构；（b）在白光照射（100 mW/cm²）前后，TTCPy-1、TTCPy-2、TTCPy-3 或 TTCPy-4（在水中为 0.5×10^{-3} mol/L）存在的情况下，监测 5, 5-二甲基-1-吡咯啉-*N*-氧化物（DMPO）的电子自旋共振（ESR）信号用于 I 型 ROS（·OH）表征，DMPO/·OH 加合物的特征共振可使 ESR 光谱在白光照射下显示出典型的四线共振,强度为 1：2：2：1；（c）经 TTCPy-3 或 TTCPy-3 加白光照射治疗后不同时间段的感染伤口的照片；（d）受伤后第 3 天、第 7 天和第 14 天 MDR *E. coli* 和 MRSA 感染伤口愈合率，$p < 0.05$ 被认为具有显著性差异，*代表 $p < 0.05$，**代表 $p < 0.01$；（e）在用或不用 TTCPy-3 加白光照射治疗大鼠 MDR *E. coli* 和 MRSA 感染的伤口 14 天后，伤口切片组织的 H&E、Masson 和 CD31 染色，图像中的字母表示组织切片中的特定细胞类型和结构，H：毛囊；S：鳞状上皮细胞

　　综上所述，具有 AIE 性质的有机分子在聚集态所表现出的增强发射和高效 ROS 产率的独特优势，有利于其在图像引导的 PDT 中广泛应用。近年来，已开发出大量的优异 AIE 光敏剂，其具有可选择靶向疾病部位、更高的荧光信号、更好的活性氧产率、生物相容性好等优势，并在抗肿瘤和抗菌的 PDT 中带来极佳的治疗效果，使得 AIE 光敏剂进入临床应用有很大的希望。通过综述 AIE 光敏剂在体内光动力诊疗中的应用，希望能激发来自不同学科的读者更多的兴趣和灵感，利用 AIE 的独特优势开发更多特异性和选择性的荧光探针，以进一步促进 PDT 在体内疾病诊疗中的应用。

4.2 具有光热治疗功能的 AIE 光声探针

　　光热疗法（PTT）是指具有光热转换效应的材料在激光照射下通过非辐射途径

产生热量，从而增加周围的温度来治疗包括肿瘤在内的各种疾病的治疗方法[50-52]。此外，高效的光热转换材料将光能转化为热能，可导致局部瞬时热膨胀和随后的超声波发射，超声波会被声学探测器接收从而实现光声成像（photoacoustic imaging, PAI）[53, 54]。PAI 将光学成像的高对比度和基于光谱的特异性与超声成像的高空间分辨率相结合，实现了在更深的组织中以高对比度和分辨率进行疾病诊断[55, 56]。基于光声成像引导的光热治疗手段由于能够提供具有高分辨率的深层组织穿透，具有毫米到厘米的成像深度和高时空分辨率，以及较高的治疗效率，已在生物医学诊疗领域中引起了广泛关注[57-59]。

理想的光声/光热材料应具有高摩尔消光系数、近红外（NIR）窗口峰值吸收、优异的光稳定性、高生物相容性、高光热转换效率等特点[57, 60, 61]。目前的光声/光热材料主要有金纳米晶、碳纳米管、基于石墨烯的材料、二维石墨烯类似物、有机纳米粒子、半导体聚合物纳米粒子等[59, 62-65]。其中，有机小分子/聚合物材料因其更加良好的生物相容性、优异的光学性能、易加工和表面可修饰而成为近年来大家关注的热点[66-68]。然而，大多数市售的近红外吸收分子药物包含吲哚菁绿（ICG）、亚甲基蓝（MB）等存在稳定性问题，如光热不稳定性、光漂白、RONS 不耐受和 ACQ 等问题，这大大影响了它们的实际应用[50, 69-72]。

具有转子结构的 AIE 分子的自由旋转和振动有利于将非辐射能量转移为热的形式发散，这使其成为适用于 PA 成像和 PTT 的独特分子类型[73-76]。近年来，大量新型 AIE 光声/光热探针被设计开发并在光声成像指导的光热治疗中发挥积极优良的效果。本节将主要介绍具有光热治疗功能的 AIE 光声探针在体内疾病诊疗中的应用。

4.2.1 高稳定的 AIE 光声/光热探针

Tang 和 Ding 等设计并合成了有机 AIE 小分子 TPA-T-TQ，开发了高度稳定且生物相容的有机纳米粒子 TPA-T-TQ ONPs，应用于有效的 PAI 引导的 PTT 中（图 4-11）[77]。TPA-T-TQ ONPs 表现出强光声信号、高热稳定性和光热稳定性，以及优异的光漂白和 RONS 抗性，远优于临床常用的 ICG。将 TPA-T-TQ ONPs 尾静脉注射到 4T1 荷瘤小鼠中，得益于增强的 EPR 效应，TPA-T-TQ ONPs 可在肿瘤组织中有效积累，因此肿瘤部位的 PA 亮度随注射时间的增加而增加，在注射后 6 h 达到最大值，表明注射后 6 h 是 PA 成像和 PTT 治疗的最佳时间点。在激光照射肿瘤组织后，具有优良光热转换性能的 TPA-T-TQ ONPs 处理的小鼠肿瘤的温度在照射的 3 min 内从 36℃升高到 64℃，并且随后的肿瘤生长曲线表明基于 TPA-T-TQ ONPs 的 PTT 治疗显著抑制了小鼠肿瘤的生长。此外，组织学检查和血液检查结果表明 TPA-T-TQ ONPs 具有可忽略不计的体内毒副作用。因此，这项研究为开发用于实际光疗应用的先进近红外吸收小分子提供了新的参考。

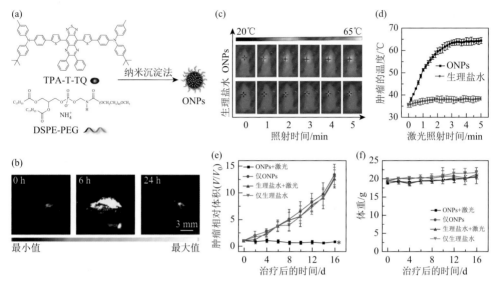

图 4-11　（a）通过纳米沉淀法制备 **TPA-T-TQ ONPs** 的示意图；（b）静脉注射 **TPA-T-TQ ONPs** 后肿瘤部位不同时间点的 PA 图像；（c）4T1 荷瘤小鼠在 808 nm 激光照射（0.5 W/cm^2）下不同时间点的红外线热图像；（d）在 808 nm 激光（0.5 W/cm^2）照射下，肿瘤的平均温度随照射时间的变化曲线；不同治疗组小鼠的肿瘤生长曲线（e）和体重变化（f），$p < 0.05$ 被认为具有显著性差异，＊代表 $p < 0.05$

4.2.2　高光热转化效率的 AIE 光声/光热探针

平面供体和受体（D-A）共轭结构通常被认为是构建高效光热治疗剂的标准，以限制聚集体（纳米颗粒）中的分子内运动。然而，其他非辐射衰变通道可能会被阻止，导致有机材料的光热转化效率通常较低[54]。为了解决这一问题，Tang 和 Ding 等提出通过增强分子聚集态分子运动来提高光热性能的"反常规"策略，将分子转子和支化长烷基链引入染料分子主干中，所得的分子 NIRb14 的光热转化效率显著提高（图 4-12）[78]。此外，采用肿瘤酸响应性聚合物制备 pH 响应的纳米粒子 NIRb14-PAE/PEG NPs，以延长体内血液循环时间并增强纳米粒子在肿瘤中的积累和保留。4T1 荷瘤小鼠体内光声成像结果表明，静脉注射 NIRb14-PAE/PEG NPs 的小鼠肿瘤部位的光声信号明显增强且循环时间增长。进一步在 4T1 荷瘤小鼠模型中研究了 NIRb14-PAE/PEG NPs 的 PTT 能力，在同等激光照射条件下，与对照组（生理盐水及 NIRb14-PEG NPs）相比，NIRb14-PAE/PEG NPs 组在肿瘤部位产生的温度更高，且具有更强的抗肿瘤功效。因此，这项研究提供了一种激发分子运动来实现高效的光疗药物的方法，是将微观分子运动与生物医学功能和有效性相关联的极少数例子之一。

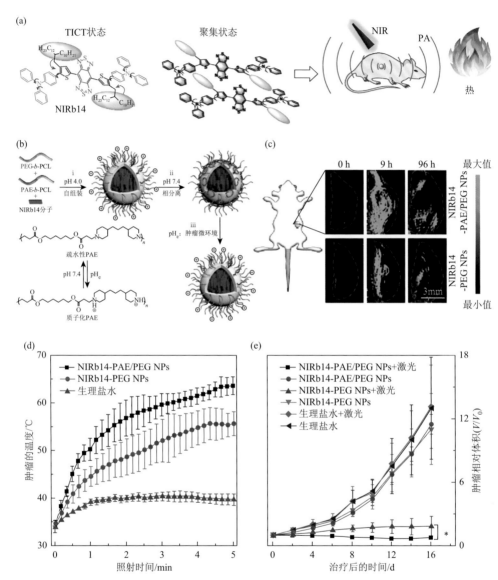

图 4-12　（a）溶液中 TICT 状态、聚集状态，NIRb14 用于 PA 成像引导 PTT 的示意图；（b）pH 响应 NIRb14-PAE/PEG NPs 的示意图；（c）静脉注射 NIRb14-PAE/PEG NPs 或 NIRb14-PEG NPs 之前（0 h）和之后指定时间点的小鼠肿瘤部位 PA 图像，红色虚线区域表示肿瘤位置；（d）808 nm 激光（0.8 W/cm^2）照射下，肿瘤部位的温度随照射时间的变化；（e）不同治疗组小鼠的肿瘤生长曲线，$p<0.05$ 被认为具有显著性差异，*代表 $p<0.05$

4.2.3　多模态诊疗的 AIE 光声/光热探针

多模态成像整合了荧光成像的高灵敏度及光声成像的成像深度深的优点，有利于获得精确全面的肿瘤信息[79, 80]。同时，光动力治疗和光热治疗同时作用可突破各自的局限性，光热治疗可通过提高血流量来改善肿瘤内的氧气供应从而促进光动力治疗，进一步消除光热治疗中肿瘤中耐热的细胞[81, 82]。因此，能够实现具有多种诊断成像和协同治疗的综合功能的多功能光疗系统至关重要。通过巧妙地调节辐射和非辐射能量耗散之间的平衡来实现多模态引导的协同光疗无疑是有吸引力的，但也是一项极具挑战性的任务。AIE 荧光分子结构上具有丰富的自由运动分子旋转器，可通过促进或抑制分子内运动调节辐射衰变和非辐射衰变之间的平衡，使其成为平衡能量耗散的绝佳模板[83, 84]。

Tang 和 Hu 等合成了一种具有转子扭曲结构，在远红/近红外区域有强吸收的 AIE 分子 TFM（图 4-13）[85]。TFM 纳米颗粒（NPs）内有效的分子内运动，大大提高热激发态能量通过非辐射衰变途径消散的效率，使 TFM NPs 显示出高光热转换效率（51.2%）、出色的光声（PA）效应和高 ROS 产率。将 TFM NPs 静脉注射到 EMT-6 乳腺癌小鼠体内，通过光声成像及离体组织的荧光成像证实了 TFM NPs 在肿瘤部位富集。在激光照射下，TFM NPs 在肿瘤内高效地产生热及 ROS，可有效抑制小鼠肿瘤的生长，实现协同 PTT/PDT 的多模态治疗方式。这项研究为合理设计用于有效癌症精确诊断治疗的分子提供了新的思路，并通过涉及非辐射衰变的独特途径扩展了聚集诱导发光材料在生物领域的应用。

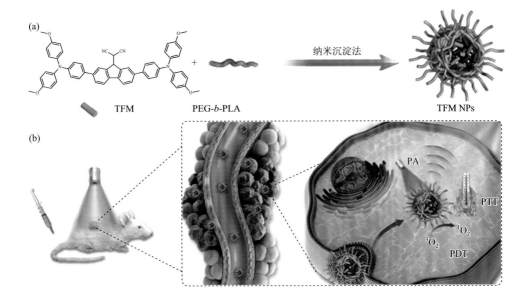

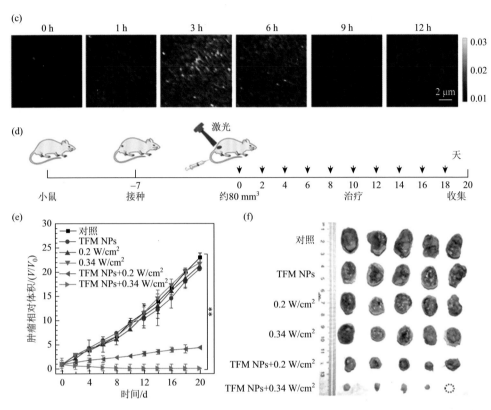

图 4-13 （a）通过纳米沉淀法制备 TFM NPs；（b）TFM NPs 用于 PAI 引导的 PTT-PDT 癌症治疗诊断的示意图；（c）静脉注射 TFM NPs 后 EMT-6 肿瘤部位的 PA 图像；（d）使用 650 nm 激光用于体内治疗示意图；（e）不同治疗组的相对肿瘤体积变化，$p<0.05$ 被认为具有显著性差异，*代表 $p<0.05$，**代表 $p<0.01$；（f）不同治疗后采集的肿瘤图像

Tang 和 Wang 等巧妙地设计和构建了一种基于 AIE 的全能光疗剂 TSSI NPs（图 4-14）[86]。在激光照射下，所制备的 TSSI NPs 显示出以 992 nm 为中心的显著的近红外 II 区荧光信号、极高的 ROS 和高达 46% 的光热转换效率。体外和体内研究均证实，具有优异生物相容性的 TSSI NPs 在近红外 II 区荧光成像-光声成像-光热成像（NIR-II FLI-PAI-PTI）引导的协同 PTT/PDT 治疗方面表现优异。更重要的是，由于具有优异的治疗效果，在体内治疗过程中只需对 4T1 荷瘤小鼠注射一次 TSSI NPs 并于肿瘤部位进行一次照射，即可完全消除小鼠的实体瘤且无复发现象。因此，这项研究为开发用于实际癌症治疗的卓越多功能光疗提供了新的见解。

通过平衡激发态能量的辐射和非辐射衰减，AIE 分子成为多模态光治疗学的潜在的有前途的模板。此外，Tang 和 Wang 等设计并合成了一系列新型近红外发

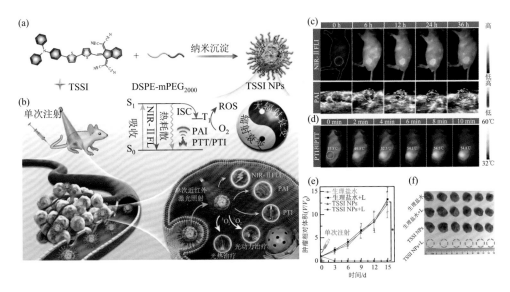

图 4-14　（a）TSSI 的化学结构和 TSSI NPs 的制备过程；（b）协调光物理过程和 TSSI NPs 在 NIR-Ⅱ FLI-PAI-PTI 三模成像引导的 PTT/PDT 协同癌症治疗中应用的示意图；（c）静脉注射 TSSI 到 4T1 荷瘤小鼠体内后，不同监测时间点的肿瘤部位的 NIR-Ⅱ 区荧光成像（上排）和光声成像（下排），虚线内为肿瘤部位；（d）在注射 TSSI 12 h 后，近红外激光照射期间 4T1 荷瘤小鼠的红外热成像图像和加热温度；（e）不同处理组的荷瘤小鼠的时间依赖性肿瘤生长曲线；（f）不同治疗后第 15 天收获的肿瘤照片

射 AIE 分子 TTT-1、TTT-2、TTT-3 和 TTT-4（图 4-15）[87]。其中 TTT-4 具有长发射波长、良好的光稳定性、显著的生物相容性、良好的活性氧生成性能和出色的光热转换效率，使其能够有效地用于体外和体内癌症光疗。TTT-4 纳米粒子能够通过 NIR-Ⅰ/Ⅱ 荧光-光声联合成像对小鼠实体瘤进行精准诊断，同时该 AIEgen 可激活光动力和光热协同治疗。激光照射后，只需一次注射和照射即可获得出色的肿瘤消除效果。因此，这项研究为实用的癌症治疗学提供了一个多功能平台。

　　本节总结了用于光热治疗的 AIE 光声探针在体内疾病诊疗中的最新进展。提高小分子有机光热剂的稳定性、在体内应用中保持较高的光热转换效率是增强有机光热剂在体内光声成像和光热治疗效果的有效方法。此外，具有多模态成像能力的光热材料可以将光声成像的高时空分辨率和荧光成像的高灵敏度优势互补，在体内可发挥光动力/光热协同治疗效果。通过合理的分子设计，新型 AIE 光热小分子在用于光声成像指导的光热治疗方面显示出巨大的潜力。我们希望有更多读者加入，一起进一步推动 AIE 材料在生物医学中的应用。

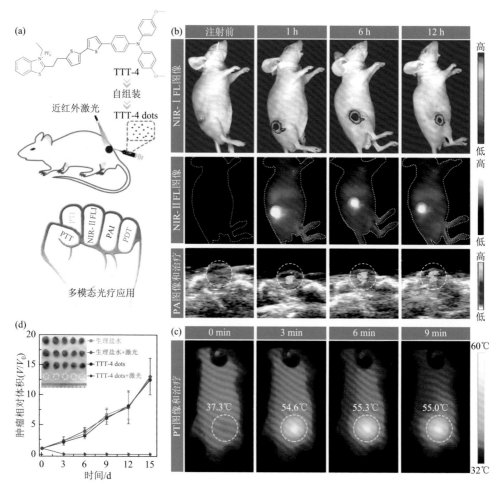

图 4-15 （a）TTT-4 的化学结构和 TTT-4 纳米粒子的制备过程及其在荷瘤小鼠模型上的多模态光疗应用；（b）BALB/c 裸鼠 4T1 肿瘤内注射 TTT-4 纳米粒子，不同监测时间的 NIR-Ⅰ区荧光成像（上排）、NIR-Ⅱ区荧光成像（中排）和 PA 成像（下排）；（c）在注射 TTT-4 纳米粒子 12 h 后，660 nm 激光照射（0.3 W/cm²）下 4T1 荷瘤小鼠的 IR 热成像和加热温度，虚线内为肿瘤部位；（d）不同处理组的荷瘤小鼠的时间依赖性肿瘤生长曲线，插图为不同处理后第 15 天收获的肿瘤照片

4.3   AIE 荧光探针在协同治疗中的应用

在体内疾病诊疗中，单一的治疗方式往往由于存在局限性，难以达到理想的效果。例如，针对肿瘤进行化学疗法虽然在体内有一定的效果，但长期的单一治疗导致肿瘤细胞具有耐药性。化疗药物对体内肝肾功能的影响等副作用限制了其临床上的应用[88, 89]。另外，放射治疗存在肿瘤细胞放疗敏感性低，辐射对健康组织副作用

大等问题[90]。因此，将多种治疗方式的优势和特点结合的协同治疗被认为是克服单一治疗缺点从而增强治疗效果、抵抗耐药性和减小药物毒性的有效策略。

荧光探针可以通过分子工程的设计而使其具有优异的光物理和光化学性能，从而赋予其荧光、产热和产 ROS 的能力。具有 AIE 性质的光学探针不仅可以为外科手术和药物释放提供示踪成像，还可以通过分子结构的调控使其通过光动力或光热等途径对疾病进行诊疗，并取得了优异的成果[91]。然而，在重大疾病尤其是癌症中，尽管已有多项研究揭示 AIE 荧光探针可以应用于癌症的早期诊疗中，但对于癌症的完全根治仍然需要联合其他治疗方式来实现。

基于纳米技术的肿瘤组织联合药物输送已经成为一种有效的策略，克服了许多生物医学方面阻碍抗癌药物的成功输送的障碍。应用纳米技术，可以通过物理结合或化学修饰的方式将光学探针和其他治疗药剂组装成纳米粒，进而在生物体内进行共递送，从而实现协同治疗[92, 93]。基于纳米药物递送系统（NDDS）可以通过增强的 EPR 效果被动地积聚到肿瘤部位，除此之外还可以通过表面工程化或设计响应基团使其主动靶向至肿瘤部位，或响应目标微环境（如 pH、酶等）或外部刺激（如光），从而减少非特异性摄取，改善药物的溶解度及体内稳定性，达到有效控释的治疗效果[94, 95]。同时，纳米粒结合了基于 AIE 分子的荧光成像技术，能够实时动态地监测其在体内的分布和判断药物的释放情况[96]。因此，将基于 AIE 探针的光动力治疗或光热治疗与化疗、放疗、基因治疗等相结合，在体内疾病诊疗中具有协同放大治疗效果的潜力。本节将讨论基于 AIE 的协同治疗在体内疾病诊疗中应用的典型案例。

4.3.1　AIE 探针与化疗药物的协同

仅在疾病部位被激活的化疗前药是全身毒性低的药物衍生物。在抗肿瘤治疗中，光动力治疗和化疗相结合的协同治疗，采用可激活的光敏剂（PS）和化学前药，具有克服耐药性、监测药物释放、降低全身毒性和放大治疗效果的显著优势。为了实现可激活的 PS 和化学前药联合治疗，Liu 等开发了一个智能治疗平台，通过二硫键整合丝裂霉素 C（mitomycin C，MMC）和乙烯基吡啶鎓取代的四苯基乙烯（TPEPY，一种 AIE PS），以实现可激活的 PS 和具有可追踪激活的化学前药联合治疗（图 4-16）[97]。TPEPY 在聚集状态下表现出明亮的荧光和高 ROS 生成效率。由于 MMC 中醌组分的猝灭效应，获得的 TPEPY-S-MMC 不显示荧光且不产生 ROS。同时，MMC 氮位上的吸电子酰基能够降低 TPEPY-S-MMC 的体内毒性。当 TPEPY-S-MMC 直接注射到 4T1 荷瘤小鼠的肿瘤中，TPEPY-S-MMC 的二硫键被组织内的 GSH 裂解，TPEPY-SH 的荧光得以恢复，作为指示 PS 和 MMC 的激活信号以指导进一步的光动力治疗。此外，TPEPY-S-MMC 被激活为具有光敏活性的光敏剂 TPEPY-SH 和化学药物 MMC 用于联合治疗。在 4T1 荷瘤小鼠模型中，基于 TPEPY-S-MMC 的光动力治疗和化疗的协同治疗导致肿瘤生长受到严重的抑制，抑瘤效果远优于单独化疗及单独光动力治疗。更为重要的是，在治疗期间，联合治疗并没有导致小鼠体重有明显的减轻，表明基于 TPEPY-S-MMC 的协同治疗平台具有良好的生物相容性和低毒性。这项研究将鼓励更多智能探针的设计，以满足对个性化医疗日益增长的需求。

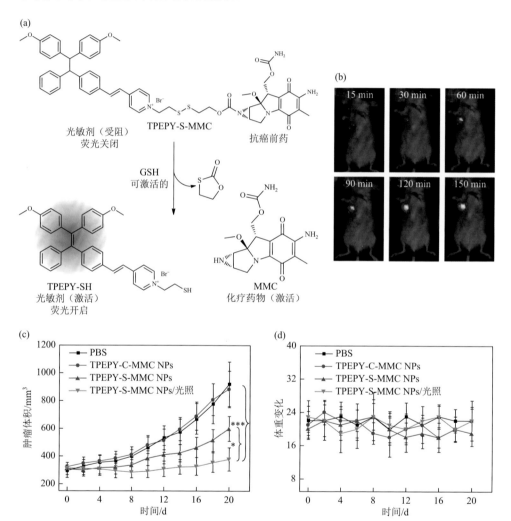

图 4-16　（a）TPEPY-S-MMC 的化学结构式及双前药可追踪激活途径；（b）在瘤内给予 **TPEPY-S-MMC NPs 的 15 min、30 min、60 min、90 min、120 min 和 150 min 后，携带 4T1 的小鼠的荧光成像**；（c）不同处理后，4T1 荷瘤小鼠的肿瘤生长曲线，$p<0.05$ 被认为具有显著性差异，*代表 $p<0.05$，***代表 $p<0.01$；（d）治疗期间不同处理组的荷瘤小鼠的体重变化

　　紫杉醇（Ptx）是公认的应用最广泛的抗肿瘤药物之一。然而，Ptx 在临床应用中的一个障碍是一些癌细胞对 Ptx 不敏感。Ptx 的抗肿瘤疗效的放大仍然是一个关键的挑战。Tang 和 Ding 等报道了一种具有聚集诱导发光（AIE）性质的光敏剂（TPE-Py-FFGYSA），它可以作为一种无毒佐剂来增强 Ptx 的抗肿瘤功效，具有"0＋1＞1"的协同效应（图 4-17）[98]。其中 TPE-Py 作为 AIE 光敏剂；三肽 FFG 作为自组装辅助单元；多肽序列 YSAYPDSVPMMS（YSA）可以选择性地靶向一种跨膜酪氨酸激酶受体（EphA2）。TPE-Py-FFGYSA 不仅能特异性地靶向 EphA2，以荧光开启模式选择性地点亮癌细胞过表达的 EphA2 蛋白簇，还能通过作为辅助剂大大增强 Ptx 的抗肿瘤功效。细胞毒性和蛋白质印迹研究表明，TPE-Py-FFGYSA 在光照下产生的活性氧不会杀死癌细胞，而是提供细胞内氧化环境以帮助 Ptx 获得更好的疗效。因此，该研究不仅扩展了光敏剂的应用范围，而且提供了独特的影像诊断与辅助抗肿瘤治疗相结合的治疗诊断系统。

　　降低癌细胞的化疗耐药性或使癌细胞对化疗药物敏感，在临床上提高癌症化疗药物的疗效方面起着关键作用。为此，Ding 和 Zheng 等开发了一种荧光和光活性双重激活前药（HCA-SS-HCPT），由二硫键将 AIE 光敏剂（4-二甲基氨基-20-羟基查耳酮，HCA）与抗癌化疗药物羟基喜树碱（HCPT）连接（图 4-18）[99]。

(a)

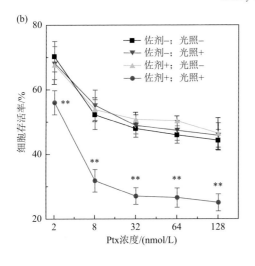

TPE-Py-FFGYSA

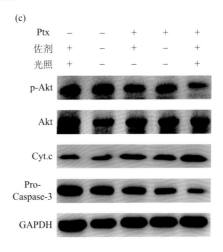

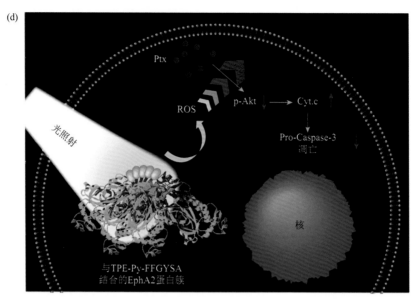

图 4-17 （a）TPE-Py-FFGYSA 的化学结构式；（b）接受或未接受的 TPE-Py-FFGYSA
（1 μmol/L）/光照射处理的 PC-3 细胞（人的前列腺癌细胞），在添加各种浓度的 Ptx 48 h 后的细
胞活力，$p < 0.05$ 被认为具有显著性差异，**代表 $p < 0.01$；（c）接受不同治疗的 PC-3 癌细胞中
各种蛋白质表达的蛋白质印迹分析；（d）"0 + 1 > 1"协同机制的示意图

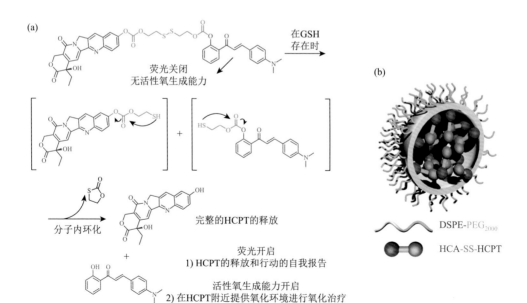

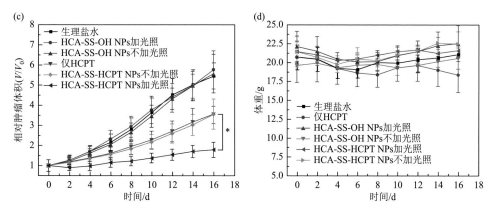

图 4-18　（a）HCA-SS-HCPT 的化学结构式和工作原理；（b）以 DSPE-PEG$_{2000}$ 为包封基质的 HCA-SS-HCPT 纳米粒子的示意图；（c）接受不同治疗的 PC-3 前列腺癌荷瘤小鼠的肿瘤生长曲线，$p<0.05$ 被认为具有显著性差异，*代表 $p<0.05$；（d）接受不同治疗的 PC-3 前列腺癌荷瘤小鼠的体重变化

进一步利用两亲性共聚物 DSPE-PEG$_{2000}$ 包裹 HCA-SS-HCPT 制备成纳米颗粒 HCA-SS-HCPT NPs。该纳米粒子在水环境中经激光照射几乎不产生荧光和 ROS。在癌细胞内高表达的谷胱甘肽（GSH）存在下，二硫键被切割并随后释放完整的 HCPT 和 HCA，从而恢复 HCA 荧光和 ROS 的产生能力。裂解的 HCA 不仅可以示踪共同递送的 HCPT 的释放过程，还可通过产生少量的 ROS 来作为无毒的促氧化剂使癌细胞对 HCPT 更敏感，从而实现显著增强的抗癌功效。在 PC-3 前列腺癌荷瘤小鼠模型中，通过小动物荧光成像仪观察到，来自裂解的 HCA 的黄色荧光信号在尾静脉注射 HCA-SS-HCPT NPs 5 h 后达到最高值，指示出 HCPT 的释放情况。在将 HCA-SS-HCPT NPs 处理的小鼠的肿瘤暴露在白光下后，小鼠肿瘤的生长被明显抑制，归功于协同氧化治疗效果，即裂解的 HCA 产生的 ROS 提供了一个氧化环境，使肿瘤细胞对释放的 HCPT 敏感，使药物发挥更大的作用，实现了"0＋1＞1"的协同抗癌效果。此外，小鼠体重在治疗期间没有出现明显的减轻，表明该策略具有良好的生物安全性。与传统报道的"荧光分子-SS-药物"系统主要集中在使用荧光分子来跟踪谷胱甘肽响应药物释放相比，这项工作提供了一个新的思路，即利用荧光恢复的 ROS 生成能力来解决耐药癌细胞对药物的不敏感问题，这将激发生物医学和癌症治疗学研究领域产生更多令人兴奋的材料、策略和见解。

4.3.2　AIE 探针与放射治疗的协同

临床上放射治疗的失败往往是由于癌细胞对放射线的抵抗力，因此不增加放射剂量但可提高放射治疗效果的放射增敏剂亟待开发。为了评估放射增敏剂的放射增敏效果，SER10，即 10%细胞存活时的增敏剂增强率，是最重要的标准之一[100]。具有较大 SER10 值的更有效的放射增敏剂是非常需要的。研究表明，线粒体在肿瘤放疗增敏中发挥了关键的作用。放疗最终导致的肿瘤细胞凋亡也是由线粒体调控的。不仅如此，在线粒体中的氧化应激能够导致线粒体膜通透性的改变，与肿瘤细胞放疗增敏息息相关[101]。基于此，Tang 和 Ding 等首次报道了一种靶向线粒体的 AIE 光敏剂 DPA-SCP 作为放射增敏剂，显著提高癌细胞对放疗的敏感性（图 4-19）[102]。由于 AIE 特征，DPA-SCP 在水性介质中发射较弱，但在定

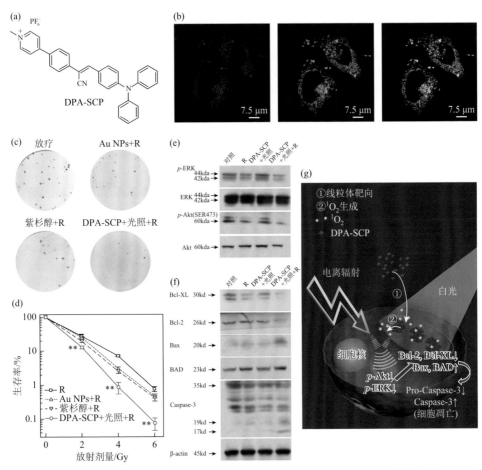

图 4-19　（a）DPA-SCP 的化学结构式；（b）DPA-SCP 与市售深红色线粒体染色剂在 A549 肺癌细胞中的共定位图像，左侧为 DPA-SCP，中间为线粒体染色剂，右侧为左侧和中间的叠加图像；（c）不同放射增敏剂处理后 A549 肺癌细胞集落形成能力的代表性照片；（d）用不同放射增敏剂处理后的 A549 肺癌细胞的存活曲线；接受不同处理的 A549 肺癌细胞中 p-Akt 和 p-ERK（e）以及凋亡相关蛋白的表达（f）的蛋白质印迹分析，$p < 0.05$ 被认为具有显著性差异，**代表 $p < 0.01$；（g）“0 + 1>1”协同增强癌细胞对电离辐射的放射敏感性机制的示意图

位于癌细胞线粒体时会发出强烈的红色荧光。该体系中值得关注的是通过优化条件，如调节白光功率和照射时间等，DPA-SCP 在线粒体中产生的单线态氧对肿瘤细胞本身并没有实质性的杀伤作用，但是一旦与放射治疗联手，便能够产生远远优于化疗药物和金纳米粒子的协同治疗效果。细胞克隆实验表明，DPA-SCP 对肺癌 A549 细胞放疗增敏的 SER10 值高达 1.62，远高于常用的放射增敏剂金纳米粒子（Au NPs，SER10 值为 1.19）和化疗药物紫杉醇（SER10 值为 1.32）。白光照射下 DPA-SCP 不会导致癌细胞凋亡/死亡，只在线粒体中形成氧化环境，从而促进放疗的治疗效果，达到"0 + 1＞1"的协同效应。通过蛋白质印迹分析法揭示了这种出色的放射增敏作用是由于增强了对 Akt 和 ERK 磷酸化的抑制，从而使促存活的 PI3 k/Akt 和 MAPK 信号通路失活，并改善了线粒体源性细胞凋亡的诱导。这项工作为放射治疗领域带来新的见解和材料。

　　将光动力治疗和放射治疗（RT）结合即放射动力学治疗（RDT），将有望实现肿瘤内 ROS 的高效产生并克服组织穿透性。Liu 等通过 AIE 光敏剂与高原子序数 Hf^{4+} 的配位作用，开发了一种 Hf-AIE 配位聚合物纳米粒子（CPNs），在该系统中，Hf^{4+} 不仅可以作为放射增敏剂吸收 X 射线并蓄积辐射能量以增强 RT，还可以作为介质将 X 射线的能量转移到 TPEDC-DAC 以进行 RDT（图 4-20）[103]。进一步通过生物正交点击化学，利用二苯并环辛炔（DBCO）修饰 CPNs 形成功能化的 Hf-AIE-PEG-DBCO，可与通过糖代谢工程技术［四酰化 N-叠氮基乙酰基甘露糖胺（Ac4ManNAz）是一种代谢前体，可用于用叠氮基修饰细胞膜聚糖］在细胞膜上形成的叠氮基团偶联，提高其在肿瘤中的富集并延长其在肿瘤内的滞留时间。在 X 射线照射下，Hf-AIE-PEG-DBCO 可以通过 Hf 的放射增敏作用和 Hf 介导的从 X 射线到 TPEDC-DAC 的能量转移同步产生有效的·OH 和单线态氧。此外，由于 X 射线与白光相比具有更深的穿透力以及点击化学有助于增强肿瘤积累，Hf-AIE-PEG-DBCO + Ac4ManNAz + X 射线通过同步增强 RDT 和 RT 在 4T1 乳腺癌荷瘤小鼠体内实现了最高的抗癌效率，且在小鼠体内没有显示出明显的毒副作用。该项研究为 AIE 光敏剂协同放疗用于深部肿瘤治疗提供了新的思路。

(a)

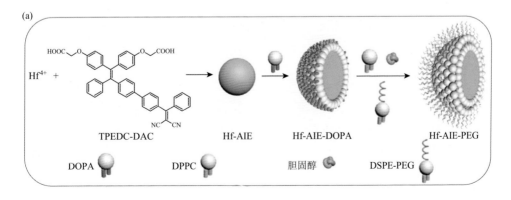

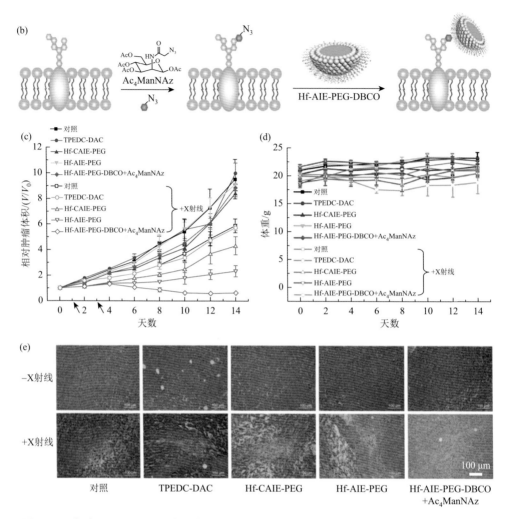

图 4-20　（a）TPEDC-DAC 的化学结构式及制备 CPNs 的示意图；（b）叠氮化物在癌细胞膜聚糖上的表达以及随后与 Hf-AIE-PEG-DBCO 纳米颗粒的生物正交标记的示意图；（c）小鼠接受不同治疗后的肿瘤生长情况，箭头表示 X 射线照射的时间点；（d）小鼠接受不同处理后的体重；（e）在接受各种治疗后 2 天收集的肿瘤的 H&E 染色图像

4.3.3　AIE 探针与基因治疗的协同

　　光动力治疗经常受肿瘤乏氧影响而受限，为了提高治疗效果，基因疗法和光动力疗法的联合治疗已被认为是一种有效的策略。Xia 和 Lou 等开发出一种纳米复合材料 MnO_2-DNAzyme-TB（MDT），即采用 GSH 响应性二维纳米材料 MnO_2 递送 AIE 光敏剂和脱氧核酶（DNAzyme），用于肿瘤成像和光动力-基因联合治疗

（图 4-21）[104]。一旦 MDT 被内化到高表达 GSH 的癌细胞中，AIE 光敏剂 TB 和 DNAzyme 将释放，MnO_2 降解为 Mn^{2+}。随后 TB 的荧光恢复可用于肿瘤特异性成像，并在照射下产生单线态氧导致细胞凋亡。此外，产生的 Mn^{2+}可作为 DNAzyme 的催化剂，促进 DNAzyme 负调控早期生长应答因子 1（EGR-1）的表达以抑制细

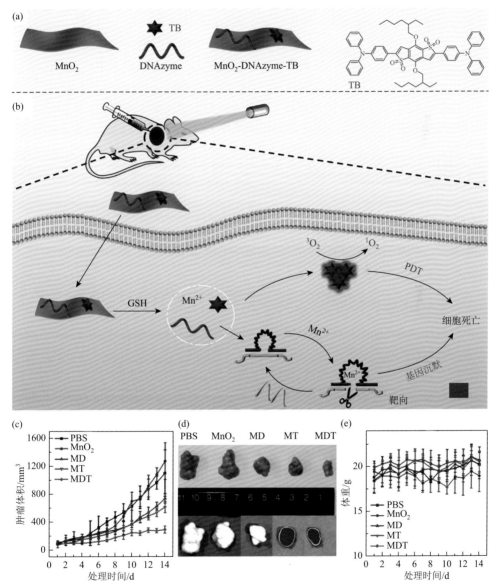

图 4-21　（a）MnO_2-DNAzyme-TB 的合成路线；（b）使用 MnO_2-DNAzyme-TB 进行基因沉默和光动力治疗的示意图；（c）不同处理后肿瘤体积的变化；（d）不同处理后小鼠肿瘤的图像（上）和离体荧光成像（下）；（e）不同处理后小鼠的体重

胞生长。当 MnO_2 存在时，GSH 含量降低，ROS 含量相应增加，从而进一步改善 PDT 治疗的结果。在裸鼠腋下植入人乳腺癌 MCF-7 细胞以构建 MCF-7 荷瘤小鼠模型，用于评估光动力-基因治疗联合治疗效果。将 MDT 给小鼠瘤内注射 24 h 后，对小鼠肿瘤进行光照，随后持续测量小鼠肿瘤体积以监测治疗效果。肿瘤治疗实验结果表明，光照下的 MDT 可通过光动力和基因沉默联合治疗有效抑制 MCF-7 乳腺癌荷瘤小鼠的肿瘤生长。除此之外，经 H&E 染色的小鼠主要器官组织切片未见明显异常，表明 MDT 对小鼠几乎没有毒副作用。这项研究将基于 AIE 的光动力治疗和基因治疗联合，克服单一治疗的局限性，达到协同提高疗效的结果，提供了一种有望用于肿瘤治疗的新型组合癌症治疗剂。

本节主要介绍了 AIE 荧光探针协助其他治疗模式（如化疗、放疗和基因治疗）在体内疾病诊断中的应用，展示了 AIE 荧光分子在协同治疗中的巨大优势和潜力。构建新型诊疗一体化，可将不同治疗的优势互补，同时具有优异的生物相容性的纳米材料总是需要的，我们希望可以激发更多读者的研究兴趣，设计更多新型 AIE 纳米材料以满足个性化医学日益增长的需求。

4.4 具有免疫治疗功能的 AIE 荧光探针

目前 AIE 荧光探针在癌症治疗中已经取得了一定的成功，发挥着积极的作用，但尽管与常规的癌症治疗方法包括手术、放疗、化疗等相结合，也通常只能短期内消融原发性肿瘤，无法长期抑制转移性癌症。肿瘤复发后，将对之前的治疗手段具有很强的耐受性，且反复手术、化疗、放疗等对机体伤害较大，对晚期转移性肿瘤的疗效有限。目前肿瘤复发和转移是癌症治疗中急需解决的问题，因此探索有效的免疫治疗方式，激发和增强机体抗肿瘤免疫应答，促进全身免疫监测，建立长期的免疫记忆，预防癌症复发和转移，将给肿瘤治疗带来新的希望[105, 106]。

阻断免疫检查点抑制剂（如 PD-1/PD-L1 和 CTLA-4）的免疫疗法在癌症治疗中具有划时代的意义，相关研究者因此获得了 2018 年诺贝尔生理学或医学奖[107, 108]。然而这种免疫治疗方法的效果与肿瘤免疫微环境中免疫细胞的浸润程度、PD-L1 的表达情况等息息相关。在临床应用中，免疫检查点阻断疗法在免疫细胞浸润较少的"冷"肿瘤中响应率较低，无法发挥功效[109-111]。因此，能够将"冷"肿瘤微环境转化为富含免疫细胞的"热"肿瘤微环境以增强免疫检查点阻断疗法的策略是迫切需要的，也引起了人们的广泛探索。

诱导肿瘤细胞的免疫原性细胞死亡（ICD）是将肿瘤微环境由冷转热的有效策略。肿瘤细胞通过免疫原性死亡能够在濒死状态下释放大量的损伤相关分子模式（damage-associated molecular patterns，DAMPs），包括分泌腺苷三磷酸（adenosine triphosphate，ATP）、释放高迁移率族蛋白 B1（high mobility group box-1，HMGB1）和热休克蛋白 70（heat shock protein 70，HSP70）及钙网蛋白（calreticulin，CRT）从内质网转位至细胞膜表面等[112]。一方面，DAMPs 是募集抗原提呈细胞（如树突状细胞）的信号，提高抗原提呈细胞对肿瘤细胞的识别摄取和呈递。另一方面，DAMPs 也是一种天然佐剂，能有效促进树突状细胞成熟及将肿瘤抗原提呈给 T 细胞，从而激发特异性 T 细胞介导的免疫反应[113, 114]。诱导肿瘤免疫原性死亡对推动肿瘤免疫治疗的发展至关重要，而寻找有效的 ICD 诱导剂最为关键。然而目前仅有很少的化疗药物或光敏剂等被证明具有诱导 ICD 的能力，因此开发新型且有效的 ICD 诱导剂对于癌症免疫治疗领域是十分必需且迫切的。

在 ICD 诱导剂中，光敏剂具有对正常组织毒性小、时空精度高等优点。光敏剂在吸收光后产生 ROS，随后通过直接或间接诱导内质网应激以诱导肿瘤细胞免疫原性死亡。目前已被证明可诱导癌细胞免疫原性死亡的光敏剂有焦脱镁叶绿酸-a（pyropheophorbide a，Ppa）、二氢卟吩 e6（chlorin e6，Ce6）等卟啉类衍生物[115-117]。然而，现有的卟啉类光敏剂在聚集状态下由于分子间相互作用（如 π-π 堆积）使得产生 ROS 的效率降低，很难诱导释放足够的 DAMPs 来达到令人满意的肿瘤免疫治疗效果。与传统光敏剂不同，AIE 性质的光敏剂不仅可以在聚集态高效产生 ROS，还易于制备成靶向聚集于重要细胞器的材料，使细胞内的应激状态更加明显，为癌症光-免疫治疗带来更加理想的效果。本节主要介绍具有免疫治疗功能的 AIE 荧光探针在体内疾病诊疗中的应用。

4.4.1　靶向细胞器的 AIE 探针用于免疫治疗

线粒体是一种极其重要的细胞器，与细胞应激信号转导密切相关。为了探索线粒体的氧化应激与 ICD 之间的关系，Ding 等研究设计并合成了可靶向线粒体的 AIE 光敏剂 TPE-DPA-TCyP（图 4-22）[118]。TPE-DPA-TCyP 可选择性聚集在癌细胞线粒体上并发出强的 NIR 荧光，在光照后高效产生 ROS，显示出高效的 ICD 诱导效果，其效果远优于文献报道的高性能 ICD 诱导剂（如 Ce6、Ppa 和奥沙利铂），随后的机制分析证明线粒体氧化应激能够同时引发内质网应激。当接种了 TPE-DPA-TCyP 处理的 4T1 乳腺癌细胞疫苗的小鼠受到同源活细胞的攻击时，它们可以有效地抑制 4T1 乳腺癌细胞的生长，并且抑瘤效果要好于 Ce6 处理组。通过对免疫细胞进行分析，证明了 TPE-DPA-TCyP 在诱导抗肿瘤免疫和免疫记忆效应方面具有更好的有效性和稳健性。与目前报道的基于光敏剂的 ICD 诱导剂相比，更具优势的 TPE-DPA-TCyP 在特定的线粒体靶向、3D 扭曲分子结构和分离的 HOMO-LUMO 分布方面展示了独特的分子设计指南。该研究首次揭示了线粒体氧化应激与 ICD 之间的关系，即集中的线粒体氧化应激可以大量诱发 ICD。此外，这也是第一个将 AIE 和 ICD 联系在一起，并证明 AIE 是开发先进的基于光敏剂的 ICD 诱导剂的理想平台的工作。

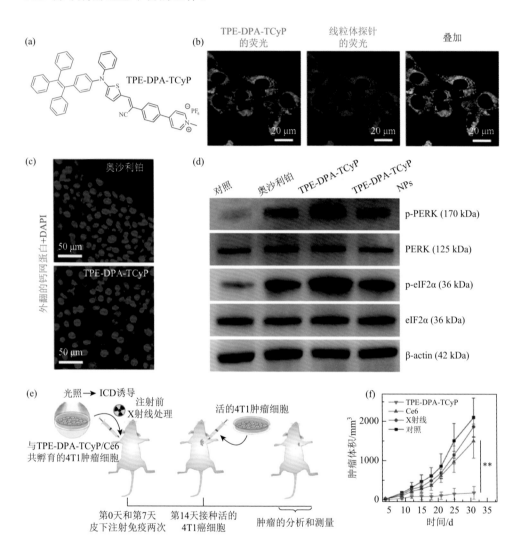

图 4-22 （a）TPE-DPA-TCyP 的化学结构式；（b）激光扫描共聚焦显微镜图像显示 4T1 癌细胞内 TPE-DPA-TCyP 与市售的线粒体深红色荧光探针共定位情况，指示 TPE-DPA-TCyP 靶向线粒体的性能；（c）激光扫描共聚焦显微镜图像显示 4T1 癌细胞经 TPE-DPA-TCyP 加光照处理或奥沙利铂处理后钙网蛋白外翻情况，红色荧光信号来自钙网蛋白，蓝色荧光信号来自细胞核；（d）代表性免疫印迹表明来自每个治疗组的内质网应激相关通路蛋白质表达水平；（e）使用预防性肿瘤疫苗接种模型评估不同 ICD 诱导剂的体内诱导的免疫效果及抑瘤效果的示意图；（f）活 4T1 癌细胞接种后不同组的时间依赖性肿瘤体积变化曲线，$p < 0.05$ 被认为具有显著性差异，**代表 $p < 0.01$

内质网（ER）应激在诱导 ICD 中起着关键作用，因此发展能特异性靶向内质网并具有较高 ROS 产率的光敏剂对提高 ICD 诱导效率具有重要意义。Ding 和 Liu 等报道了一种特异性靶向内质网的 AIE 光敏剂 TPE-PR-COOH，其可作为一种用于肿瘤免疫治疗的高效 ICD 诱导剂（图 4-23）[119]。TPE-PR-COOH 的远红外/近红外（FIR/NIR）荧光和 ROS 生成能力在聚集时均可开启，随后通过偶联 ER 靶向多肽（FFKDEL），AIE 光敏剂成功转化为 ER 靶向 ICD 诱导剂。TPE-PR-FFKDEL 表现出卓越的 ER 靶向性能，并在光照下有效地产生 ROS 从而导致内质网应激，成功地诱导钙网蛋白外翻至细胞膜，促进 ATP 的大量分泌，提高 HMGB1 和 HSP70 蛋白表达水平。与众所周知的以 ER 为靶点的 ICD 诱导剂光敏剂金丝桃素相比，TPE-PR-FFKDEL 可以更强地诱导肿瘤细胞 ICD。TPE-PR-FFKDEL 有效地将光照处理的 4T1 细胞转化为疫苗，抑制体内肿瘤，提高小鼠的生存率。进一步的免疫机制分析表明，经 TPE-PR-FFKDEL 处理的疫苗能够显著促进 DC 细胞

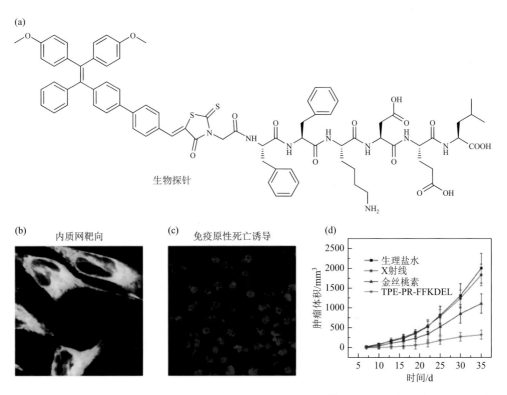

图 4-23　（a）TPE-PR-FFKDEL 的化学结构式；（b）激光扫描共聚焦显微镜图像显示 4T1 癌细胞内 TPE-PR-FFKDEL 与市售的内质网绿色荧光探针共定位情况，指示 TPE-PR-FFKDEL 靶向内质网的性能；（c）激光扫描共聚焦显微镜图像显示 4T1 癌细胞经 TPE-PR-FFKDEL 加光照处理后钙网蛋白外翻情况；红色荧光代表钙网蛋白，蓝色荧光代表细胞核；（d）不同处理后小鼠肿瘤体积随时间变化的曲线

成熟，激活具有杀伤肿瘤功能的 CD8$^+$ T 细胞，产生具有免疫记忆功能的记忆 T 细胞，提高抗肿瘤相关的自然杀伤（natural killer，NK）细胞水平，证明其有效地触发了机体的先天性和适应性免疫系统，激发了较强的抗肿瘤免疫效果。TPE-PR-FFKDEL 探针的成功制备不仅提供了一种有望提高内质网靶向能力的新型有效光敏剂，而且展示了 AIE 探针在多功能应用和进一步加强精确免疫治疗方面的巨大优势和前景。此外，它还将有助于解决有效诱导肿瘤细胞免疫原性死亡的材料短缺问题，缓解肿瘤免疫原性差的问题，为肿瘤免疫治疗提供一种合理有效的治疗策略。

溶酶体是一种酸性细胞器，含有多种酶，具有去除异物和回收受损细胞器的功能，在维持细胞稳态中起着至关重要的作用。一旦发生部分或完全溶酶体膜透化（LMP），溶酶体倾向于将各种水解酶（如组织蛋白酶 B）和其他物质（如铁和 H$^+$）倾倒到细胞质中，导致细胞死亡。因此，LMP 已被认为是一种重要且特殊的细胞死亡模式。Ding 等首次发现具有 AIE 性质的酶指导组装的 LMP 诱导剂 TPE-Py-pYK(TPP)pY 可以引起肿瘤细胞 ICD，将免疫冷肿瘤转化为热肿瘤（图 4-24）[120]。TPE-Py-pYK(TPP)pY 可以响应癌细胞碱性磷酸酶（ALP），

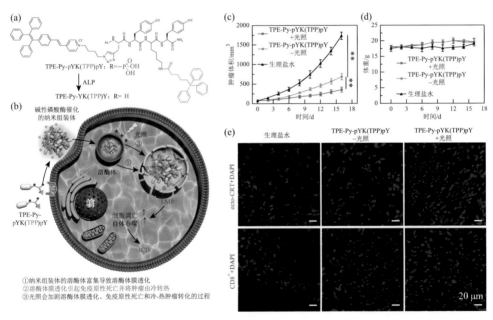

图 4-24　（a）TPE-Py-pYK(TPP)pY 和 ALP 催化产物 TPE-Py-YK(TPP)Y 的化学结构；（b）TPE-Py-pYK(TPP)pY 在 ALP 催化下形成纳米组装体，随后靶向富集溶酶体并诱导 LMP 和溶酶体膜破裂，从而大量诱发 ICD 并有效地将冷肿瘤转化为热肿瘤的示意图；接受了不同治疗的原位 4T1 乳腺肿瘤小鼠的时间依赖性肿瘤生长曲线（c）和体重变化（d），$p<0.05$ 被认为具有显著性差异，**代表 $p<0.01$；（e）共聚焦图像显示来自接受了不同治疗的小鼠的 4T1 肿瘤中外翻的钙网蛋白（ecto-CRT）表达情况和 CD8$^+$ T 细胞浸润程度

导致纳米组装体的形成以及荧光和单线态氧的开启。TPE-Py-pYK(TPP)pY 倾向于在 ALP 过表达的癌细胞溶酶体中积累，并通过诱导渗透流和溶酶体肿胀导致 LMP 和溶酶体膜破裂以大量诱发 ICD。这种 LMP 诱导的 ICD 有效地将免疫冷肿瘤转化为热肿瘤，大量 $CD8^+$ 和 $CD4^+$ T 细胞浸润到冷肿瘤中就证明了这一点。将癌细胞溶酶体中的 ALP 催化的纳米组装体暴露于光下，进一步强化了 LMP、ICD 和冷热肿瘤转化的过程。因此，这项工作在溶酶体相关细胞死亡和癌症免疫治疗之间架起了一座新的桥梁，而且为设计选择性作用于癌细胞的溶酶体靶向剂和 LMP 诱导剂提供了分子指南。

脂滴与细胞内脂质的储存和运输有关，在多种癌细胞中大量积累，并在调节肿瘤细胞与肿瘤微环境中其他细胞类型之间的联系中起关键作用。Tang 和 Cai 等开发了脂滴靶向型 AIE 光敏剂 MeTIND-4，并在 AIE 纳米粒上涂覆树突状细胞（DC）膜，制备成具有抗原提呈和搭便车能力的仿生纳米光敏剂 DC@AIE dots，用于光动力-免疫治疗（图 4-25）[121]。DC@AIE dots 内部 AIE 光敏剂可以选择性

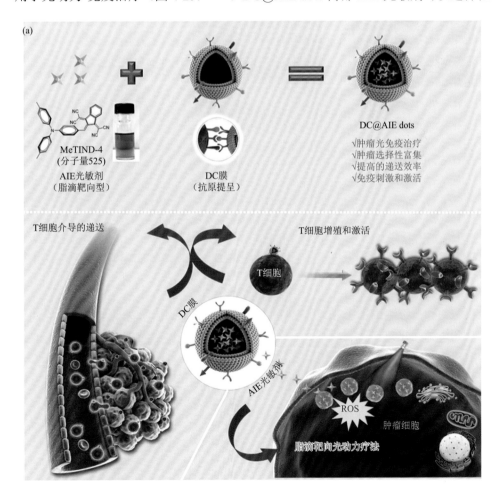

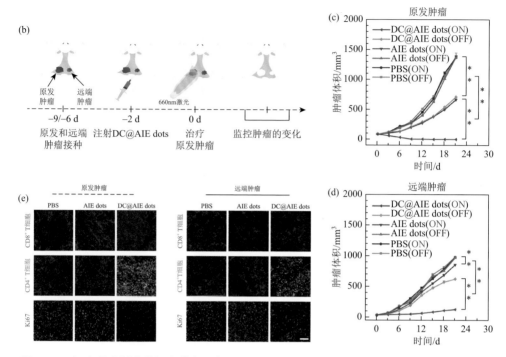

图 4-25 （a）具有树突状细胞膜涂层（DC@AIE dots）的 AIE 光敏剂的制备和组装以及体内光动力免疫疗法的示意图，内部 AIE 光敏剂选择性地积聚在肿瘤细胞的脂滴中，外层细胞膜促进DC@AIE dots 搭便车内源性 T 细胞以提高肿瘤递送效率，并刺激体内 T 细胞增殖和活化以激活免疫系统；（b）DC@AIE dots 整个治疗过程的示意图，首先，通过皮下注射将 4T1 细胞注入小鼠左腿，构建原发性肿瘤模型；3 d 后，将 4T1 细胞皮下注射到小鼠右腿，构建远端肿瘤以模拟转移，7 d 后，通过静脉给小鼠注射 DC@AIE dots，9 d 后，用 660 nm 激光（0.5 W/cm²）照射原发性肿瘤 30 min；接受了不同治疗的 4T1 乳腺癌荷瘤小鼠的原发肿瘤体积（c）和远端肿瘤体积随时间的变化曲线（d），其中 ON 表示激光照射；OFF 表示未激光照射，$p < 0.05$ 被认为具有显著性差异，**代表 $p < 0.01$；（e）共聚焦图像显示原发性肿瘤及远端肿瘤中 CD8⁺、CD4⁺ T 细胞浸润情况和肿瘤增殖情况，Ki67 是肿瘤细胞增殖的指标，Ki67 越多代表肿瘤细胞增殖能力越强

地积聚在肿瘤细胞中用于 PDT 诱导肿瘤细胞免疫原性死亡，外部 DC 膜特异性地结合到内源性 T 细胞上，将递送光敏剂至肿瘤的效率提高约 1.6 倍，且刺激 T 细胞增殖和活化并触发免疫系统。结合它们针对脂滴的 PDT 和人工将抗原提呈给 T 细胞的能力，基于 DC@AIE dots 的光动力治疗，在 4T1 乳腺癌小鼠模型中，可以有效地减小所治疗的原发肿瘤的大小，并激活免疫系统以抑制远端模拟转移性的肿瘤的生长，同时具有持久抑瘤的效果。这项工作不仅表明了使用靶向脂滴的光敏剂作为肿瘤微环境调节治疗剂的潜力，还提供了一种具有搭便车能力的光活性抗原提呈平台，用于高效的药物递送和癌症光免疫治疗。

4.4.2　调控 AIE 探针的 ROS 用于免疫治疗

在调节抗肿瘤免疫反应中，ROS 发挥了至关重要的作用。过量的 ROS 水平可诱导肿瘤细胞 ICD，为免疫系统提供有效的抗原刺激，引发特异性的抗肿瘤免疫反应[122]。另外，低水平的 ROS 可促进抗原提呈细胞（APC）的成熟，并可在树突状细胞递送抗原的过程中保护抗原从溶酶体成功逃逸，有效地促进了树突状细胞内胞浆抗原的传递，导致抗原交叉提呈并引发强烈的 CD8$^+$ T 细胞反应来杀伤肿瘤细胞[123]。因此，将 ROS 的这些免疫功能相结合可能会产生更特异、更有效和更可控的抗肿瘤免疫反应。鉴于此，Liu 等提出了一种新颖的 NIR 驱动的免疫刺激剂 AUNPs，将 AIE 光敏剂和上转换纳米粒子（UCNPs）偶联，通过调控 ROS 的生成整合 ROS 的免疫学效应，在小鼠体内实现有效的适应性免疫反应（图 4-26）[124]。与传统的光敏剂不同，具有 AIE 特性的 TPEBTPy 在聚集态表现出强烈的荧光和高效的 ROS 生成效率。选择发射与 AIE 光敏剂 TPEBTPy 吸收相匹配的 UCNPs 作为近红外转换器，将穿透深层组织的近红外光转换为可见波长，实现在深层组织中高效地产生 ROS。另外，正电型光敏剂的设计不仅有利于氧与光敏剂的紧密接触和 ROS 的快速扩散，达到有效的杀瘤作用，而且保证了后续可通过静电作用捕获抗原。与商业光敏剂 Ce6 相比，AUNPs 产生的高水平的 ROS 可以更有效地诱导 ICD。同时，AUNPs 产生的低水平的 ROS 调节 DC 的激活并增强抗原的交叉提呈。通过简单的近红外治疗电源切换，局部的 AUNPs 可以显示出强大的细胞毒性并激活免疫系统。在 B16 黑色素肿瘤荷瘤小鼠体内，通过瘤内注射的 AUNPs 在高功率近红外辐射下产生高剂量 ROS，诱导肿瘤细胞免疫原性细胞死亡和释放抗原。这些纳米颗粒还可以捕获释放的抗原，并将它们运送到淋巴结。随后对淋巴结进行低功率近红外治疗后，通过产生低剂量的 ROS 激活树突状细胞进一步触发有效的 T 细胞免疫反应，防止局部肿瘤复发和远端肿瘤生长。通过调节细胞内 ROS 水平实现了树突状细胞的局部激活和交叉呈递，可以诱导更强的 CD8$^+$ T 细胞的启动和扩增，从而更有效地抑制肿瘤生长。纳米颗粒的双模式 ROS 激活允许高效的抗肿瘤免疫激活和抗原处理。这种 ROS 激活的抗肿瘤策略进一步与免疫检查点阻断疗法（如 PD-1 疗法）协同作用，增强了机体的免疫记忆效果，进一步降低癌症复发和转移的风险。AIEgen 偶联上转换纳米粒子的双功率的应用为肿瘤免疫治疗提供了一个强大且可控的平台来激活适应性免疫系统。这一策略避免了传统免疫疗法的破坏性副作用，并促进了全身抗肿瘤免疫反应和远处转移的排斥反应。

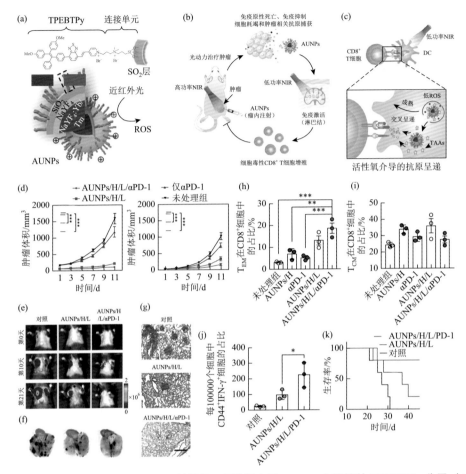

图 4-26 （a）TPEBTPy 和 AUNPs 的结构，虚线框表示 AUNPs 上连接的 TPEBTPy 分子；（b）给小鼠瘤内注射 AUNPs 后，在高功率 NIR 照射下，AUNPs 可诱导有效的 ICD，减少免疫抑制细胞并捕获 TAA，随后，载有 TAA 的 AUNP 被 DLN 中的树突状细胞特异性吸收，在低功率 NIR 照射下，AUNPs 可以产生低水平的 ROS 以增强树突状细胞的功能，这一过程促进细胞毒性 CD8$^+$ T 细胞的扩增，有效抑制 PDT 后残留肿瘤和远端肿瘤的生长；（c）DLN 中 NIR 光驱动树突状细胞活化的机制；（d）B16F10 荷瘤小鼠经不同处理后原发性（左侧）和远端（右侧）肿瘤生长曲线，H 代表高功率光照（0.6 W/cm^2），L 代表高功率光照（0.12 W/cm^2），αPD-1 代表静脉注射针对程序性死亡受体-1（PD-1）的抗体，*$p<0.05$ 被认为具有显著性差异，**代表 $p<0.01$，***代表 $p<0.001$；（e）对治疗后的小鼠通过静脉注射 B16F10 肿瘤细胞进行再次攻击以考察体内抗肿瘤免疫记忆效果，于不同时间点采集活体小鼠的生物发光图像监测体内肺部肿瘤细胞的含量；静脉注射细胞 21 天后，不同处理组小鼠的肺组织照片（f）及肺组织切片的 H&E 图像（g）；静脉注射细胞 30 天后，不同处理组 B16F10 荷瘤小鼠脾脏组织中 CD8$^+$CD62$^-$CD44$^+$效应记忆 T 细胞（T_{EM}）占比（h）和 CD8$^+$CD62$^+$CD44$^+$中央记忆 T 细胞（T_{CM}）占比的定量分析（i）；（j）不同处理组 B16F10 荷瘤小鼠每 100000 个肺组织细胞中 CD44$^+$IFN-γ$^+$ 效应细胞毒性 T 细胞的数量；（k）不同处理组 B16F10 荷瘤小鼠的生存曲线

4.4.3　多模态诊疗的 AIE 探针用于免疫治疗

用于图像引导协同综合手术、光疗及免疫治疗的癌症治疗手段，对于克服各自的限制以实现最大化的治疗结果和最小化的肿瘤复发具有吸引力。因此具有近红外发射及同时具有光动力和光热治疗能力且能够促进免疫治疗的光敏剂是非常急需的。Tang 和 Lou 等设计并合成了一种多功能荧光团 DDTB，集 NIR 荧光、光热、光动力学和免疫学效应于一体（图 4-27）[125]。DDTB 显示出明显的 AIE 特性，光激发下 DDTB 的部分激发态能量以非辐射方式耗散，这使得 DDTB 具有优异的光热性能。此外，DDTB 还具有良好的 ROS 产生能力。基于 DDTB 的优异功能，将 DDTB 包裹在聚合物基质（DSPE-PEG$_{2000}$）中，制备了多功能 DDTB-DP 纳米粒子（NPs），用于肿瘤诊断和治疗。将 DDTB-DP NPs 通过尾静脉注射到小鼠体内后，具有近红外荧光的 DDTB-DP NPs 可以有效地蓄积在肿瘤内以提供术前诊断及术中导航，在大多数肿瘤被切除后，进一步通过 DDTB-DP NPs 的光动力和光热功能治疗一些微小的残留肿瘤。重要的是，DDTB-DP NPs 介导的光动力和光热治疗能够增强基于 PD-L1 抗体的免疫治疗效果，最终达到成功消除肿瘤并激起机体抗肿瘤免疫的优异效果，以实现最大限度的治疗效果和生存率。这种基于单一 AIE 探针的治疗策略显著提高了癌症小鼠的存活率，使治疗结果最大化，并为临床癌症治疗带来了巨大的希望。

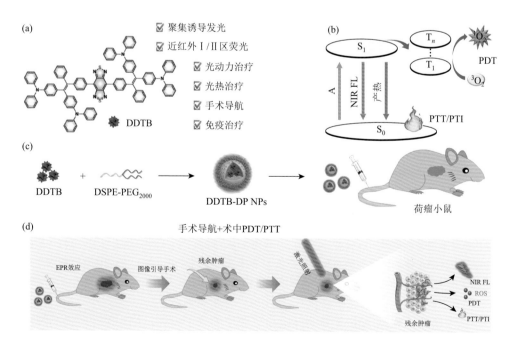

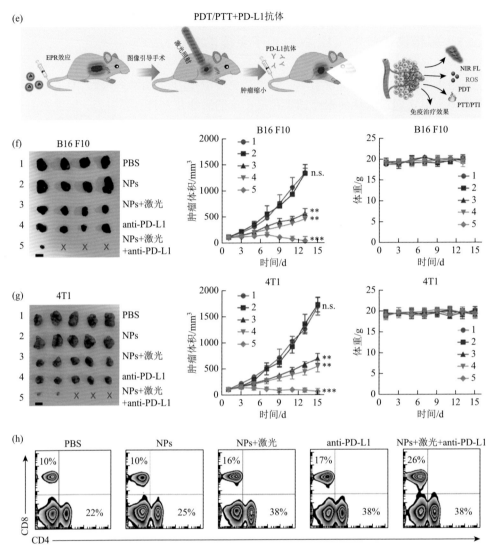

图 4-27 （a）具有多功能性能的近红外 AIE 光敏剂 DDTB 的分子结构；（b）协调的光物理过程的示意图；（c）DDTB-DP NPs 的制备过程；DDTB-DP NPs 应用于近红外荧光图像引导手术-光动力/光热治疗的示意图（d）及应用于免疫疗法协同光动力/光热治疗肿瘤的示意图（e）；（f）经不同治疗后，B16 F10（黑色素癌细胞）荷瘤小鼠的代表性肿瘤图像，红色 X 表示未检测到肿瘤（左）、时间依赖性肿瘤生长曲线（中）和小鼠体重（右），n.s. 表示无显著差异，$p < 0.05$ 被认为具有显著性差异，**代表 $p < 0.01$，***代表 $p < 0.001$；（g）经不同治疗后，4T1（乳腺癌细胞）荷瘤小鼠的代表性肿瘤图像，红色 X 表示未检测到肿瘤（左）、时间依赖性肿瘤生长曲线（中）和小鼠体重（右）；（h）不同组小鼠外周血中 CD8$^+$ T 细胞的代表性流式细胞仪图

综上所述，根据 AIE 优异的性质和可调控的分子设计，AIE 探针在提高肿瘤

免疫治疗的策略中显示出独特的优势和广阔的前景。AIE 光敏剂可特异性靶向聚集于不同细胞器，引发更为强大的应激反应，诱导有效的肿瘤免疫原性死亡，成功地激起机体的抗肿瘤免疫应答。另外，通过 AIE 探针的智能设计，可以将尽可能多的能量集中在所需的生物医学功能上，并且可以不断优化诊断和治疗的效率。简而言之，我们相信基于 AIE 的探针可以很快用于临床诊断和治疗，并促进生命科学和生物医学工程领域的研究。

（贾劭蕊　吕永辉　丁　丹[*]）

参 考 文 献

[1] Kharkwal G B，Sharma S K，Huang Y Y，et al. Photodynamic therapy for infections：clinical applications. Lasers in Surgery and Medicine，2011，43（7）：755-767.

[2] Dabrowski J M，Arnaut L G. Photodynamic therapy（PDT）of cancer：from local to systemic treatment. Photochemical & Photobiological Sciences，2015，14（10）：1765-1780.

[3] Master A，Livingston M，Sen Gupta A. Photodynamic nanomedicine in the treatment of solid tumors：perspectives and challenges. Journal of Controlled Release，2013，168（1）：88-102.

[4] van Straten D，Mashayekhi V，de Bruijn H S，et al. Oncologic photodynamic therapy：basic principles，current clinical status and future directions. Cancers，2017，9（2）：19.

[5] Lan M H，Zhao S J，Liu W M，et al. Photosensitizers for photodynamic therapy. Advanced Healthcare Materials，2019，8（13）：1900132.

[6] Zhou Z J，Song J B，Nie L M，et al. Reactive oxygen species generating systems meeting challenges of photodynamic cancer therapy. Chemical Society Reviews，2016，45（23）：6597-6626.

[7] Agostinis P，Berg K，Cengel K A，et al. Photodynamic therapy of cancer：an update. CA：A Cancer Journal for Clinicians，2011，61（4）：250-281.

[8] Kwiatkowski S，Knap B，Przystupski D，et al. Photodynamic therapy—mechanisms，photosensitizers and combinations. Biomedicine & Pharmacotherapy，2018，106：1098-1107.

[9] Yano S，Hirohara S，Obata M，et al. Current states and future views in photodynamic therapy. Journal of Photochemistry and Photobiology C：Photochemistry Reviews，2011，12（1）：46-67.

[10] Hamblin M R，Hasan T. Photodynamic therapy：a new antimicrobial approach to infectious disease?. Photochemical & Photobiological Sciences，2004，3（5）：436-450.

[11] Cheng Y H，Cheng H，Jiang C X，et al. Perfluorocarbon nanoparticles enhance reactive oxygen levels and tumour growth inhibition in photodynamic therapy. Nature Communications，2015，6（1）：8785.

[12] Liu K，Xing R R，Zou Q L，et al. Simple peptide-tuned self-assembly of photosensitizers towards anticancer photodynamic therapy. Angewandte Chemie International Edition，2016，55（9）：3036-3039.

[13] Yang Z M，Zhang Z J，Sun Y Q，et al. Incorporating spin-orbit coupling promoted functional group into an enhanced electron D-A system：a useful designing concept for fabricating efficient photosensitizer and imaging-guided photodynamic therapy. Biomaterials，2021，275：120934.

[14] Ferrario A，Gomer C J. Systemic toxicity in mice induced by localized porphyrin photodynamic therapy. Cancer

Research，1990，50（3）：539-543.

[15] Gao Y，Zheng Q C，Xu S，et al. Theranostic nanodots with aggregation-induced emission characteristic for targeted and image-guided photodynamic therapy of hepatocellular carcinoma. Theranostics，2019，9（5）：1264.

[16] Yuan Y，Liu J，Liu B. Conjugated-polyelectrolyte-based polyprodrug：targeted and image-guided photodynamic and chemotherapy with on-demand drug release upon irradiation with a single light source. Angewandte Chemie International Edition，2014，53（28）：7163-7168.

[17] Zheng Y，Lu H，Jiang Z，et al. Low-power white light triggered AIE polymer nanoparticles with high ROS quantum yield for mitochondria-targeted and image-guided photodynamic therapy. Journal of Materials Chemistry B，2017，5（31）：6277-6281.

[18] Ethirajan M，Chen Y，Joshi P，et al. The role of porphyrin chemistry in tumor imaging and photodynamic therapy. Chemical Society Reviews，2011，40（1）：340-362.

[19] Zenkevich E，Sagun E，Knyukshto V，et al. Photophysical and photochemical properties of potential porphyrin and chlorin photosensitizers for PDT. Journal of Photochemistry and Photobiology B：Biology，1996，33（2）：171-180.

[20] O'Connor A E，Gallagher W M，Byrne A T. Porphyrin and nonporphyrin photosensitizers in oncology：preclinical and clinical advances in photodynamic therapy. Photochemistry and Photobiology，2009，85（5）：1053-1074.

[21] Hung H I，Klein O J，Peterson S W，et al. PLGA nanoparticle encapsulation reduces toxicity while retaining the therapeutic efficacy of EtNBS-PDT *in vitro*. Scientific Reports，2016，6（1）：1-13.

[22] Gu B，Wu W，Xu G，et al. Precise two-photon photodynamic therapy using an efficient photosensitizer with aggregation-induced emission characteristics. Advanced Materials，2017，29（28）：1701076.

[23] Cheng Y，Samia A C，Meyers J D，et al. Highly efficient drug delivery with gold nanoparticle vectors for *in vivo* photodynamic therapy of cancer. Journal of the American Chemical Society，2008，130（32）：10643-10647.

[24] Allison R R，Downie G H，Cuenca R，et al. Photosensitizers in clinical PDT. Photodiagnosis and Photodynamic Therapy，2004，1（1）：27-42.

[25] Liu S，Feng G，Tang B Z，et al. Recent advances of AIE light-up probes for photodynamic therapy. Chemical Science，2021，12（19）：6488-6506.

[26] Chen Y，Lam J W，Kwok R T，et al. Aggregation-induced emission：fundamental understanding and future developments. Materials Horizons，2019，6（3）：428-433.

[27] Wang S，Wang X，Yu L，et al. Progress and trends of photodynamic therapy：from traditional photosensitizers to AIE-based photosensitizers. Photodiagnosis and Photodynamic Therapy，2021，34：102254.

[28] Yuan Y，Feng G，Qin W，et al. Targeted and image-guided photodynamic cancer therapy based on organic nanoparticles with aggregation-induced emission characteristics. Chemical Communications，2014，50（63）：8757-8760.

[29] Hu F，Xu S，Liu B. Photosensitizers with aggregation-induced emission：materials and biomedical applications. Advanced Materials，2018，30（45）：1801350.

[30] Zhou T，Hu R，Wang L，et al. An AIE-active conjugated polymer with high ROS-generation ability and biocompatibility for efficient photodynamic therapy of bacterial infections. Angewandte Chemie International Edition，2020，59（25）：9952-9956.

[31] Wang R，Li X，Yoon J. Organelle-targeted photosensitizers for precision photodynamic therapy. ACS Applied Materials & Interfaces，2021，13（17）：19543-19571.

[32] Mroz P，Yaroslavsky A，Kharkwal G B，et al. Cell death pathways in photodynamic therapy of cancer. Cancers，

2011，3（2）：2516-2539.

[33]　Gao P，Pan W，Li N，et al. Boosting cancer therapy with organelle-targeted nanomaterials. ACS Applied Materials & Interfaces，2019，11（30）：26529-26558.

[34]　Xu W，Lee M M，Nie J J，et al. Three-pronged attack by homologous far-red/NIR AIEgens to achieve $1+1+1$ >3 synergistic enhanced photodynamic therapy. Angewandte Chemie，2020，132（24）：9697-9703.

[35]　Gu X，Zhang X，Ma H，et al. Corannulene-incorporated AIE nanodots with highly suppressed nonradiative decay for boosted cancer phototheranostics *in vivo*. Advanced Materials，2018，30（26）：1801065.

[36]　Mallidi S，Anbil S，Bulin A L，et al. Beyond the barriers of light penetration：strategies，perspectives and possibilities for photodynamic therapy. Theranostics，2016，6（13）：2458.

[37]　Wu W，Mao D，Xu S，et al. Precise molecular engineering of photosensitizers with aggregation-induced emission over 800 nm for photodynamic therapy. Advanced Functional Materials，2019，29（42）：1901791.

[38]　Ogawa K，Kobuke Y. Recent advances in two-photon photodynamic therapy. Anti-Cancer Agents in Medicinal Chemistry（Formerly Current Medicinal Chemistry-Anti-Cancer Agents），2008，8（3）：269-279.

[39]　Shen Y，Shuhendler A J，Ye D，et al. Two-photon excitation nanoparticles for photodynamic therapy. Chemical Society Reviews，2016，45（24）：6725-6741.

[40]　Zheng Z，Liu H，Zhai S，et al. Highly efficient singlet oxygen generation，two-photon photodynamic therapy and melanoma ablation by rationally designed mitochondria-specific near-infrared AIEgens. Chemical Science，2020，11（9）：2494-2503.

[41]　Yang N，Xiao W，Song X，et al. Recent advances in tumor microenvironment hydrogen peroxide-responsive materials for cancer photodynamic therapy. Nano-Micro Letters，2020，12（1）：1-27.

[42]　Lennicke C，Rahn J，Lichtenfels R，et al. Hydrogen peroxide-production，fate and role in redox signaling of tumor cells. Cell Communication and Signaling，2015，13（1）：1-19.

[43]　Mao D，Wu W，Ji S，et al. Chemiluminescence-guided cancer therapy using a chemiexcited photosensitizer. Chem，2017，3（6）：991-1007.

[44]　Henderson B W，Fingar V H. Relationship of tumor hypoxia and response to photodynamic treatment in an experimental mouse tumor. Cancer Research，1987，47（12）：3110-3114.

[45]　Pucelik B，Sułek A，Barzowska A，et al. Recent advances in strategies for overcoming hypoxia in photodynamic therapy of cancer. Cancer Letters，2020，492：116-135.

[46]　Li J，Zhuang Z，Zhao Z，et al. Type Ⅰ AIE photosensitizers：mechanism and application. View，2022，3（2）：20200121.

[47]　Castano A P，Demidova T N，Hamblin M R. Mechanisms in photodynamic therapy：part one—photosensitizers，photochemistry and cellular localization. Photodiagnosis and Photodynamic Therapy，2004，1（4）：279-293.

[48]　Wan Q，Zhang R，Zhuang Z，et al. Molecular engineering to boost AIE-active free radical photogenerators and enable high-performance photodynamic therapy under hypoxia. Advanced Functional Materials，2020，30（39）：2002057.

[49]　Xiao P，Shen Z，Wang D，et al. Precise molecular engineering of type Ⅰ photosensitizers with near-infrared aggregation-induced emission for image-guided photodynamic killing of multidrug-resistant bacteria. Advanced Science，2022，9（5）：2104079.

[50]　Jung H S，Verwilst P，Sharma A，et al. Organic molecule-based photothermal agents：an expanding photothermal therapy universe. Chemical Society Reviews，2018，47（7）：2280-2297.

[51] Zou L L，Wang H，He B，et al. Current approaches of photothermal therapy in treating cancer metastasis with nanotherapeutics. Theranostics，2016，6（6）：762-772.

[52] Chen J Q，Ning C Y，Zhou Z N，et al. Nanomaterials as photothermal therapeutic agents. Progress in Materials Science，2019，99：1-26.

[53] Xu M H，Wang L H V. Photoacoustic imaging in biomedicine. Review of Scientific Instruments，2006，77（4）：041101.

[54] Ou H，Li J，Chen C，et al. Organic/polymer photothermal nanoagents for photoacoustic imaging and photothermal therapy *in vivo*. Science China Materials，2019，62（11）：1740-1758.

[55] Mallidi S，Luke G P，Emelianov S. Photoacoustic imaging in cancer detection，diagnosis，and treatment guidance. Trends in Biotechnology，2011，29（5）：213-221.

[56] Zackrisson S，van De Ven S，Gambhir S S. Light in and sound out：emerging translational strategies for photoacoustic imaging. Cancer Research，2014，74（4）：979-1004.

[57] Liu Y J，Bhattarai P，Dai Z F，et al. Photothermal therapy and photoacoustic imaging via nanotheranostics in fighting cancer. Chemical Society Reviews，2019，48（7）：2053-2108.

[58] Zhu H J，Cheng P H，Chen P，et al. Recent progress in the development of near-infrared organic photothermal and photodynamic nanotherapeutics. Biomaterials Science，2018，6（4）：746-765.

[59] Hu J J，Cheng Y J，Zhang X Z. Recent advances in nanomaterials for enhanced photothermal therapy of tumors. Nanoscale，2018，10（48）：22657-22672.

[60] Sobhani Z，Behnam M A，Emami F，et al. Photothermal therapy of melanoma tumor using multiwalled carbon nanotubes. International Journal of Nanomedicine，2017，12：4509-4517.

[61] Zhang R，Xu Y，Zhang Y，et al. Rational design of a multifunctional molecular dye for dual-modal NIR-Ⅱ/photoacoustic imaging and photothermal therapy. Chemical Science，2019，10（36）：8348-8353.

[62] Shao J D，Xie H H，Huang H，et al. Biodegradable black phosphorus-based nanospheres for *in vivo* photothermal cancer therapy. Nature Communications，2016，7（1）：1-13.

[63] Riley R S，Day E S. Gold nanoparticle-mediated photothermal therapy：applications and opportunities for multimodal cancer treatment. Wiley Interdisciplinary Reviews：Nanomedicine and Nanobiotechnology，2017，9（4）：e1449.

[64] Song X J，Chen Q，Liu Z. Recent advances in the development of organic photothermal nano-agents. Nano Research，2015，8（2）：340-354.

[65] de la Zerda A，Zavaleta C，Keren S，et al. Carbon nanotubes as photoacoustic molecular imaging agents in living mice. Nature Nanotechnology，2008，3（9）：557-562.

[66] Li J C，Rao J H，Pu K Y. Recent progress on semiconducting polymer nanoparticles for molecular imaging and cancer phototherapy. Biomaterials，2018，155：217-235.

[67] Li J，Ou H，Li J，et al. Large π-extended donor-acceptor polymers for highly efficient *in vivo* near-infrared photoacoustic imaging and photothermal tumor therapy. Science China Chemistry，2021，64（12）：2180-2192.

[68] Lyu Y，Zeng J，Jiang Y，et al. Enhancing both biodegradability and efficacy of semiconducting polymer nanoparticles for photoacoustic imaging and photothermal therapy. ACS Nano，2018，12（2）：1801-1810.

[69] Zheng M，Yue C，Ma Y，et al. Single-step assembly of DOX/ICG loaded lipid-polymer nanoparticles for highly effective chemo-photothermal combination therapy. ACS Nano，2013，7（3）：2056-2067.

[70] Zheng X，Xing D，Zhou F，et al. Indocyanine green-containing nanostructure as near infrared dual-functional

targeting probes for optical imaging and photothermal therapy. Molecular Pharmaceutics，2011，8（2）：447-456.

[71]　Kuo W S，Chang Y T，Cho K C，et al. Gold nanomaterials conjugated with indocyanine green for dual-modality photodynamic and photothermal therapy. Biomaterials，2012，33（11）：3270-3278.

[72]　Seo S H，Kim B M，Joe A，et al. NIR-light-induced surface-enhanced Raman scattering for detection and photothermal/photodynamic therapy of cancer cells using methylene blue-embedded gold nanorod@SiO_2 nanocomposites. Biomaterials，2014，35（10）：3309-3318.

[73]　Chen C，Ou H，Liu R，et al. Regulating the photophysical property of organic/polymer optical agents for promoted cancer phototheranostics. Advanced Materials，2020，32（3）：1806331.

[74]　Li Y，Zhang J，Liu S，et al. Enlarging the reservoir：high absorption coefficient dyes enable synergetic near infrared-Ⅱ fluorescence imaging and near Infrared-Ⅰ photothermal therapy. Advanced Functional Materials，2021，31（29）：2102213.

[75]　Qi J，Ou H，Liu Q，et al. Gathering brings strength：how organic aggregates boost disease phototheranostics. Aggregate，2021，2（1）：95-113.

[76]　Gao H，Duan X，Jiao D，et al. Boosting photoacoustic effect via intramolecular motions amplifying thermal-to-acoustic conversion efficiency for adaptive image-guided cancer surgery. Angewandte Chemie，2021，133（38）：21215-21223.

[77]　Qi J，Fang Y，Kwok R T，et al. Highly stable organic small molecular nanoparticles as an advanced and biocompatible phototheranostic agent of tumor in living mice. ACS Nano，2017，11（7）：7177-7188.

[78]　Liu S，Zhou X，Zhang H，et al. Molecular motion in aggregates：manipulating TICT for boosting photothermal theranostics. Journal of the American Chemical Society，2019，141（13）：5359-5368.

[79]　Kobayashi H，Ogawa M，Alford R，et al. New strategies for fluorescent probe design in medical diagnostic imaging. Chemical Reviews，2010，110（5）：2620-2640.

[80]　Fu Q，Zhu R，Song J，et al. Photoacoustic imaging：contrast agents and their biomedical applications. Advanced Materials，2019，31（6）：1805875.

[81]　Wang Y，Gong N，Li Y，et al. Atomic-level nanorings（A-NRs）therapeutic agent for photoacoustic imaging and photothermal/photodynamic therapy of cancer. Journal of the American Chemical Society，2019，142（4）：1735-1739.

[82]　Zhao X，Long S，Li M，et al. Oxygen-dependent regulation of excited-state deactivation process of rational photosensitizer for smart phototherapy. Journal of the American Chemical Society，2019，142（3）：1510-1517.

[83]　Mei J，Leung N L，Kwok R T，et al. Aggregation-induced emission：together we shine，united we soar!. Chemical Reviews，2015，115（21）：11718-11940.

[84]　Wang D，Tang B Z. Aggregation-induced emission luminogens for activity-based sensing. Accounts of Chemical Research，2019，52（9）：2559-2570.

[85]　Wang D，Lee M M，Xu W，et al. Boosting non-radiative decay to do useful work：development of a multi-modality theranostic system from an AIEgen. Angewandte Chemie International Edition，2019，131（17）：5684-5688.

[86]　Zhang Z，Xu W，Kang M，et al. An all-round athlete on the track of phototheranostics：subtly regulating the balance between radiative and nonradiative decays for multimodal imaging-guided synergistic therapy. Advanced Materials，2020，32（36）：2003210.

[87]　Wen H，Zhang Z，Kang M，et al. One-for-all phototheranostics：single component AIE dots as multi-modality theranostic agent for fluorescence-photoacoustic imaging-guided synergistic cancer therapy. Biomaterials，2021，

274: 120892.

[88] Oun R, Moussa Y E, Wheate N J. The side effects of platinum-based chemotherapy drugs: a review for chemists. Dalton Transactions, 2018, 47 (19): 6645-6653.

[89] Iwamoto T. Clinical application of drug delivery systems in cancer chemotherapy: review of the efficacy and side effects of approved drugs. Biological and Pharmaceutical Bulletin, 2013, 36 (5): 715-718.

[90] Baskar R, Lee K A, Yeo R, et al. Cancer and radiation therapy: current advances and future directions. International Journal of Medical Sciences, 2012, 9 (3): 193.

[91] Gao M, Tang B Z. AIE-based cancer theranostics. Coordination Chemistry Reviews, 2020, 402: 213076.

[92] Fan W, Yung B, Huang P, et al. Nanotechnology for multimodal synergistic cancer therapy. Chemical Reviews, 2017, 117 (22): 13566-13638.

[93] Naeem M, Awan U A, Subhan F, et al. Advances in colon-targeted nano-drug delivery systems: challenges and solutions. Archives of Pharmacal Research, 2020, 43 (1): 153-169.

[94] Felice B, Prabhakaran M P, Rodriguez A P, et al. Drug delivery vehicles on a nano-engineering perspective. Materials Science and Engineering: C, 2014, 41: 178-195.

[95] Mu W, Chu Q, Liu Y, et al. A review on nano-based drug delivery system for cancer chemoimmunotherapy. Nano-Micro Letters, 2020, 12 (1): 1-24.

[96] Wang Y, Zhang Y, Wang J, et al. Aggregation-induced emission (AIE) fluorophores as imaging tools to trace the biological fate of nano-based drug delivery systems. Advanced Drug Delivery Reviews, 2019, 143: 161-176.

[97] Hu F, Yuan Y, Mao D, et al. Smart activatable and traceable dual-prodrug for image-guided combination photodynamic and chemo-therapy. Biomaterials, 2017, 144: 53-59.

[98] Chen C, Song Z, Zheng X, et al. AIEgen-based theranostic system: targeted imaging of cancer cells and adjuvant amplification of antitumor efficacy of paclitaxel. Chemical Science, 2017, 8 (3): 2191-2198.

[99] Li J, Ni X, Zhang J, et al. A fluorescence and photoactivity dual-activatable prodrug with self-synergistic magnification of the anticancer effect. Materials Chemistry Frontiers, 2019, 3 (7): 1349-1356.

[100] Corde S, Joubert A, Adam J, et al. Synchrotron radiation-based experimental determination of the optimal energy for cell radiotoxicity enhancement following photoelectric effect on stable iodinated compounds. British Journal of Cancer, 2004, 91 (3): 544-551.

[101] Strom E, Sathe S, Komarov P G, et al. Small-molecule inhibitor of p53 binding to mitochondria protects mice from gamma radiation. Nature Chemical Biology, 2006, 2 (9): 474-479.

[102] Yu C Y, Xu H, Ji S, et al. Mitochondrion-anchoring photosensitizer with aggregation-induced emission characteristics synergistically boosts the radiosensitivity of cancer cells to ionizing radiation. Advanced Materials, 2017, 29 (15): 1606167.

[103] Liu J, Hu F, Wu M, et al. Bioorthogonal coordination polymer nanoparticles with aggregation-induced emission for deep tumor-penetrating radio- and radiodynamic therapy. Advanced Materials, 2021, 33 (9): 2007888.

[104] Wang X, Dai J, Wang X, et al. MnO$_2$-DNAzyme-photosensitizer nanocomposite with AIE characteristic for cell imaging and photodynamic-gene therapy. Talanta, 2019, 202: 591-599.

[105] Binnewies M, Roberts E W, Kersten K, et al. Understanding the tumor immune microenvironment (TIME) for effective therapy. Nature Medicine, 2018, 24 (5): 541-550.

[106] Korbelik M. Induction of tumor immunity by photodynamic therapy. Journal of Clinical Laser Medicine & Surgery, 1996, 14 (5): 329-334.

[107] Ribas A. Tumor immunotherapy directed at PD-1. Massachusetts Medical Society，2012，366：2517-2519.

[108] Iwai Y，Ishida M，Tanaka Y，et al. Involvement of PD-L1 on tumor cells in the escape from host immune system and tumor immunotherapy by PD-L1 blockade. Proceedings of the National Academy of Sciences，2002，99（19）：12293-12297.

[109] Noman M Z，Parpal S，van Moer K，et al. Inhibition of Vps34 reprograms cold into hot inflamed tumors and improves anti-PD-1/PD-L1 immunotherapy. Science Advances，2020，6（18）：eaax7881.

[110] Rytlewski J，Milhem M M，Monga V. Turning 'cold' tumors 'hot'：immunotherapies in sarcoma. Annals of Translational Medicine，2021，9（12）：1039.

[111] Haanen J B. Converting cold into hot tumors by combining immunotherapies. Cell，2017，170（6）：1055-1056.

[112] Krysko D V，Garg A D，Kaczmarek A，et al. Immunogenic cell death and DAMPs in cancer therapy. Nature Reviews Cancer，2012，12（12）：860-875.

[113] Garg A D，Galluzzi L，Apetoh L，et al. Molecular and translational classifications of DAMPs in immunogenic cell death. Frontiers in Immunology，2015，6：588.

[114] Zhou J，Wang G，Chen Y，et al. Immunogenic cell death in cancer therapy：present and emerging inducers. Journal of Cellular and Molecular Medicine，2019，23（8）：4854-4865.

[115] Alzeibak R，Mishchenko T A，Shilyagina N Y，et al. Targeting immunogenic cancer cell death by photodynamic therapy：past，present and future. Journal for Immunotherapy of Cancer，2021，9（1）：e001926.

[116] Deng H Z，Zhou Z J，Yang W J，et al. Endoplasmic reticulum targeting to amplify immunogenic cell death for cancer immunotherapy. Nano Letters，2020，20（3）：1928-1933.

[117] Zhou Y X，Ren X M，Hou Z S，et al. Engineering a photosensitizer nanoplatform for amplified photodynamic immunotherapy via tumor microenvironment modulation. Nanoscale Horizons，2021，6（2）：120-131.

[118] Chen C，Ni X，Jia S，et al. Massively evoking immunogenic cell death by focused mitochondrial oxidative stress using an AIE luminogen with a twisted molecular structure. Advanced Materials，2019，31（52）：1904914.

[119] Li J，Gao H，Liu R，et al. Endoplasmic reticulum targeted AIE bioprobe as a highly efficient inducer of immunogenic cell death. Science China Chemistry，2020，63（10）：1428-1434.

[120] Ji S，Li J，Duan X，et al. Targeted enrichment of enzyme-instructed assemblies in cancer cell lysosomes turns immunologically cold tumors hot. Angewandte Chemie International Edition，2021，60（52）：26994-27004.

[121] Xu X，Deng G，Sun Z，et al. A biomimetic aggregation-induced emission photosensitizer with antigen-presenting and hitchhiking function for lipid droplet targeted photodynamic immunotherapy. Advanced Materials，2021，33（33）：2102322.

[122] Galluzzi L，Kepp O，Kroemer G. Enlightening the impact of immunogenic cell death in photodynamic cancer therapy. The EMBO Journal，2012，31（5）：1055-1057.

[123] Wang C，Li P，Liu L，et al. Self-adjuvanted nanovaccine for cancer immunotherapy：role of lysosomal rupture-induced ROS in MHC class I antigen presentation. Biomaterials，2016，79：88-100.

[124] Mao D，Hu F，Yi Z，et al. AIEgen-coupled upconversion nanoparticles eradicate solid tumors through dual-mode ROS activation. Science Advances，2020，6（26）：eabb2712.

[125] Jiang R，Dai J，Dong X，et al. Improving image-guided surgical and immunological tumor treatment efficacy by photothermal and photodynamic therapies based on a multifunctional NIR AIEgen. Advanced Materials，2021，33（22）：2101158.

第5章

>>

聚集诱导发光材料在体内细胞
示踪中的应用

5.1 细胞示踪的重要意义和现有方法

5.1.1 细胞示踪的重要意义

尽管现代医学已经取得了巨大进步，但仍存在很多无法治愈的疾病。近年来，细胞治疗作为一种突破性的新型治疗方式，在疾病研究和临床实践中受到广泛关注，在全球范围内引起研究者的极大兴趣。与药物不同，细胞在体内能够执行生理和代谢任务，如对损伤和炎症部位的归巢能力，产生神经营养因子及发挥抗炎作用等。因此，细胞治疗为传统药物无法有效治愈的疾病提供了一种全新的解决方案，也为未来的医学突破提供了更多可能。

经过广大科研工作者的不断努力，目前在肿瘤、心血管疾病、糖尿病等临床治疗中，细胞治疗已经被成功应用。干细胞往往具有多向分化潜能性、可塑性、自我更新和迁移性等生物学特点，因此干细胞治疗被成功应用于再生医学中。免疫细胞疗法作为近年来的研究热点，在自身免疫性疾病和癌症的治疗中同样表现出巨大的应用前景。我国也正在迅速推进细胞治疗的投入和研究，并取得了许多振奋人心的临床成果，同时也在力图将细胞治疗打造成为我国健康产业中的重要一环。然而细胞治疗还存在一些难点和问题亟待解决，如治疗过程相对复杂、作用机制也并未明确、临床应用的有效性和安全性等。目前公认的解决手段是利用分子影像学获取细胞位置与分布特征，以及通过分析它们在细胞活化和分化方面的生物命运来获取信息，这成为医学研究者理解细胞治疗有效性与安全性的主要途径。

传统理解细胞在体内的情况主要通过组织病理学方法，并取得了一些成效。然而要想获得完整生物体中细胞的定位、迁移、生存能力和功能状态的动态信息，需要将移植细胞加以标记，进行追踪成像，以便于识别和监测细胞的活力和命运，细胞示踪的重要性不言而喻。体内细胞示踪通过监测器官、组织、细胞和分子水平的细胞分布、迁移、归巢和功能，帮助阐明对基于细胞疗法潜在生物学过程的理解和认识。对移植细胞进行标记，示踪其活性、分布、迁移、分化等信息，可监测宿主体内细胞的治疗效果，为临床治疗方案和评估预后提供重要参考，揭露细胞治疗的基本原理和作用机制。细胞示踪有助于深刻理解细胞的迁移行为和命运，有力推动免疫学、神经生物学、再生医学的发展，对于生物医学各个领域都具有重要意义。

5.1.2　细胞示踪的现有方法

随着生物技术的发展，创新和突破性的体内细胞示踪技术被广泛应用于医学研究中。最早对细胞示踪技术的描述可以追溯到 20 世纪初，Conklin 等成功监测到海鞘胚胎早期分裂球的发育过程。还有一些学者通过慢速摄影技术首次拍摄到活体胚胎发育过程。此后，研究者们利用不同类型的标记物追踪目标细胞，并采用多种成像手段观察记录生物过程。目前临床中主要的体内细胞示踪方法有以下几种。

1. 病理学示踪

传统的体内细胞示踪方法需要借助病理学手段，通常需要在移植细胞后的一段时间内处死宿主，通过免疫荧光或者免疫组化实验方法，对移植细胞的分布及迁移路径进行观察和分析。常用标记物主要包括以下四种。①荧光染料：利用 1, 1′-双十八烷-3, 3，3′, 3′-四甲基-吲哚-羧花青-高氯酸盐（Dil）、二脒基苯基吲哚（DAPI）、PKH26 等荧光染料标记待移植的细胞后，利用荧光显微镜对细胞的存活、分布及迁移情况进行观察分析。②基因改造：通过改变移植细胞的基因，从而表达特征性标志物，例如，将绿色荧光蛋白（GFP）基因转染细胞使其表达 GFP，实现细胞标记。③核酸标记物：利用核酸类似物（氚胸腺嘧啶核苷、5-溴脱氧尿嘧啶核苷等）选择性地结合到细胞 DNA 中标记分裂的细胞。④Y 染色体：以 Y 染色体作为标记物，将雌性和雄性分别作为宿主和供体。

病理学示踪所使用的标记物对细胞活力的影响较小，也能够在一定程度上反映移植细胞的命运，由于这些标记方法均需要进行离体切片处理，无法实现对同一实验宿主体内移植细胞的增殖及迁移等情况的实时动态监测，而且人体也并不适合进行组织取材分析。无创影像学技术可以对移植细胞进行活体实时显影，因此无创影像学技术也变得越来越重要[1]。

2. 磁共振成像示踪

磁共振成像（MRI）的主要原理是施加外加磁场后，体内组织水分子内的氢原子核与其共振，获取不同灰度的图像信号。MRI 属于一种临床常见的检查手段，完全没有辐射，应用比较广泛，是除了 CT 以外另一大类使用意义特别高的现代学影像检查方法。MRI 造影剂主要包括以下几类。

（1）氧化铁颗粒：其中顺磁性氧化铁纳米颗粒、超顺磁性氧化铁纳米颗粒和超小超顺磁性氧化铁颗粒是最为重要的氧化铁颗粒类型[2]。氧化铁颗粒通常被右旋糖酐、蛋白质、聚苯乙烯等有机聚合物包被，以提高氧化铁颗粒的稳定性和生物相容性，并使其功能化。超顺磁性氧化铁纳米颗粒是目前最常用的干细胞标记物。

（2）氟-19（^{19}F）：^{19}F 是另一种 MRI 造影剂，由于细胞内氟水平较低，^{19}F 只能检测到标记的细胞，而不会观察到来自宿主组织的背景信号，因此与氧化铁纳米颗粒相比，^{19}F 能够以更高的特异性示踪移植细胞。全氟碳（PFC）作为一种含 ^{19}F 的化合物，不会被细胞代谢，也不会被溶酶体酶降解，并且高剂量的 PFC 也不会产生毒性，广泛应用于 MRI 研究中[3]。

（3）钆（Gd）：Gd 是 MRI 中常见的造影剂，是一种有效的 T1 加权对比剂，在 MRI 图像中呈阳性信号强度。与氧化铁颗粒相比，Gd 的正信号增强了对细胞的检测和示踪。此外，在出血或产生 T2 加权图像的坏死组织中，使用 Gd 比使用氧化铁颗粒和 ^{19}F 等暗信号造影剂更加可取。Gd 化合物具有诸多优点，其中 Gd-DTPA 是 MRI 中最常用的 Gd 化合物类型，但肾毒性和肾源性全身纤维化仍是其临床应用的主要副作用[4-6]。

（4）报告基因：MRI 报告基因技术已经能够对细胞的分裂、增殖、迁移和存活进行动态成像[7]。MRI 报告基因包括 β-半乳糖苷酶系统、酪氨酸酶-黑色素系统和转铁蛋白受体。报告基因只在活细胞中表达，因此报告基因可以插入到特定的基因启动子中，当细胞分化为特定表型时才能显影。此外，报告基因的表达可以取决于细胞的分化状态，因此报告基因的检测与细胞的活性和分化能力密切相关。目前一些研究还利用双模式报告基因示踪移植细胞的位置。例如，酪氨酸酶报告基因可以通过磁共振、超声波和 PET 成像追踪 MSCs 在动物心肌梗死部位的变化[8]。

目前鼠、猪、犬等动物实验已经证明 MRI 能够对心肌内局部注射的 SPIO 标记的胚胎干细胞和成体干细胞进行检测。Küstermann 等利用 MRI 成功对小鼠损伤心肌中的 USPIO 标记的移植干细胞进行了定位检测[9]。Hill 等利用铁荧光颗粒作为 MRI 造影剂对猪的骨髓间充质干细胞进行了标记，发现标记后的骨髓间充质干细胞的增殖、分化能力并未被影响[10]。

MRI 标记细胞具有高空间分辨率、长期示踪、无电离辐射等优势，提供了一种简单、非侵入性的细胞示踪方法。MRI 标记细胞的优势使得 MRI 能够可视化定位细胞的命运，以检测治疗结果，并有助于调整细胞的剂量和输送途径，以提高细胞治疗的安全性和有效性。MRI 作为放射学和生物医学领域最有用的成像工具之一，基于 MRI 的细胞示踪技术已经应用于临床试验中，目前主要用于肿瘤治疗、干细胞治疗、糖尿病细胞治疗等方面。尽管 MRI 标记细胞有着诸多优点，但是许多 MRI 造影剂无法区分单个细胞，并且 MRI 费用比较昂贵，体内存在金属移植物品及一些特定的患者均不宜进行 MRI 检查。

3. 核素成像示踪

随着放射性药物的研制与核医学显像仪器的发展，在肿瘤的早期诊断、良恶性鉴别、分期、分级及治疗效果方面，放射性核素成像发挥了极其重要的作用[11]。目前核素成像示踪技术主要应用于干细胞的治疗（尤其是心肌梗死后干细胞的治疗）、肿瘤细胞的标记和治疗、细胞免疫研究以及神经炎症等方面。另外，核素成像具有多项优点，包括活体、实时、无创、特异、精确显像等，可实现细胞功能的可视化。放射性核素标记细胞需要应用 γ 相机、单光子发射计算机断层显像（SPECT）和正电子发射断层显像（PET）等技术，其中 PET 和 SPECT 均具有较高的灵敏度和高分辨率，这些设备通过不同组织器官之间的放射活性比例，确定体内移植细胞的分布和定量信息。常用的标记细胞的核素主要有：氟代脱氧葡萄糖（^{18}F-FDG）、锝依莎美肟（^{99m}Tc-MPAO）、111-铟（^{111}In）等。核素可以通过两种方法成像，一是直接标记细胞，二是利用报告基因标记细胞，将报告基因导入靶细胞基因，表达的蛋白再与特定的放射性核素相结合，通过 PET/SPECT 进行检测以间接反映靶细胞的分布和定量，在实际应用中需要根据示踪细胞的不同来选择不同的标记物，并且还需要注意标记物泄漏、半衰期时间及所标记细胞的存活时间等问题。核素标记物中最为典型的代谢显像剂 ^{18}F-FDG，享有"世纪分子"的美誉，^{18}F-FDG 同样可以作为血管炎性显像的示踪剂[12]。

核素标记细胞具有背景信号低、灵敏度较高等优势，能够定位移植细胞的生物学分布，还可以对经血管注射迁移到组织的少量细胞进行检测。采用核素示踪细胞，是因为 PET 和 SPECT 在细胞的成像上都具有较高的敏感性和特异性，所以核素示踪细胞的敏感性高于 MRI。核素成像不仅能在组织、细胞甚至分子水平对特定分子进行活体显影，还能对特定分子进行定性和定量研究，在药物研究以及疾病检测、诊断和治疗等方面都具有广泛的应用前景。但是，核素衰减会制约标记细胞的观察时间，且空间分辨力不高，此外，这种成像方法可能会对治疗细胞产生放射性损害，甚至存在癌变风险，损害程度取决于放射性元素的物理学特性和特定细胞的易感性。

4. 光学成像示踪

光存在于自然界各处，光学成像技术与人类生活息息相关，多种仪器设备都用到了光学成像技术，如相机、摄影机、投影仪等。光学成像具有非侵入性、操作简便、灵敏度和分辨率高、特异性强、无放射性、安全无毒及费用相对较低等优点。光学成像技术可通过光学仪器直接监测活体细胞的运动，更详细地对细胞进行直观成像、定位和追踪。通过将离散窄频带滤波器和电子可调滤波器装配到光学成像仪器上，然后改进光谱分析的计算机软件算法，并在仪器中引入高灵敏度电感耦合器件（CCD）数码相机，目前光学成像仪器已经被广泛应用于细胞示踪成像技术之中。由于成像方式的不同，光学成像主要分为以下几类：生物发光成像、荧光成像、光声成像。

（1）生物发光成像（bioluminescence imaging，BLI）：生物发光是自然界中较为普遍的发光现象，通过活体动物体内的萤光素酶与底物之间发生的酶反应，将化学能转化为光能。BLI 的检测目标为表达发光酶的细胞，这些酶包括萤火虫萤光素酶、海肾萤光素酶、海洋桡脚类动物萤光素酶、甲虫萤光素酶、海萤萤光素酶及细菌萤光素酶等[13]。BLI 是一种携带报告基因的间接细胞标记技术，由于生物发光信号仅在活细胞中产生，因此可以在体内追踪活细胞的生物分布和命运。BLI 已成为很有前途的体内细胞示踪方法。在活体内，BLI 因其高灵敏度、相对易用性和低仪器成本等优势，被众多研究人员用于各种生物事件的可视化[14, 15]。通过将报告基因与细胞基因组整合，使其稳定表达萤光素酶蛋白，可以实现其纵向监测，用于体内成像。

BLI 不需要额外的激发光源，并且由于底物需要进行体内给药，光散射也非常小。此外，由于哺乳动物细胞中缺乏内源性萤光素酶的表达，因此利用 BLI 进行细胞示踪可以在小动物研究中提供非常高的灵敏度和特异性。尽管拥有上述优点，但是生物发光信号通常也会受到底物生物分布和活体动物体内酶微环境的影响。而且报告基因会插入到感染细胞的基因组中，造成免疫反应和遗传修饰的变化，这也是 BLI 应用于临床研究的巨大挑战。

（2）荧光成像（fluorescence imaging，FI）：荧光成像技术以荧光报告基团作为标记物，随后经一定波长的激光激发荧光报告基团使其处于激发态，从激发态再回到基态的过程，会发射荧光。荧光报告基团主要包含以下三类：荧光蛋白、无机和有机荧光材料。荧光蛋白的特点是稳定、无毒且无需额外辅助就能在体内发射荧光。因此，荧光蛋白可用于活细胞标记，观察细胞或组织的动态变化。GFP 是被人类利用最早的荧光蛋白，被迅速应用于各种生物学研究中，特别是肿瘤学研究。除此之外，荧光蛋白还包括黄色荧光蛋白、橙色荧光蛋白、红色荧光蛋白等。随着时间推移，目前得以应用的荧光蛋白种类也愈加丰富多样[16]。

无机荧光材料通常有：量子点、金属纳米粒子、上转换纳米粒子、碳点等。无机荧光材料优异的荧光性能使其在活体细胞示踪和医学检测领域中显示出重要的应用潜力。有机荧光材料包括香豆素、荧光素、罗丹明、萘酰亚胺类、菲咪唑类、花菁类及氟硼荧类等。花菁类染料吲哚菁绿（ICG）首先被美国食品药品监督管理局（FDA）批准用于临床医疗诊断中[17]。这些有机荧光染料常被用于荧光探针的设计和生物医学成像领域。近年来，随着合成化学的不断进步及对成像探针要求的不断提高，一些全新的有机荧光染料及修饰改性后的染料也陆续被开发应用。

荧光成像具有高灵敏度、高分辨率、良好的光稳定性、较低的技术成本、简单的成像过程等优势，并且荧光信号通常比生物发光信号更亮，是近年来发展很快的成像技术之一，广泛应用于包括细胞示踪在内的生物检测等领域。但是荧光成像产生的非特异性荧光会影响其灵敏度，且检测深度有限。而近红外荧光成像及二区荧光成像在一定程度上弥补了这一缺陷，提高了荧光检测的信噪比、灵敏度和穿透深度。荧光成像技术的发展促进了医学疾病诊断技术的进步，具有广阔的应用前景。

（3）光声成像（photoacoustic imaging，PAI）：是一种新型成像手段，在脉冲激光作用下，组织产生周期性的热膨胀发出声信号。该成像手段利用了光学分辨率和声学穿透深度这两大优点，是一种融合了光学照明和超声检测的混合成像方式[18]。由于声的散射是光的 1/1000，声信号在生物组织中传播的时间要长得多，并且没有明显的衰减，因此 PAI 具有更高的特异性和更大的穿透深度。PAI 主要利用生物体组织中发色团的固有光吸收，如血红素、黑色素、脂质、水和其他吸收光的球蛋白等内源性光声造影剂进行成像。为解决光吸收相对较弱及成像深度不足的问题，许多外源性光声造影剂被用来收集有关疾病状态、生物标志物或生化和细胞过程的信息，如金纳米材料、碳材料、量子点、有机小分子材料及半导体聚合物等。

纯光学成像由于光学散射无法在生物深层组织中保持高分辨率成像，而光声成像具备在生物组织中获得高分辨率和高对比度图像的能力，并且光声成像可以实时监测细胞的活动及功能信息，实现长期纵向监测，但是光声成像技术在细胞示踪领域方面的应用还处于早期阶段。2010 年以后，光声成像在多种疾病的生物医学成像应用方面得到了迅速的普及和探索。

总而言之，细胞示踪能够监测和量化移植细胞在体内的动态变化和功能，在基础疾病研究中具有重要作用，有助于阐明新的生物学机制。细胞示踪标记物的选择对示踪效果至关重要。唐本忠院士团队于 2001 年发现了聚集诱导发光（AIE）现象，这类有机荧光材料在稀溶液状态下不发光，但在聚集或高浓度状态下发出强烈荧光，突破了传统荧光染料聚集诱导猝灭（ACQ）的限制。AIE 分子（AIEgens）

的设计简单、亮度可调，以及具有良好的光稳定性和生物相容性、潜在的生物降解性和易于表面功能化等优点，其可直接显示特定的分析物和生物过程，具有更高的灵敏度和准确性。并且各种不同形式和表面功能化的 AIE 荧光探针已经成功被开发出来，其低背景、高信噪比、高灵敏度、强抗光漂白能力等特性使得 AIE 荧光分子在细胞器染色、病原体识别、细胞长期示踪、光学治疗等领域均表现出显著优势[19, 20]。AIE 荧光分子成为细胞示踪标记物的理想材料。接下来将详细介绍 AIE 荧光探针在体内细胞示踪中的应用。

5.2 AIE 荧光探针应用于肿瘤细胞的体内示踪

　　癌症是导致人类死亡的重大疾病之一，对癌细胞的长期示踪有助于研究人员系统地、持续地监测癌细胞的迁移、分裂和凋亡，从而研究癌症的发病机制，评估癌症治疗的效果。在多种细胞示踪成像技术中，荧光成像具有价格便宜、可操作性强等优点，可以高效、非侵入性地实时地追踪活细胞，在细胞水平上提供更高分辨率的图像。荧光造影剂在活体动物异种移植肿瘤示踪中的应用在多项研究中被提及，可对生物医学中的三维肿瘤模型进行精确的癌症诊断[21, 22]。对于活体内的长期癌细胞示踪，基因修饰可以导致高效的荧光蛋白表达，但在技术上对原代细胞系的操作过于烦琐。因此，荧光染料是标记肿瘤细胞的合适选择，利用荧光探针进行长期无创细胞示踪在生命科学和生物医学工程中都具有重要意义。

5.2.1 AIE 荧光探针在小鼠体内示踪肿瘤细胞

　　了解肿瘤细胞的发生、发展、侵袭和转移，能够为监测癌症进展提供关键信息，帮助探索癌症发病机制，对癌症治疗效果评价具有重要的临床意义。脂溶性碳菁染料如 PKH 和 Di 染料是体内肿瘤细胞示踪的一项选择，但是这些脂溶性染料的主要问题是它们会从移植部位渗漏到周围组织中[23]，这可能导致错误的信号检测和荧光定量不佳。AIE 荧光探针具备高荧光量子产率、高检测灵敏度、良好的光稳定性和时空分辨率，成为活体动物中追踪肿瘤细胞的理想候选探针。

　　Tang 和 Liu 等[24]利用具有 AIE 性质的有机荧光纳米微粒进行了无创的长期肿瘤细胞示踪研究。如图 5-1（a）所示，研究人员首先设计了一种远红外/近红外荧光分子 TPAFN，接着进一步将标志性的 AIE 单元——四苯基乙烯（TPE），连接到 TPAFN 上得到 TPETPAFN。随后利用脂质-PEG 和脂质-PEG-NH$_2$ 作为包埋基质制备 AIE dots，再将细胞穿膜肽（Tat）与其偶联，得到具有较高细胞内化效率的 Tat-AIE dots [图 5-1（b）]。该 Tat-AIE dots 具备很高的发射效率、强大的吸收能力、良好的生物相容性和很强的抗光漂白能力，因此能够确保在体内外长期无创示踪肿瘤细胞。

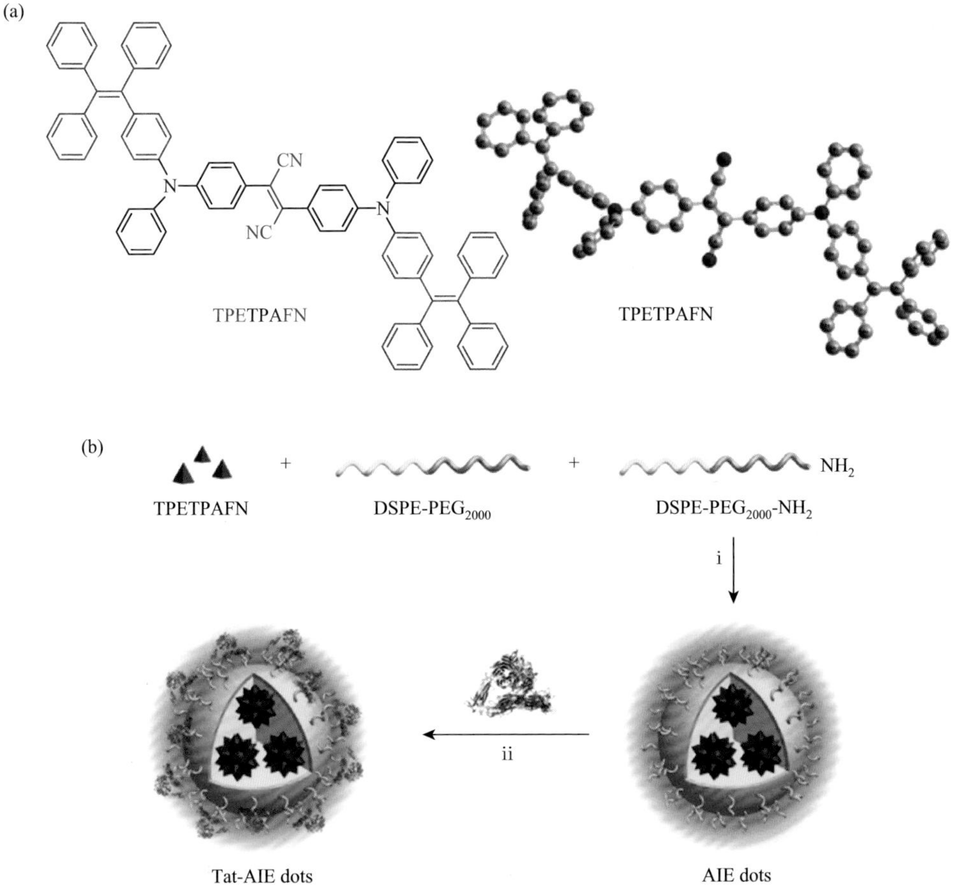

图 5-1　（a）TPETPAFN 的结构式和 DFT 计算的结构优化图；（b）Tat-AIE dots 的制备过程示意图

研究人员测试了纳米微粒和市售示踪剂的荧光量子产率，Tat-AIE dots 在水溶液中的量子产率为 24%，而 Qtracker® 655 的量子产率为 15%，Tat-AIE dots 表现出更好的荧光发射性能。体外研究证明 Tat-AIE dots 可追踪 MCF-7 细胞达 12 代，且内化的 Tat-AIE dots 能有效地保留在细胞质内并转移至子细胞中。此外，将 Tat-AIE dots 或 Qtracker® 655 标记的 C6 胶质瘤细胞注射到小鼠体内，

21 天后，Tat-AIE dots 标记的肿瘤细胞仍可检测到荧光，而 Qtracker® 655 标记的细胞仅 7 天后就无法检测到荧光（图 5-2）。上述实验数据证实了 Tat-AIE dots 具有良好的体内细胞长期示踪能力，这与它们在生物环境中的荧光稳定性和良好的细胞滞留能力有关。相同的实验条件下，Tat-AIE dots 在细胞示踪方面的性能明显优于商用示踪剂 Qtracker® 655，这使得该探针有望成为一类新型的、有前途的长期细胞示踪探针。此外，这也是 AIE dots 首次在体外和体内长期示踪细胞，为癌症发展过程的实时监测和其他基于细胞的治疗提供新的机遇和前景。

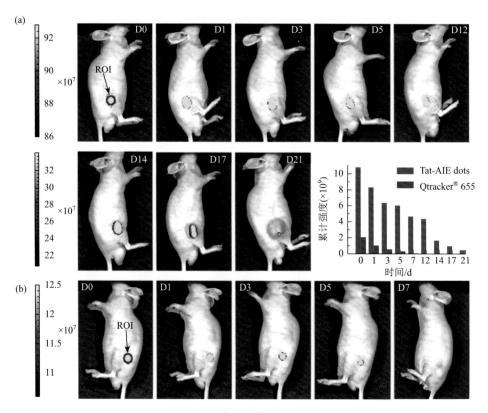

图 5-2　Tat-AIE dots 在小鼠体内示踪 C6 胶质瘤细胞

（a）Tat-AIE dots 标记的 C6 胶质瘤细胞皮下注射小鼠后在体内随时间的荧光成像，ROI 代表感兴趣的区域；
（b）Qtracker® 655 标记的 C6 胶质瘤细胞在相同条件下的体内荧光成像

接着为了阐明癌症转移过程中的细胞活动，Liu 和 Tang 等[25]又制备了两种新的具有不同发射波长的 AIE dots，同时监测两组癌细胞之间的迁移行为和相互作用（图 5-3）。研究人员利用上述提到的 TPETPAFN 分子和重新合成的 BTPETD

分子作为核心，以 DSPE-PEG$_{2000}$ 和 DSPE-PEG$_{2000}$-Mal 作为包封基质构建了两组
具有 AIE 特征的有机荧光纳米点，它们均具有较大的斯托克斯位移，在单波长激
发下具有不同的发射光谱（绿色和红色荧光）。随后在纳米点上修饰细胞穿膜肽，
得到发射波长不同、吸收系数大、亮度高的 AIE dots（由 BTPETD 制备的 GT-AIE
dots 和由 TPETPAFN 制备的 RT-AIE dots），它们的荧光光谱几乎没有重叠，并演
示了它们在同时示踪两个癌细胞群中的应用。

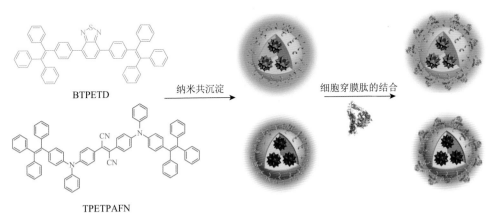

图 5-3　AIE dots 的制备示意图

首先，体外实验证明 AIE dots 的性能大大优于商用量子点探针，揭示了 AIE
dots 的巨大潜力，即能够解决量子点遇到的问题，成像应用范围得以扩大，对细
胞的长期无创示踪具有重要作用。另外证实 GT-AIE dots 和 RT-AIE dots 具有良好
的生物相容性和低毒性，可以有效地内化到癌细胞中。肿瘤细胞示踪的一个重要
问题是不断研究细胞的迁移和相互作用。因此，Liu 和 Tang 等进一步利用具有高
迁移能力的人纤维肉瘤细胞（HT1080）证明了双色 AIE dots 在细胞迁移过程中
同时追踪细胞相互作用行为的能力，且 HT1080 细胞的运动性、黏附性和侵袭性
不受 AIE dots 摄取的明显影响，这有利于探针以最小的副作用进行长期的肿瘤
细胞示踪研究 [图 5-4（a）]。接着，如图 5-4（b）所示，分别用 GT-AIE dots 和
RT-AIE dots 孵育 C6 细胞后，将两种不同标记的细胞混合注射于小鼠肺组织中，
可以区分不同标记的细胞。综上，此双色 AIE dots 可以连续监测肿瘤细胞的运动，
而且无明显的染料渗透现象，能够同时监测两类癌细胞之间的迁移行为和相互作
用，这种具有可调荧光波长功能的有机 AIE dots 有望成为研究肿瘤转移过程中细
胞行为和不同肿瘤细胞间相互作用的荧光探针。

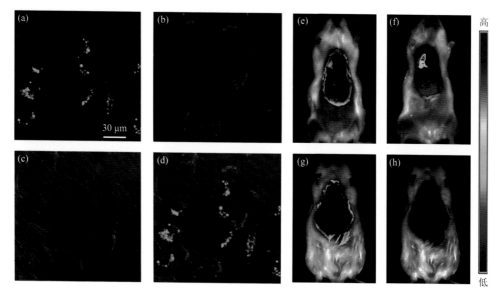

图 5-4　（a）～（d）GT-AIE dots（绿色）和 RT-AIE dots（红色）用于双色 HT1080 细胞的体外示踪；GT-AIE dots（e）和 RT-AIE dots（f）标记和未标记探针的 C6 细胞 [（g）、（h）] 静脉注射进小鼠体内 3 h 后的体内荧光图像

5.2.2　双模态 AIE 荧光探针在小鼠体内示踪肿瘤细胞

为了了解移植细胞的行为，已经报道了包括光学、核磁共振和放射性核素成像技术等多种不同的直接标记细胞策略。然而，每种成像方法各有优缺点。与单模态成像模式相比，将两种或两种以上的成像方式结合起来，可以提供具有协同效果的多模态成像模式，这对现代成像技术具有重要意义。

TPETPAFN 已经被多项研究证明无论在体外还是在体内长期追踪细胞，都可以大大超过商用的无机量子点。Liu 等[26]以该 AIE 分子为核心，以 DSPE-PEG$_{2000}$-NH$_2$ 和 DSPE-PEG$_{2000}$-Mal 为包封基质，制备了具有不同表面功能的 AIE dots，随后在 AIE dots 表面螯合钆（III）赋予其磁性功能，紧接着为提高活细胞标记效率在微粒表面修饰细胞穿膜肽，构建荧光磁性双模态 Tat-Gd-AIE dots 用于体内肿瘤细胞转移的研究。如图 5-5（a）所示，研究人员利用 Tat-Gd-AIE dots 进一步标记 C6 胶质瘤细胞，然后通过尾静脉注射到小鼠体内，以评估肿瘤细胞分布和移植后的转移情况。体内实验结果表明，在注射后的每个时间点，肺和肝脏中都可以观察到强烈的荧光，表明这些器官中优先积累移植的肿瘤细胞，而肺部肿瘤细胞的明显堆积与之前报道的细胞移植研究结果一致[27]，即静脉输注的肿瘤细胞由于肺微血管屏障更易聚集在肺系统内。接着，研究人员利用电感耦合等离子体质谱进一步研究了不同时间点各器官中 Gd（Ⅲ）的浓度，明确 C6 胶质瘤细胞在各器官中积累的时间进程［图 5-5（b）］。体内 MRI 实验显示，MRI 在直接追踪细胞方面具有低敏感性，然而，Gd（Ⅲ）提供了移植细胞生物分布的精确信息［图 5-5（c）］。与使用荧光技术进行半定量评价相比，双模态 Tat-Gd-AIE dots 中 Gd（Ⅲ）的加入可以精确定量移植细胞的生物分布，而 Tat-Gd-AIE dots 的强荧光性能又确保了良好的成像效果，为器官组织中癌细胞的移植提供有价值的信息。双模态成像与单一成像模式相比具有明显的协同优势，在先进的生物医学研究中具有广阔的应用前景。

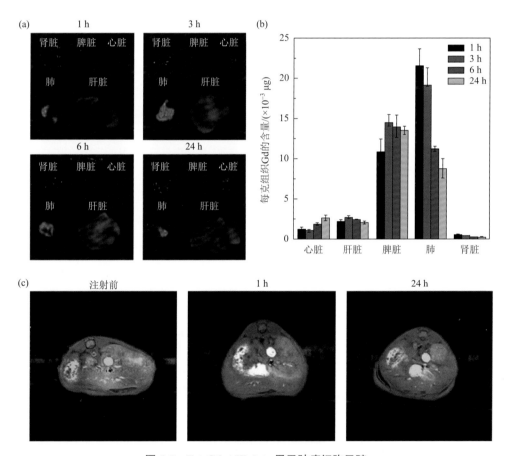

图 5-5　Tat-Gd-AIE dots 用于肿瘤细胞示踪

（a）注射 Tat-Gd-AIE dots 标记的 C6 胶质瘤细胞后，于不同时间点从小鼠体内收集的各种器官的荧光图像；（b）注射后的 1 h、3 h、6 h、24 h，Gd（Ⅲ）在心脏、肝脏、脾脏、肺和肾脏中的浓度；（c）注射 Gd-AIE dots 标记的 C6 胶质瘤细胞后，于 0 h、1 h 和 24 h 的小鼠 T1 加权磁共振图像

5.2.3 AIE 荧光探针在斑马鱼体内示踪肿瘤细胞

在生理条件下实时观察病理过程，可以获得对病理现象的深刻理解。使用最广泛的脊椎动物模型中，除小鼠之外，斑马鱼是另一种常用的模式动物。相比小鼠而言，斑马鱼能够提供小而透明的胚胎，其幼体能够直接进行高分辨率成像。斑马鱼胚胎的小尺寸、光学透明性和快速发育特点有助于对癌细胞的生长、迁移、扩散进行可视化研究，使得移植癌细胞的恶性特征可以在两周内得到评估[28]，有利于监控移植后的癌细胞生长、转移及其和宿主之间的相互作用。而且人的致癌基因和抑癌基因在斑马鱼体内具有同源性，所以许多人与斑马鱼之间的肿瘤信号通路是保守的。因此，斑马鱼模型是监测体内肿瘤生长、血管生成和转移的理想模型[29]。

AIE 荧光探针除了在小鼠体内表现出优异的肿瘤细胞示踪效果，在斑马鱼模型体内同样具有良好的肿瘤细胞示踪能力。Tang 和 Liu 等[30]开发了一种具有高亮度和良好生物相容性的红色荧光基团 *t*-BPITBT-TPE，将 *t*-BPITBT-TPE 进一步包封成具有不同表面电荷的聚合胶束，并且在其表面利用细胞穿膜肽进一步修饰，在水介质中形成稳定的 *t*-BPITBT-TPE 纳米探针 NH$_2$-TAT NPs（图 5-6）。

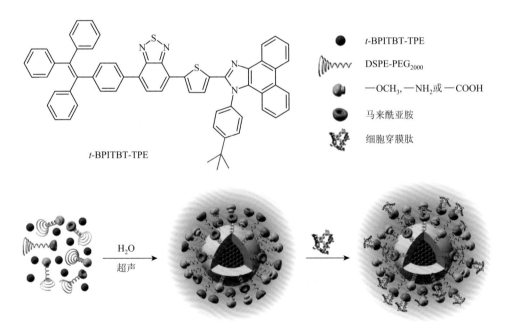

图 5-6　*t*-BPITBT-TPE 的化学结构式及 NH$_2$-TAT NPs 的制备示意图

　　研究人员首先测试了 NH$_2$-TAT NPs 对斑马鱼幼体健康的影响和在斑马鱼体内的循环情况。此外，利用 NH$_2$-TAT NPs 标记高侵袭性的人宫颈癌细胞（HeLa）和相对温和一些的乳腺癌细胞（MCF-7），随后将标记好的癌细胞移植入斑马鱼卵黄囊中追踪 5 天内癌细胞的增殖和转移情况。并且将 NH$_2$-TAT NPs 标记的 HeLa 细胞注射入斑马鱼幼体中，以追踪癌细胞的增殖过程，并对癌细胞在体内的转移潜力进行分析。如图 5-7（a）所示，实验结果表明 MCF-7 细胞在斑马鱼体内的增殖并不多，注射部位的细胞通过循环网络等转运途径发生转移，与人体中癌细胞的转移类似。而 HeLa 细胞能够向下循环迁移到斑马鱼尾部的脉管系统中，移植 MCF-7 细胞的斑马鱼则没有观察到这种转移行为，证明了 HeLa 细胞的高侵袭和转移能力 [图 5-7（b）]。综上，NH$_2$-TAT NPs 能够实时定量示踪癌细胞的动态增殖和转移过程，有望成为一种有前途的生物造影剂。

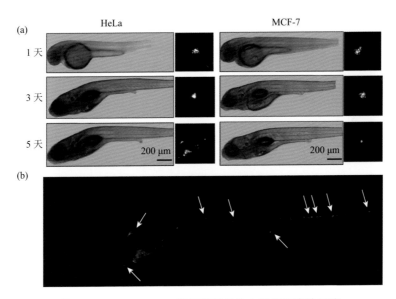

图 5-7　NH$_2$-TAT NPs 用于斑马鱼体内肿瘤细胞的示踪

（a）NH$_2$-TAT NPs 标记的 HeLa 和 MCF-7 肿瘤细胞在斑马鱼体内迁移的灰度图像；（b）NH$_2$-TAT NPs 标记的 HeLa 细胞在斑马鱼体内迁移的荧光图像

　　尽管开发表达癌基因或肿瘤抑制基因的转基因株可以模拟癌症的进展，但由于疾病异质性，这种方法无法适用于所有癌症患者。将患者来源的癌细胞移植到小鼠和斑马鱼体内构建的人源性肿瘤异种移植（PDX）模型可以帮助评估肿瘤的恶性程度，在指导临床方案中具有很好的应用前景。相比于成本相对较高的小鼠 PDX 模型，斑马鱼 PDX 模型在评估癌症恶性程度和预测个体化治疗反应方面拥有快速、低成本等优势，从而能够在较短的时间内对恶性肿瘤进行分级以制定临床治疗方针。

鉴于此，Liu 等[31]利用 AIE 分子 TTF 作为核心，以 DSPE-PEG$_{2000}$、DSPE-PEG$_{2000}$-Mal 作为包封基质，如图 5-8 所示，通过纳米共沉淀方法获得纳米微粒 AIE dots，随后将细胞穿膜肽偶联到 AIE dots 表面，制备得到具有高稳定性、低毒性的 TTF-TAT dots。

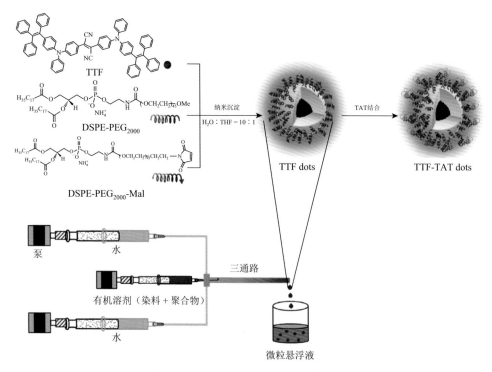

图 5-8　TTF-TAT dots 的自动合成示意图

研究人员将正常和非存活（预热、应激）的 H2009 细胞对 TTF-TAT dots 与 CM-DiI 的摄取情况进行了比较，其中 CM-DiI 是一种亲脂染料，通常用于斑马鱼异种移植细胞的长期示踪。实验结果表明 TTF-TAT dots 可对肿瘤细胞进行长期追踪，增值至 8 代依然可见明亮荧光，并且可以选择性标记存活的癌细胞。此外，研究人员还建立了斑马鱼 PDX 模型，将来源于三种不同细胞系的肺成纤维细胞（IMR90）、肺腺癌细胞（H2009）和卵巢癌细胞（A2780）利用 TTF-TAT dots 进行标记，再注射到斑马鱼胚胎的后脑室。如图 5-9（a）和（b）所示，以 IMR90 作为良性肿瘤模型，TTF-TAT dots 标记的 H2009 和 A2780 细胞在植入斑马鱼脑室 7 d 后，仍具有较高的荧光强度，验证了癌细胞的活性和增殖能力，同时也展现了 TTF-TAT dots 在区分良性肿瘤与恶性肿瘤方面的潜在价值。并且 TTF-TAT dots 标记的 H2009 细胞植入到斑马鱼的卵周隙后，仍能够诱导新生血管生成 [图 5-9（c）]，说明 TTF-TAT dots 标记的 H2009 细胞仍具有浸润性，并预示着其作为活体细胞示踪性标记 3D 肿瘤模型在癌症诊断方面的潜在应用。综上，利用 TTF-TAT dots 在斑马鱼体内示踪植入癌细胞的分布和转移，成为对癌症进行恶性分级、判断肿瘤预后的有效方法。

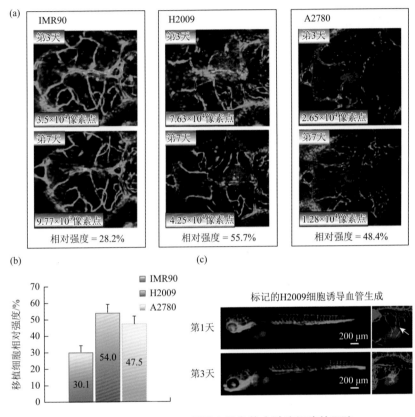

图 5-9　TTF-TAT dots 用于斑马鱼体内肿瘤细胞的示踪

（a）移植 3 d 和 7 d 后斑马鱼脑内 TTF-TAT dots 标记细胞的荧光图像；（b）分析后的斑马鱼移植 IMR90、H2009 和 A2780 细胞的相对强度条形图；（c）移植 1 天和 3 天后，TTF-TAT dots 标记的 H2009 细胞在卵周隙可见肿瘤诱导血管生成的荧光图像

因癌症死亡的大多数人是由继发性转移性肿瘤导致，而非原发肿瘤，因此了解癌细胞是如何逃逸、迁移和扩散，进而分析癌细胞的转移性和侵袭性，对于癌症病因学和癌症治疗的研究都是至关重要的。在体内对肿瘤细胞进行无创示踪使研究人员能够实时监测标记的肿瘤细胞，并获得有价值的肿瘤转移信息。迄今为止，多种 AIE 探针已经实现了对肿瘤细胞的高效标记，为非侵入性的体内细胞示踪提供了更精确的信息，具有重要的生物医学价值。

5.3　AIE 荧光探针应用于干细胞的体内示踪

近年来，干细胞治疗受到越来越多的关注。干细胞治疗被认为是治疗一些不治之症（如退行性疾病、自身免疫性疾病和遗传疾病）的希望。虽然干细胞治疗潜力巨大，但由于对干细胞的行为和命运的了解有限，它仍然面临着诸多挑战。干细胞在用于临床治疗之前，科学家需要确定注射的干细胞是否达到预定的目的并分化成指定的细胞类型，干细胞的低效和不受控制的分化可能是灾难性的。为了更好地了解基于干细胞治疗的机制、治疗效果和安全性，实现最佳的治疗效果，监测评估移植干细胞的存活、迁移和分化是必不可少的。因此，我们迫切需要能够长期追踪干细胞命运和再生能力的工具和技术。在这种情况下，体内干细胞示踪具有重要的科学价值和治疗价值。

一般来说，目前干细胞示踪主要有两种策略：一种是用报告基因标记干细胞[32]，另一种是用外源性造影剂或成像探针标记干细胞[33]。在不同的成像示踪技术中，荧光成像具有灵敏度高、时间分辨率好、体内外吞吐量大、成像仪器可操纵性强等优点。目前，有机染料[34]和无机量子点[35-37]已被广泛用作干细胞示踪剂。与有机染料相比，无机量子点显示出更亮的荧光、更强的抗光漂白能力，以及更长的在活细胞中的存留时间。然而，到目前为止，许多量子点由于重金属组分氧化降解引起的细胞毒性，在生物体系中容易聚集及不规则的闪烁现象等原因，限制了它们在干细胞示踪中的应用[38, 39]。具有优异光学性能和良好细胞保持能力的替代荧光探针，可以克服量子点的局限性，适合在活体系统中进行长期的干细胞追踪。然而由于许多荧光探针的亮度相对较低，其不能很好地用于活体非侵入性干细胞监测。因此，AIE 荧光分子的独特优势促使研究者致力于开发具有 AIE 特性的干细胞示踪剂。基于 AIEgens 的荧光探针在细胞示踪方面拥有巨大潜力，这也为 AIEgens 用于非侵入性体内长期干细胞示踪奠定了研究基础。

5.3.1　AIE 荧光探针示踪脂肪间充质干细胞

干细胞疗法有望治疗多种人类疾病，包括阿尔茨海默病、癌症、糖尿病等。在各种来源的干细胞中，脂肪间充质干细胞（ADSCs）在细胞再生医学领域具有广阔的应用前景，因为 ADSCs 比较容易从基质血管成分中分离出来，并且具有广泛的分化潜能和扩增能力[40, 41]。研究人员利用性能优异的 AIEgens 追踪 ADSCs 在多种疾病模型中的行为和命运。

1. 下肢缺血模型

糖尿病的危害性很大程度上源于其多种并发症，其中下肢血管病变是最常见且最严重的并发症之一，因该病具有较高的病死率、截肢率和感染率，是糖尿病患者致残和致死的常见原因。传统的治疗方法很难达到理想的治疗效果，因此发掘新的治疗方法具有重要的临床意义。随着对干细胞研究的深入，利用干细胞移植对下肢血管病变进行治疗，成为当前的研究热点。

Liu 等[42]以常用的 AIE 分子 TPETPAFN 作为核心，以 DSPE-PEG$_{2000}$-Mal 为包封基质，进一步利用细胞穿膜肽进行表面修饰以提高细胞对荧光探针的摄取率，制备得到 Tat-TPETPAFN AIE dots（图 5-10）。研究人员测试发现，该荧光探针具有红外/近红外荧光发射强、斯托克斯位移大、光稳定性好、背景荧光信号低和细胞毒性小等优点。将 AIE dots 标记的 ADSCs（不转染任何报告基因）与表达绿色荧光蛋白的 ADSCs 共培养，并未观察到内化的 AIE dots 从细胞内渗漏到细胞外培养液中，证实 AIE dots 在 ADSCs 中良好的保留性。另外，研究人员还发现 AIE dots 的内化既不影响 ADSCs 的多能性，也不会导致任何无意的分化，因此该荧光探针非常适用于干细胞的长期追踪。

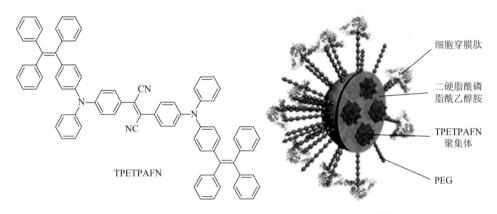

细胞穿膜肽

二硬脂酰磷脂酰乙醇胺

TPETPAFN 聚集体

PEG

图 5-10　TPETPAFN 的化学结构及其 AIE dots 的示意图

研究人员通过体外实验证明了 Tat-TPETPAFN AIE dots 标记的 ADSCs 比市售的细胞示踪剂 PKH 26 和 Qtracker® 655 标记的干细胞具有更强的荧光和摄取能力[图 5-11（a）]。接着，研究人员利用无创性活体动物荧光成像技术，在下肢缺血模型上验证了 AIE dots 的体内干细胞示踪能力。从 FVB-lucGFP 转基因小鼠的腹部和腹股沟脂肪组织中分离出 ADSCs，可同时表达萤光素酶和 GFP，用于生物发光和荧光成像。在缺血后肢部位肌肉注射 AIE dots 标记的 ADSCs 后，于指定的时间间隔对小鼠进行成像。如图 5-11（b）～（e）所示，随着时间的推移，注射部位荧光信号逐渐减弱，但 42 天后移植部位的荧光信号仍清晰可见。生物发光强度变化趋势与荧光信号类似。此外，使用 AIE dots 标记的 ADSCs 进行治疗显著提高了肢体保留率。在之前的研究工作中，Yu 等[43]利用荧光纳米钻石标记肺干细胞，能够在 7 天时间内监测体内的干细胞及其再生能力。而 Tat-TPETPAFN AIE dots 可以准确、定量地反映 6 周时间内的 ADSCs 在下肢缺血模型中的命运和再生能力，这也是目前外源荧光细胞示踪剂中体内标记时间最长的探针。

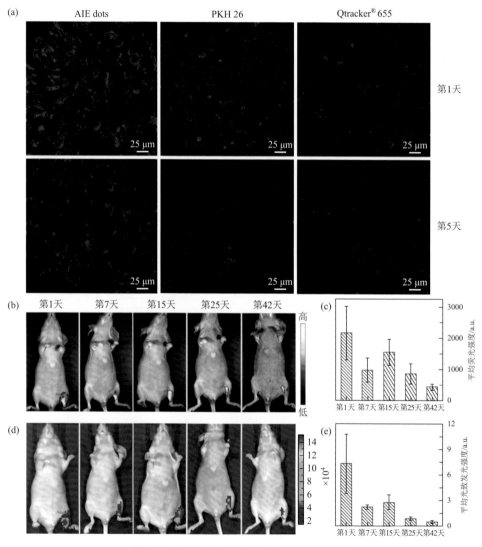

图 5-11 AIE dots 对 ADSCs 进行长期跟踪

（a）用 AIE dots、PKH 26 和 Qtracker® 655 标记 ADSCs 的荧光图像；（b）AIE dots 标记的 ADSCs 在下肢缺血小鼠模型中的活体荧光图像；（c）荧光强度变化；（d）AIE dots 标记的 ADSCs 在下肢缺血小鼠模型中的生物发光图像；（e）生物发光强度变化

ADSCs 作为缺血性疾病治疗方法的研究备受关注。因此，了解干细胞标记探针的追踪能力以及是否会影响 ADSCs 在体内的再生能力和治疗效果至关重要。AIE 荧光探针为理解 ADSCs 在缺血治疗中的作用提供了研究思路。

2. 辐射皮肤损伤模型

超过 50%的癌症患者需要用到放射治疗，尤其是某些早期肿瘤单用放疗治愈率很高，因此放射治疗成为大多数恶性肿瘤患者重要的治疗手段。放射性皮肤损伤是癌症患者放射治疗中常见且严重的副作用，大约 95%接受放射治疗的患者会出现电离辐射造成的皮肤损伤。虽然间充质干细胞在放射性皮肤损伤修复中的作用已经在动物模型中得到证实，但移植的干细胞在治疗放射性皮肤损伤中的行为和潜在的再生机制，如细胞替代、刺激血管形成、免疫调节或旁分泌调节等尚未完全明了。因此，在辐射损伤治疗中，采用一种有效的分子成像手段配合高度可靠的细胞示踪剂以可视化干细胞的命运和机制是非常必要的。

Liu 和 Ding 等[44]利用具有高亮度近红外发光性能的 AIE 纳米探针追踪干细胞治疗放射性损伤。研究人员首先设计了具有长波长吸收和发射的 AIE 分子（图 5-12），以两亲性 DSPE-PEG$_{2000}$-Mal 为包封基质，采用纳米沉淀策略将 AIE 分子制备成纳米微粒，并在其表面修饰细胞穿膜肽，制备得到 AIE dots。实验测试表明该 AIE dots 的荧光量子产率为 33%，证实其具有荧光亮度高和组织穿透力强的特点，适于体内应用。随后，研究人员利用 AIE dots 标记的 ADSCs 进行 X 射线辐射皮肤损伤的治疗。

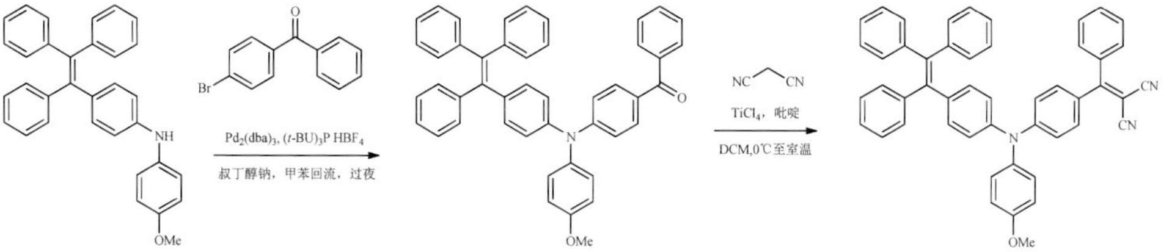

图 5-12　AIE 分子的合成路线图

首先体外实验表明，AIE dots 被 ADSCs 内化后可稳定标记 ADSCs，表现出良好的细胞保留能力和精确的追踪能力，并且不会泄漏到细胞外基质和标记相邻细胞。并且该 AIE dots 在 ADSCs 的分化和增殖过程中表现出良好的生物相容性，对干细胞增殖、多潜能分化性能及辐射诱导的内皮细胞损伤修复能力无不利影响。接着研究人员进一步探究了 AIE dots 在辐射诱导皮肤损伤小鼠模型中示踪干细胞的能力。为了便于比较，将转基因小鼠表达萤光素酶的 ADSCs 用于体内移植。如图 5-13 所示，与生物发光成像趋势类似，移植的 ADSCs 在最初表现出强荧光信号，随后逐渐下降，AIE dots 可连续无创追踪移植的 ADSCs 达 18 天。有趣的是，AIE dots 标记的 ADSCs 在移植后的第 30 天，于组织水平上仍显示出单细胞分辨率，这将有助于在分子水平上揭示干细胞的体内行为。

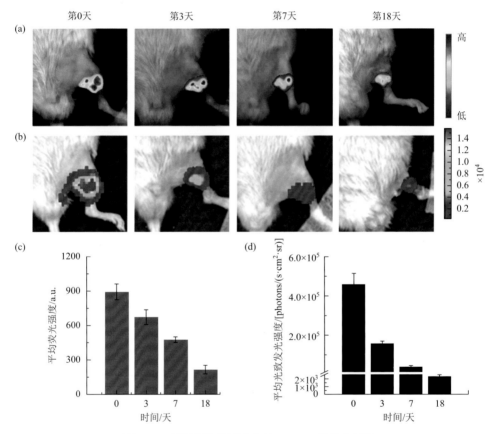

图 5-13　辐射损伤模型中移植 ADSCs 的体内示踪

（a）AIE dots 标记的 ADSCs 在辐射损伤小鼠中随时间变化的荧光图像；（b）AIE dots 标记的 ADSCs 在辐射损伤小鼠中随时间变化的生物发光图像；（c）损伤区域的荧光强度；（d）损伤区域的生物发光强度

利用 AIEdots 不仅能够准确、无创、定量地追踪辐射皮肤损伤中移植的 ADSCs，还提供了 ADSCs 在分子和组织水平上的分布信息。此工作为 AIEgens 在辐射损伤微环境中的应用开辟了一条新的途径。

5.3.2　AIE 荧光探针示踪骨髓间充质干细胞

骨髓间充质干细胞（BMSCs）来源于骨髓，是干细胞治疗的常用细胞。BMSCs 具有众多优势，如无免疫排斥反应、体外培养能够迅速增殖、分化潜能多种多样等，是较为理想的种子细胞，用来治疗各类损伤、后遗症及慢性疾病，如脊髓损伤、卒中后遗症、脊髓灰质炎后遗症、慢性骨骼系统疾病等[45]。AIEgens 在荧光成像方面得天独厚的优势有助于了解疾病进展过程中 BMSCs 的行为和治疗机制。

1. 缺血性中风模型

卒中已成为全球第二大致死原因，也是导致长期残疾的主要原因，预计随着人口老龄化日益加剧，这种情况将会更加严重[46]。缺血性卒中占全部卒中情况的 8.0%。虽然随着抗血栓治疗的出现，与卒中相关的死亡率有所下降，但只有一小部分缺血性患者可以从抗血栓治疗中受益，因为溶栓剂（组织型纤溶酶原激活剂）必须在卒中发病后的几小时内使用。除了治疗窗口期有限之外，将近一半的接受溶栓治疗的患者几乎没有改善[47]。基于干细胞的治疗因其再生能力和较长的治疗时间窗口而成为治疗急性脑卒中的一种很有前途的替代治疗方法。BMSCs 因其易于从患者身上获得，并具有分化、自我更新和再生的多潜能特点，已引起人们的极大研究兴趣。大量研究表明，输注 BMSCs 治疗卒中具有良好的治疗效果。准确显示移植干细胞的行为，以监测它们在缺血区的归巢情况以及评估它们的治疗效果，能够确保更高的治疗成功率。因此，开发一种可靠的细胞示踪策略来监测 BMSCs 的存活、迁移、转化和功能至关重要。

Liu 等[48]报道了 AIE 探针在缺血性卒中模型中对大鼠 BMSCs 示踪的应用。研究人员同样利用 AIE 分子 TPETPAFN、包封基质 DSPE-PEG$_{2000}$-Mal 和细胞穿膜肽通过纳米沉淀法制备 Tat-AIE NPs。Tat-AIE NPs 对 BMSCs 具有较高的细胞内化率和较低的细胞毒性，适用于体外和体内的长期细胞示踪研究。体外实验显示 Tat-AIE NPs 标记的细胞 18 d 后标记率为 51.0%，而 Qtracker® 655 标记的细胞仅为 10.4%，证明 Tat-AIE NPs 具有明显优于商用示踪剂 Qtracker® 655 的 BMSCs 追踪能力。研究人员还利用内皮素-1（ET-1）单侧局部作用于暴露的大脑中动脉诱导大鼠缺血性卒中模型，24 h 后将 Tat-AIE NPs 标记的 BMSCs 注入大鼠的颈内动脉，移植 7 d 后收集脑组织进行分析。如图 5-14 所示，实验结果表明 Tat-AIE NPs 标记的 BMSCs 大量聚集在损伤组织部位，证明 BMSCs 具有向脑损伤部位迁移的能力。Tat-AIE NPs 能够有效监测 BMSCs 在脑组织中的迁移和功能，有望成为研究干细胞移植治疗后细胞命运的宝贵工具。

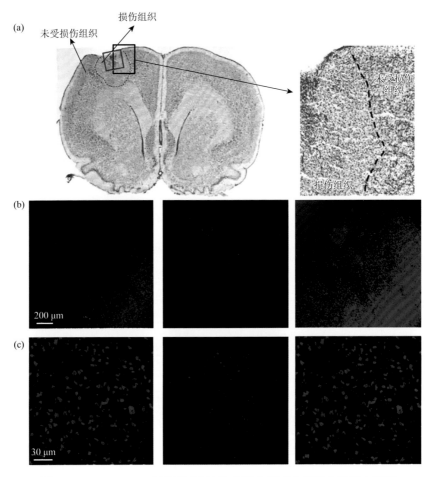

图 5-14　Tat-AIE NPs 标记的 BMSCs 在缺血性卒中模型中的体内示踪

（a）7 d 后 ET-1 诱导的缺血性卒中大鼠脑组织硫胺素染色；（b）大鼠脑组织切片中病变部位的荧光图像；
（c）高倍率下病变部位的荧光图像

　　Liu 和 Liao 等[49]设计合成了一种具有高亮度和低毒性的 AIE 荧光分子 TPEEP，并将其制备成有机纳米微粒 TPEEP-Tat NPs，如图 5-15 所示。该纳米微粒具有高荧光量子产率、低细胞毒性、良好的物理稳定性和光稳定性等特点，在体内外表现出良好的 BMSCs 示踪性能。TPEEP-Tat NPs 能够被 BMSCs 有效内化，体外示踪能力稳定在 10 天以上。体内研究采用靶向皮质小动脉光致缺血性血栓（PTI）技术诱导大鼠缺血性卒中，24 h 后经颈内动脉输注 TPEEP-Tat NPs 标记的 BMSCs，然后于输注后第 3 天、第 5 天、第 7 天进行脑组织分析。实验结果表明，输注后第 3 天，缺血区无法观察到 BMSCs。从第 5 天开始，BMSCs 迁移到缺血区并聚集在缺血区周围，第 7 天时，缺血损伤部位充满了 BMSCs（图 5-16）。这表明 PTI 卒中诱导后 TPEEP-Tat NPs 标记的 BMSCs 成功迁移和归巢至卒中损伤部位。TPEEP-Tat NPs 的高亮度、良好的光稳定性及低细胞毒性和光毒性使其在长期干细胞示踪中具有广阔的应用前景。

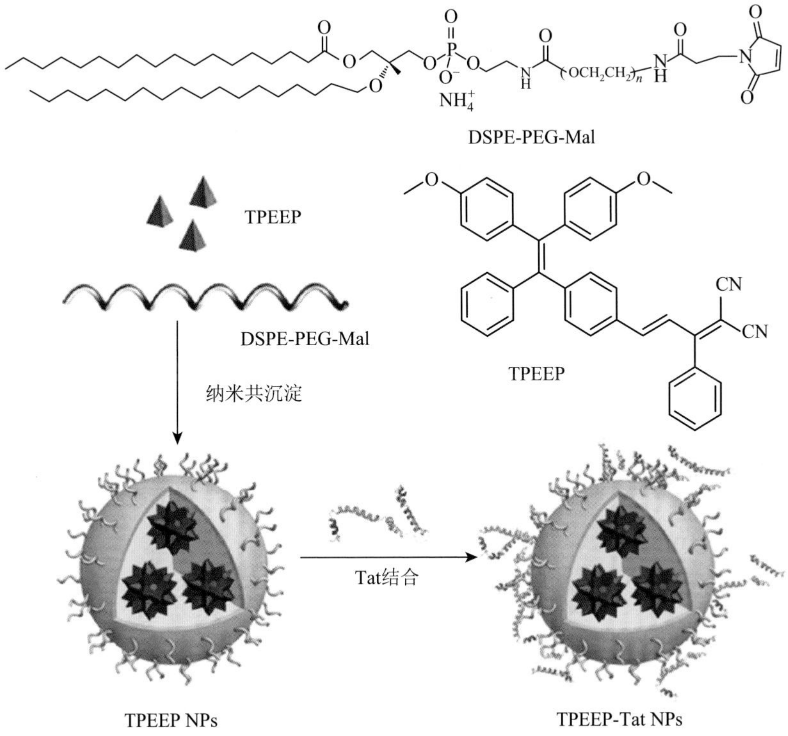

图 5-15　**TPEEP-Tat NPs 标记的 BMSCs 在大鼠 PTI 卒中模型中的体内示踪**

理解 BMSCs 输注后的命运及它们促进卒中康复的机制，对卒中的干细胞疗法应用于临床实践具有重要指导意义。AIEgens 表现出作为干细胞示踪剂的优势和临床应用前景。

2. 成骨分化模型

创伤或疾病引起的骨缺损在临床上较为常见，传统的治疗方法是自体骨移植。BMSCs 因其强大的增殖和分化为成骨细胞的能力，在骨修复方面显示出巨大的潜力。为了评估和改进基于干细胞的治疗方法，需要长期追踪移植干细胞在骨愈合过程中的分布和行为以了解其成骨分化进程。由于良好的生物相容性和明亮的荧光等特点，AIEgens 非常适用于示踪干细胞的骨修复过程。

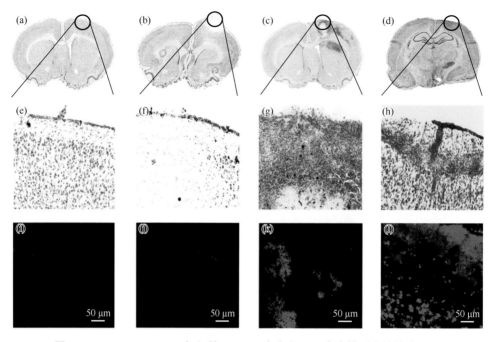

图 5-16　TPEEP-Tat NPs 标记的 BMSCs 在大鼠 PTI 卒中模型中的体内示踪

（a）～（d）输注 BMSCs、输注 3 天后、输注 5 天后、输注 7 天后的大鼠脑组织的硫胺素染色图片；（e）～
（h）圈内区域的高倍率图片；（i）～（l）输注 BMSCs、输注 3 天后、输注 5 天后、输注 7 天后的大鼠脑组
织的荧光图像

　　Tang 和 Wang 等[50]将 AIE 分子 PITBT-TPE 制备的纳米微粒表面进一步修
饰细胞穿膜肽得到 AIE-Tat NPs［图 5-17（a）］，用于长期追踪小鼠 BMSCs 的
成骨分化。研究人员发现 AIE-Tat NPs 对小鼠 BMSCs 具有 100%的标记效率，
且不会影响细胞的活力，具有良好的生物相容性。商用示踪剂 Qtracker® 655
仅能追踪传代 6 代的 BMSCs，而 AIE-Tat NPs 在传代 12 代以上的 BMSCs 中都
表现出很强的示踪能力。并且在相同条件下，AIE-Tat NPs 标记细胞的荧光强
度比 Qtracker® 655 要强得多，这证明了 AIE-Tat NPs 具有比 Qtracker® 655 更强
的示踪能力。羟基磷灰石（HA）的组成与天然骨相似，已被广泛用作支持细
胞黏附和生长的支架材料，在 HA 支架上培养的成骨细胞可以定义为再生骨组
织。因此，研究人员在成骨条件下，通过在 HA 支架上培养小鼠 BMSCs 来进
行成骨分化过程的长期荧光示踪。如图 5-17（b）～（d）所示，AIE-Tat NPs
标记的小鼠 BMSCs 在成骨分化过程中显示出超过 14 天的明亮荧光，且不会干
扰成骨分化过程。因此，AIE-Tat NPs 在骨修复过程中示踪干细胞的命运方面
有着很好的应用前景。

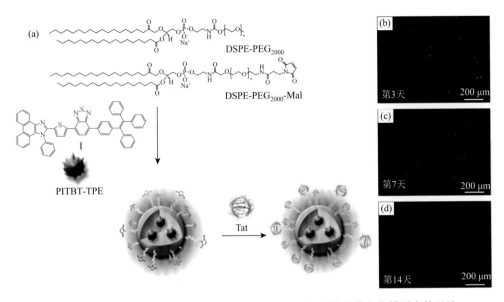

图 5-17 AIE-Tat NPs 标记的 BMSCs 在 HA 支架构建的成骨分化模型中的示踪

（a）AIE-Tat NPs 的制备示意图；（b）～（d）AIE-Tat NPs 标记的 BMSCs 于第 3 天、第 7 天、第 14 天后的荧光图像

AIEgens 在缺血性卒中和成骨分化过程中均能对 BMSCs 的行为命运进行有效追踪。它的标记不会影响 BMSCs 的正常功能，且在体内具有明亮的荧光发射和良好的生物相容性。AIE 探针成为评估 BMSCs 在干细胞治疗中行为命运的潜在细胞示踪剂，在细胞治疗研究中具有巨大的潜力。

5.3.3 AIE 荧光探针示踪间充质干细胞来源的细胞外囊泡

细胞外囊泡（EVs）是由磷脂双层封闭的囊泡，几乎所有类型的细胞都会分泌。EVs 作为近年来的研究热点，被认为可以调节宿主与病原体的相互作用，参与感染性和炎性疾病、神经系统疾病、癌症等疾病的病理过程，在正常生理过程中介导细胞间通信。EVs 在发育中也同样发挥着重要功能。EVs 因含有丰富的生物标志物，也可用于临床医学中治疗反应和疾病进展的监测，同时 EVs 可提供多种生物分子，具有作为临床药物输送载体的潜力。

EVs 的固有纳米尺寸和高度复杂的膜结构使得有效追踪 EVs 仍然十分困难。EVs 示踪方法主要包括直接标记和间接标记。荧光标记是一种广泛用于 EVs 直接成像的策略，EVs 在可见光区域可以用亲脂性染料（如 PKH 26）或花菁染料（如 DiI）进行荧光标记，以追踪细胞的摄取和相互作用[51, 52]。然而，此类染料在水溶液中形成染料聚集体或胶束，结果可能会产生误差。还可以通过标记亲代细胞的方式间接标记 EVs，如荧光蛋白、萤光素酶或细胞代谢物报告系统[53]。然而，这些间接方法需要建立稳定的过表达细胞系，这可能会改变 EVs 的组成，进而影响 EVs 的功能。AIEgens 的卓越特性促使研究人员使用其进行 EVs 的监测和追踪[54, 55]。

间充质干细胞（MSCs）属于多功能干细胞，可用于衰老和病变引起的组织器官损伤修复。MSCs 来源的 EVs，即 MSC-EVs，在多种疾病的治疗中均显示出积极作用。

1. 急性肝损伤模型

肝脏具有很强的再生能力，但肝脏疾病的发病率和死亡率仍然很高。如果治疗不及时，急性肝损伤（ALI）将发展为终末期肝病。除原位肝移植或人工肝治疗外，目前尚无有效的终末期肝病治疗方法，然而器官供体的缺乏、移植物抗宿主病和终身免疫抑制的副作用都限制其治疗效果[56]。近年来，MSCs-EVs 在肝病的治疗中显示出巨大的潜力。与 MSCs 相比，MSCs-EVs 触发免疫反应的倾向要低得多，异位移植的风险也很低[57, 58]，MSC-EVs 为器官移植提供了另一种选择。

由于 EVs 存在大量的蛋白聚糖和唾液酸，因此其表面电位总体呈负电状态。针对 EVs 的这一特性，Wang 和 Ding 等[59]设计合成了带正电荷的 AIE 分子 DPA-SCP，如图 5-18（a）所示，并将其附着在带负电荷的 EVs 膜上，对 MSC-EVs 进行荧光标记，最后利用非侵入性荧光成像技术对 MSC-EVs 在小鼠急性肝损伤模型中的治疗效果进行了示踪研究。

研究人员首先在体外实验中证实 DPA-SCP 具有良好的生物相容性，并且 DPA-SCP 的标记不影响 EVs 的生理特性。此外，相比于市售的 EVs 示踪剂（PKH 26 和 DiI），DPA-SCP 能准确、特异地标记 MSC-EVs，表现出优异的标记效率和示踪能力。接着研究人员验证了 DPA-SCP 的体内安全性，通过构建小鼠 ALI 模型检测 DPA-SCP 对人胎盘间充质干细胞（hP-MSC）来源的 EVs 的示踪能力。如图 5-18（b）所示，相比于单纯 AIEgens 组，AIE-EVs 组在肝脏部位的荧光信号要强得多，并且 DPA-SCP 在不影响 EVs 再生能力和治疗效果的情况下，对小鼠 ALI 模型中 MSC-EVs 的行为进行了连续 7 d 的精确实时定量追踪。这表明具有 AIE 特性的 DPA-SCP 可作为肝脏再生中 EVs 体内实时成像的安全有效的示踪剂。

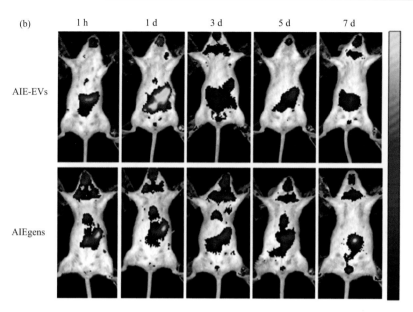

图 5-18　AIE-EVs 和 AIEgens 在 ALI 小鼠体内的示踪

（a）DPA-SCP 的合成路线图；（b）AIE-EVs 和 AIEgens 在 ALI 小鼠体内的荧光图像

MSCs 在改善急、慢性肝损伤方面具有很好的治疗作用[60]，而 MSC-EVs 的移植可以减轻肝脏炎症，提高细胞存活率，防止肝纤维化的发展。MSC-EVs 在肝脏病理学中具有重要意义。AIEgens 为全面追踪和评估 MSC-EVs 在肝脏再生过程中的治疗效果提供了一种有效的手段。

2. 缺血再灌注急性肾损伤模型

缺血再灌注（I/R）损伤通常引起急性肾损伤（AKI）或者不断加重本身已有的 AKI，缺血性 AKI 的发病率在全球范围内呈稳步上升趋势，然而有效的预防或处理措施仍然有限[61]。EVs 作为 AKI 的关键介质，参与细胞间通信，能够使细胞清除不需要的物质。循环 EVs 在 AKI 的发生发展过程中调节免疫反应和血栓形成[62]。由于特定抗原的存在，EVs 也被认为是 AKI 的分子生物标志物，MSC-EVs 可能为 AKI 的脱细胞治疗策略带来希望。因此，连续、精确地示踪 MSC-EVs 的体内行为以确定其安全性和治疗效果就变得尤为重要。

由于缺乏同时具备高标记效率和示踪能力的分子探针，阐明 MSC-EVs 在肾脏中的有效示踪仍然非常困难，这严重阻碍了其临床应用[63]。上述提到的 DPA-SCP 标记 MSC-EVs 提供了一种简单的标记方式，使其拥有良好的生物相容性、高标记效率和极大的稳定性，其优异特性促使研究人员将 DPA-SCP 用于 I/R AKI 模型的 MSC-EVs 示踪。基于此，Wang 和 Ding 等[64]利用 DPA-SCP 继续监测

MSC-EVs 在肾再生研究中的行为命运。如图 5-19（a）所示，研究人员首先观察到 AIE-EVs 能够被肾损伤部位的肾小管上皮细胞（TECs）摄取，并通过研究发现 AIE-EVs 能够激活 Keap1-Nrf2 信号通路，增强 TECs 的线粒体功能，从而促进肾功能的恢复。

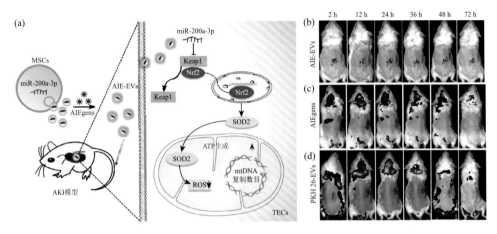

图 5-19　MSC-EVs 在 I/R 诱导的 AKI 小鼠体内的示踪

（a）MSC-EVs 在肾脏修复中发挥再生效应的分子调控机制；（b）AIE-EVs 在 I/R AKI 小鼠体内随时间的荧光强度变化；（c）AIEgens 在 I/R AKI 小鼠体内随时间的荧光强度变化；（d）PKH 26-EVs 在 I/R AKI 小鼠体内随时间的荧光强度变化

　　研究人员在构建的小鼠 I/R AKI 模型中监测了 DPA-SCP 标记的 MSC-EVs 的存活和行为。以市售的 EVs 示踪剂 PKH 26 和 AIEgens 作为对照，以比较 DPA-SCP 在肾脏中的 EVs 标记效率。如图 5-19（b）～（d）所示，AIE-EVs 组在注射 12 h 后荧光信号达到高峰，随后荧光强度逐渐下降。而 AIEgens 组的荧光信号则主要在肝脏中大量积累。PKH 26 在注射后的 2～72 h 内，在 AKI 小鼠的肾脏中只发现了较弱的荧光信号，这表明 PKH 26 无法实现 I/R AKI 小鼠中 MSC-EVs 的可视化追踪。这些实验结果表明，DPA-SCP 在 I/R AKI 小鼠模型中能够精确示踪 MSC-EVs 的命运长达 72 h，在时空分辨率和追踪能力上均优于商用 EVs 示踪剂，而且 AIEgens 并不影响 MSC-EVs 在肾脏中的治疗功效和再生能力。这项研究表明具有 AIE 特征的 DPA-SCP 可以无创、精确和安全地全面追踪和评估 MSC-EVs 在整个肾脏再生过程中的行为和命运。

　　MSCs 移植已成为一种很有潜力的疾病治疗策略[65]。然而，MSCs 移植不可避免地面临许多潜在的风险，如伦理问题和免疫反应。最近，多项研究表明 MSCs 来源的 EVs 具有与其亲本 MSCs 相似的功能，包括归巢、调节炎症和修复组织损伤等。MSC-EVs 可提供与 MSCs 移植类似的积极效果。而 AIEgens 标记方法安全有效，使 MSC-EVs 在肝脏和肾脏修复中的非侵入性和精确的体内示踪成为可能。

5.3.4　AIE 荧光探针示踪人类胚胎干细胞来源的神经元

随着体外培养多能干细胞分化为神经细胞技术的进步，各种神经细胞的获得不再成为难题，这也使得神经元移植治疗更倾向于临床应用。利用来源于人胚胎干细胞（hESCs）或诱导多能干细胞（iPSCs）的分化神经元进行体内移植，是新兴的一种神经退行性疾病治疗方法。hESCs 和 iPSCs 衍生的中脑多巴胺能神经元已经被用于帕金森病的动物治疗中，并表现出良好的治疗效果[66]。但是目前对于活体移植后神经元活性进行示踪的可视化方法仍然比较缺乏。

AIE 荧光探针在各种细胞系中都表现出很高的细胞保留率和标记效率，而且到目前为止，还没有关于 AIE 探针标记大脑干细胞来源神经元的研究。鉴于神经元移植在老年性神经退行性疾病中的潜力越来越大，以及对细胞标记和长期示踪生物探针的迫切需求，Liu 等[67]利用 AIE 分子 TPETPAFN，将其制备为纳米微粒之后，进一步将细胞穿膜肽连接到微粒表面制备得到 AIENPs，以增强细胞的穿透能力［图 5-20（a）］。

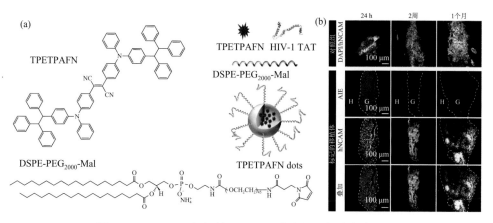

图 5-20　AIE NPs 标记的 hESC-Ns 在小鼠纹状体内的示踪

（a）AIE NPs 的制备示意图；（b）AIE NPs 标记的 hESC-Ns 在移植 24 h、2 周和 1 个月后的小鼠脑切片的荧光图像，H 代表宿主组织，G 代表移植的 AIE NPs 标记的移植体

研究人员首先考察了 AIE NPs 在小鼠神经前体细胞上的生物相容性，结果表明，AIE NPs 能够高效地标记小鼠神经干细胞，而不影响神经干细胞的增殖、分

化和存活。由于 hESCs 是最常见的神经移植细胞之一，研究人员进一步探究了 AIE NPs 在 hESCs 来源的神经元（hESC-Ns）上的摄取、保留和亚细胞定位情况。实验结果表明，延长 AIE NPs 在 hESC-Ns 中的孵育时间能够获得更高的标记效率，并且不会引起细胞死亡，在标记 14 d 后，仍然可以在分化神经元中监测到荧光信号。更有趣的是，内化的 AIE NPs 能够有效地进入轴突，这表明 AIE NPs 不会阻碍神经元的分化过程。最后，研究人员测试了 AIE NPs 对移植神经元的细胞示踪能力和体内清除特性，将 AIE NPs 标记的 hESC-Ns 移植到小鼠纹状体内，并在移植后的 24 h、2 周和 1 个月时间内进行监测。结果表明，随着时间的推移，移植细胞的荧光强度逐渐下降，但在移植后 1 个月仍可检测到 [图 5-20（b）]。另外，AIE NPs 被小胶质细胞内化，推测其可能参与调节 AIE NPs 的清除过程。这一研究工作为哺乳动物脑中 AIE NPs 的代谢去向提供了一个概念验证，更重要的是，这可能为 AIE NPs 标记的移植神经元在体内的示踪和神经功能成像的应用铺平道路，为 AIE NPs 在神经退行性疾病治疗中的应用奠定基础。

总而言之，干细胞的细胞类型、治疗剂量和传递途径可能会极大地影响干细胞治疗的有效性。虽然干细胞治疗的全部治疗潜力需要详细的研究和阐明体内干细胞的行为，但对移植干细胞长期、连续和精确的体内示踪将为临床医生和科学家提供有价值的信息，使研究人员能够监测干细胞治疗、优化细胞给药条件及评估治疗效果。无机量子点、有机氟掺杂纳米颗粒、荧光纳米钻石和上转换纳米颗粒等都被用于体内外干细胞示踪研究。尽管研究结果令人满意，但每种类型的荧光探针都有其优缺点。量子点表现出高亮度、优异的光稳定性和波长可调的优势，但是其潜在毒性仍是活体示踪应用的主要问题。有机氟掺杂纳米颗粒不含有毒元素，具有较好的生物相容性，但其激发和发射波长大多位于可见光区域，组织穿透深度有限。荧光纳米钻石也有同样的缺点。上转换纳米颗粒由于独特的光学性质，适合于高灵敏度的深部组织成像。然而，其上转换效率相对较低，荧光材料的化学稳定性较差，激发阈值较高。以上问题限制了这些探针在体内干细胞示踪中的应用。AIEgens 示踪干细胞不仅是一种无创性标记细胞的在体实时成像技术，还提供了标记的干细胞在分子和组织水平上的分布信息，从而实现干细胞存活、迁移、增殖和功能分化的动态和可重复监测，为多种疾病的治疗效果评价和作用机制研究提供科学依据。

监测和了解体内移植细胞的长期命运和再生治疗对基于细胞的诊断和治疗的开发和优化至关重要。AIE 荧光探针作为一种安全有效的细胞示踪剂，不仅能够监测、定位和量化移植细胞，而且在体内能够追踪细胞的迁移和命运，有助于了解移植细胞的存活和治疗机制，为多种疾病的诊断和治疗提供新的材料和见解。AIE 荧光探针标记方法简单、廉价、安全、有效，具有潜在的临床应用前景。考虑到 AIE 荧光探针在亮度、光稳定性、安全性和示踪能力等方面的显著优势，AIE

荧光探针的深入研究将推动更多荧光细胞示踪剂的发展，为未来了解移植细胞的体内作用机制提供新的思路和手段。

（张晓燕　丁　丹[*]）

参 考 文 献

[1] Kunjachan S，Ehling J，Storm G，et al. Noninvasive imaging of nanomedicines and nanotheranostics: principles，progress，and prospects. Chemical Reviews，2015，115（19）：10907-10937.

[2] Yahyapour R，Farhood B，Graily G，et al. Stem cell tracing through MR molecular imaging. Tissue Engineering and Regenerative Medicine，2018，15（3）：249-261.

[3] Ahrens E T，Zhong J. In vivo MRI cell tracking using perfluorocarbon probes and fluorine-19 detection. NMR in Biomedicine，2013，26（7）：860-871.

[4] Xiao Y，Liu Y，Yang S，et al. Sorafenib and gadolinium co-loaded liposomes for drug delivery and MRI-guided HCC treatment. Colloids and Surfaces B: Biointerfaces，2016，141：83-92.

[5] Murphy S V，Hale A，Reid T，et al. Use of trimetasphere metallofullerene MRI contrast agent for the non-invasive longitudinal tracking of stem cells in the lung. Methods，2016，99：99-111.

[6] Guo C，Sun L，She W，et al. A dendronized heparin-gadolinium polymer self-assembled into a nanoscale system as a potential magnetic resonance imaging contrast agent. Polymer Chemistry，2016，7（14）：2531-2541.

[7] Vandsburger M H，Radoul M，Cohen B，et al. MRI reporter genes: applications for imaging of cell survival，proliferation，migration and differentiation. NMR in Biomedicine，2013，26（7）：872-884.

[8] Liu M，Wang Y，Li M，et al. Using tyrosinase as a tri-modality reporter gene to monitor transplanted stem cells in acute myocardial infarction. Experimental & Molecular Medicine，2018，50（4）：1-10.

[9] Küstermann E，Himmelreich U，Kandal K，et al. Efficient stem cell labeling for MRI studies. Contrast Media & Molecular Imaging，2008，3（1）：27-37.

[10] O'donnell M，Mcveigh E R，Strauss H W，et al. Multimodality cardiovascular molecular imaging technology. Journal of Nuclear Medicine，2010，51：38S-50S.

[11] Ge J，Zhang Q，Zeng J，et al. Radiolabeling nanomaterials for multimodality imaging: new insights into nuclear medicine and cancer diagnosis. Biomaterials，2020，228：119553.

[12] Rahman W T，Wale D J，Viglianti B L，et al. The impact of infection and inflammation in oncologic ^{18}F-FDG PET/CT imaging. Biomedicine & Pharmacotherapy，2019，117：109168.

[13] Verhaegen M，Christopoulos T K. Recombinant Gaussia luciferase. Overexpression，purification，and analytical application of a bioluminescent reporter for DNA hybridization. Analytical Chemistry，2002，74（17）：4378-4385.

[14] Baker M. The whole picture. Nature，2010，463（7283）：977-979.

[15] Fowler M，Virostko J，Chen Z，et al. Assessment of pancreatic islet mass after islet transplantation using in vivo bioluminescence imaging. Transplantation，2005，79（7）：768-776.

[16] Kalinina M A，Skvortsov D A，Rubtsova M P，et al. Cytotoxicity test based on human cells labeled with fluorescent proteins: fluorimetry，photography，and scanning for high-throughput assay. Molecular Imaging and Biology，2018，20（3）：368-377.

[17] Ogawa M，Kosaka N，Choyke P L，et al. In vivo molecular imaging of cancer with a quenching near-infrared

fluorescent probe using conjugates of monoclonal antibodies and indocyanine green. Cancer Research，2009，69（4）：1268-1272.

[18] Xu M，Wang L V. Photoacoustic imaging in biomedicine. Review of Scientific Instruments，2006，77（4）：041101.

[19] Ding D，Li K，Liu B，et al. Bioprobes based on AIE fluorogens. Accounts of Chemical Research，46（11）：2441-2453.

[20] Mei J，Leung N L，Kwok R T，et al. Aggregation-induced emission：together we shine，united we soar!. Chemical Reviews，2015，115（21）：11718-11940.

[21] Kim J，Do E J，Moinova H，et al. Molecular imaging of colorectal tumors by targeting colon cancer secreted protein-2（CCSP-2）. Neoplasia，2017，19（10）：805-816.

[22] Press A T，Traeger A，Pietsch C，et al. Cell type-specific delivery of short interfering RNAs by dye-functionalised theranostic nanoparticles. Nature Communications，2014，5（1）：5565.

[23] Li P，Zhang R，Sun H，et al. PKH26 can transfer to host cells *in vitro* and *vivo*. Stem Cells and Development，2012，22（2）：340-344.

[24] Li K，Qin W，Ding D，et al. Photostable fluorescent organic dots with aggregation-induced emission（AIE dots）for noninvasive long-term cell tracing. Scientific Reports，2013，3（1）：1150.

[25] Li K，Zhu Z，Cai P，et al. Organic dots with aggregation-induced emission（AIE dots）characteristics for dual-color cell tracing. Chemistry of Materials，2013，25（21）：4181-4187.

[26] Li K，Ding D，Prashant C，et al. Gadolinium-functionalized aggregation-induced emission dots as dual-modality probes for cancer metastasis study. Advanced Healthcare Materials，2013，2（12）：1600-1605.

[27] Fischer U M，Harting M T，Jimenez F，et al. Pulmonary passage is a major obstacle for intravenous stem cell delivery：the pulmonary first-pass effect. Stem Cells and Development，2008，18（5）：683-692.

[28] Wu J，Zhai J，Li C，et al. Patient-derived xenograft in zebrafish embryos：a new platform for translational research in gastric cancer. Journal of Experimental & Clinical Cancer Research，2017，36（1）：160.

[29] Yang X，Cui W，Gu A，et al. A novel zebrafish xenotransplantation model for study of glioma stem cell invasion. PloS One，2013，8（4）：e61801.

[30] Lin G，Manghnani P N，Mao D，et al. Robust red organic nanoparticles for *in vivo* fluorescence imaging of cancer cell progression in xenografted zebrafish. Advanced Functional Materials，2017，27（31）：1701418.

[31] Teh C，Manghnani P N，Boon G N H，et al. Bright aggregation-induced emission dots for dynamic tracking and grading of patient-derived xenografts in zebrafish. Advanced Functional Materials，2019，29（25）：1901226.

[32] Brader P，Serganova I，Blasberg R G. Noninvasive molecular imaging using reporter genes. Journal of Nuclear Medicine，2013，54（2）：167-172.

[33] Kircher M F，Gambhir S S，Grimm J. Noninvasive cell-tracking methods. Nature Reviews Clinical Oncology，2011，8（11）：677-688.

[34] Sutton E J，Henning T D，Pichler B J，et al. Cell tracking with optical imaging. European Radiology，2008，18（10）：2021-2032.

[35] Solanki A，Kim J D，Lee K B. Nanotechnology for regenerative medicine：nanomaterials for stem cell imaging. Nanomedicine，2008，3（4）：567-578.

[36] Gambhir S S，Yan Z，Oliver G，et al. Quantum dot imaging for embryonic stem cells. Bmc Biotechnology，2007，7（1）：67.

[37] Muller-Borer B J，Collins M C，Gunst P R，et al. Quantum dot labeling of mesenchymal stem cells. Journal of

Nanobiotechnology，2007，5（1）：9.

[38] Derfus A M，Chan W C W，Bhatia S N. Probing the cytotoxicity of semiconductor quantum dots. Nano Letters，2003，4（1）：11-18.

[39] Smith A M，Duan H，Mohs A M，et al. Bioconjugated quantum dots for *in vivo* molecular and cellular imaging. Advanced Drug Delivery Reviews，2008，60（11）：1226-1240.

[40] Gimble J M，Katz A J，Bunnell B A. Adipose-derived stem cells for regenerative medicine. Circulation Research，2007，100（9）：1249-1260.

[41] Miranville A，Heeschen C，Sengenès C，et al. Improvement of postnatal neovascularization by human adipose tissue-derived stem cells. Circulation，2004，110（3）：349-355.

[42] Ding D，Mao D，Li K，et al. Precise and long-term tracking of adipose-derived stem cells and their regenerative capacity via superb bright and stable organic nanodots. ACS Nano，8（12）：12620-12631.

[43] Wu T，Tzeng Y，Chang W，et al. Tracking the engraftment and regenerative capabilities of transplanted lung stem cells using fluorescent nanodiamonds. Nature Nanotechnology，2013，8（9）：682-689.

[44] Yang C，Ni X，Mao D，et al. Seeing the fate and mechanism of stem cells in treatment of ionizing radiation-induced injury using highly near-infrared emissive AIE dots. Biomaterials，2019，188：107-117.

[45] Lambertsen K L，Clausen B H，Babcock A A，et al. Microglia protect neurons against ischemia by synthesis of tumor necrosis factor. The Journal of Neuroscience，2009，29（5）：1319.

[46] Davis S M，Donnan G A. Secondary prevention after ischemic stroke or transient ischemic attack. New England Journal of Medicine，2012，366（20）：1914-1922.

[47] Adeoye O，Hornung R，Khatri P，et al. Recombinant tissue-type plasminogen activator use for ischemic stroke in the United States. Stroke，2011，42（7）：1952-1955.

[48] Li K，Yamamoto M，Chan S J，et al. Organic nanoparticles with aggregation-induced emission for tracking bone marrow stromal cells in the rat ischemic stroke model. Chemical Communications，2014，50（96）：15136-15139.

[49] Cai X，Zhang C，Lim F，et al. Organic nanoparticles with aggregation-induced emission for bone marrow stromal cell tracking in a rat PTI model. Small，2016，12（47）：6576-6585.

[50] Gao M，Chen J，Lin G，et al. Long-term tracking of the osteogenic differentiation of mouse BMSCs by aggregation-induced emission nanoparticles. ACS Applied Materials & Interfaces，2016，8（28）：17878-17884.

[51] Suetsugu A，Honma K，Saji S，et al. Imaging exosome transfer from breast cancer cells to stroma at metastatic sites in orthotopic nude-mouse models. Advanced Drug Delivery Reviews，2013，65（3）：383-390.

[52] Srinivasan S，Vannberg F O，Dixon J B. Lymphatic transport of exosomes as a rapid route of information dissemination to the lymph node. Scientific Reports，2016，6（1）：24436.

[53] Lee T S，Kim Y，Zhang W，et al. Facile metabolic glycan labeling strategy for exosome tracking. Biochimica et Biophysica Acta（BBA）：General Subjects，2018，1862（5）：1091-1100.

[54] Du X，Wang J，Qin A，et al. Application of AIE-active probes in fluorescence sensing. Chinese Science Bulletin，2020，65（15）：1428-1447.

[55] Feng G，Liu B. Multifunctional AIEgens for future theranostics. Small，2016，12（47）：6528-6535.

[56] Londoño M C，Rimola A，O'grady J，et al. Immunosuppression minimization *vs*. complete drug withdrawal in liver transplantation. Journal of Hepatology，2013，59（4）：872-879.

[57] Doeppner T R，Herz J，Görgens A，et al. Extracellular vesicles improve post-stroke neuroregeneration and prevent postischemic immunosuppression. Stem Cells Translational Medicine，2015，4（10）：1131-1143.

[58]　Hu L，Wang J，Zhou X，et al. Exosomes derived from human adipose mensenchymal stem cells accelerates cutaneous wound healing via optimizing the characteristics of fibroblasts. Scientific Reports，2016，6（1）：32993.

[59]　Cao H，Yue Z，Gao H，et al. *In vivo* real-time imaging of extracellular vesicles in liver regeneration via aggregation-induced emission luminogens. ACS Nano，2019，13（3）：3522-3533.

[60]　Volarevic V，Nurkovic J，Arsenijevic N，et al. Concise review：therapeutic potential of mesenchymal stem cells for the treatment of acute liver failure and cirrhosis. Stem Cells，2014，32（11）：2818-2823.

[61]　Hoste E A J，Kellum J A，Selby N M，et al. Global epidemiology and outcomes of acute kidney injury. Nature Reviews Nephrology，2018，14（10）：607-625.

[62]　Karpman D，Loos S，Tati R，et al. Haemolytic uraemic syndrome. Journal of Internal Medicine，2017，281（2）：123-148.

[63]　Aghajani Nargesi A，Lerman L O，Eirin A. Mesenchymal stem cell-derived extracellular vesicles for kidney repair：current status and looming challenges. Stem Cell Research & Therapy，2017，8（1）：273.

[64]　Cao H，Cheng Y，Gao H，et al. *In vivo* tracking of mesenchymal stem cell-derived extracellular vesicles improving mitochondrial function in renal ischemia-reperfusion injury. ACS Nano，2020，14（4）：4014-4026.

[65]　Haldar D，Henderson N C，Hirschfield G，et al. Mesenchymal stromal cells and liver fibrosis：a complicated relationship. The FASEB Journal，2016，30（12）：3905-3928.

[66]　Jang S E，Qiu L，Chan L L，et al. Current status of stem cell-derived therapies for Parkinson's disease：from cell assessment and imaging modalities to clinical trials. Frontiers in Neuroscience，2020，14：558532.

[67]　Jang S E，Qiu L，Cai X，et al. Aggregation-induced emission（AIE）nanoparticles labeled human embryonic stem cells（hESCs）-derived neurons for transplantation. Biomaterials，2021，271：120747.

结论与展望

　　自 21 世纪初 AIE 概念被提出以来，这种克服了传统荧光染料在聚集条件下存在猝灭缺陷的 AIE 材料吸引了研究人员的广泛关注。本书详细总结了 AIE 材料在体内血管成像、体内疾病检测、体内疾病诊疗与体内细胞示踪等重要疾病诊断与治疗中的应用情况。得益于荧光成像的高信噪比优势，以及 AIE 材料优异的光学特性与生物安全性，AIE 材料在体内的血管成像、细胞示踪及疾病检测中具有广阔应用前景。为了克服 NIR-Ⅰ染料组织穿透能力差、信噪比有待提高等问题，研究人员开发了具有更强组织穿透能力和更高成像清晰度的双光子 AIE 材料、三光子 AIE 材料和 NIR-Ⅱ AIE 材料。然而，受限于光子的穿透深度，这些材料的组织穿透能力仍然有限。针对这一问题，AIE 光声探针被开发出来，其利用 AIE 材料在脉冲激光下规律的膨胀与收缩产生的声波信号显影疾病部位，具有十分优异的组织穿透能力。然而，光声成像也存在着信噪比低的缺陷。为了克服这一缺陷，研究人员又开发了多模态成像 AIE 探针，通过整合多种成像模式的优势，实现高质量的体内疾病检测。此外，由于具有良好的 ROS 产生能力和光热性能，AIE 材料在基于光动力治疗和光热治疗的体内疾病诊疗中也有着突出的应用。

　　然而，尽管近二十年来 AIE 材料在生物医学领域的应用取得了重大的进展，并且可以清晰地预见其在临床前研究和临床应用中令人兴奋的潜力，但它们目前仍处于初始阶段。在进一步转化为临床实践之前，仍然存在着一些挑战。首先，尽管很多研究报道的 AIE 材料具有很低的细胞毒性和良好的体内生物相容性，但要推动它们的临床转化，仍然需要对它们的长期安全性进行深入评估。其次，为了克服 AIE 材料荧光成像过程中存在的背景组织荧光干扰，需要开发新型的基于磷光成像和化学发光成像技术的 AIE 材料，提高疾病诊断的灵敏度。最后，AIE 材料基本的光物理机制仍然需要彻底阐明。尽管研究人员开发了多种分子设计和纳米工程化方法以改善 AIE 材料的光物理特性，但这些能量耗散和转移过程如何相互竞争或合作，仍然需要进一步研究和阐明。

　　我们衷心期望本书可以激发广大读者对应用于生物医学领域的 AIE 材料的更广泛兴趣，并激发更多令人兴奋的工作，加快生物医用 AIE 材料和相关技术的转化和临床实践。

（欧翰林　丁　丹[*]）

关键词索引